中共重庆市委党校、重庆行政学院学术著作出版资助项目

山体滑坡灾害应急治理与灾后修复理论与实践

THEORY AND PRACTICE OF EMERGENCY TREATMENT AND POST-DISASTER RECONSTRUCTION OF LANDSLIDE DISASTER

王爱国 

中国·成都

图书在版编目(CIP)数据

山体滑坡灾害应急治理与灾后修复理论与实践/王爱国著.—成都:西南财经大学出版社,2022.7
ISBN 978-7-5504-5331-9

Ⅰ.①山… Ⅱ.①王… Ⅲ.①滑坡—地质灾害— 灾害防治—研究
Ⅳ.①P642.22

中国版本图书馆 CIP 数据核字(2022)第 073160 号

山体滑坡灾害应急治理与灾后修复理论与实践

SHANTI HUAPO ZAIHAI YINGJI ZHILI YU ZAIHOU XIUFU LILUN YU SHIJIAN

王爱国 著

责任编辑:植苗
责任校对:廖韧
封面设计:何东琳设计工作室
责任印制:朱曼丽

出版发行	西南财经大学出版社(四川省成都市光华村街 55 号)
网　　址	http://cbs.swufe.edu.cn
电子邮件	bookcj@swufe.edu.cn
邮政编码	610074
电　　话	028-87353785
照　　排	四川胜翔数码印务设计有限公司
印　　刷	郫县犀浦印刷厂
成品尺寸	170mm×240mm
印　　张	17
字　　数	423 千字
版　　次	2022 年 7 月第 1 版
印　　次	2022 年 7 月第 1 次印刷
书　　号	ISBN 978-7-5504-5331-9
定　　价	78.00 元

前言

“以人民为中心”是习近平新时代中国特色社会主义思想的根本出发点和最终归宿。党中央、国务院把维护公共安全摆在更加突出的位置，要求牢固树立安全发展理念，把公共安全作为最基本的民生。然而，山体滑坡等地质灾害时常危害人民的生命财产安全和经济社会的发展稳定。我国山地丘陵区约占国土面积的65%，地质条件复杂且活动频繁，滑坡、崩塌、泥石流、地面塌陷、地裂缝、地面沉降等灾害隐患多、分布广、防范难度大，是世界上地质灾害最严重、受威胁人口最多的国家之一。“人与自然和谐共生”是习近平生态文明思想的重要组成部分，为进一步降低灾害风险、减少灾害损失，在生命共同体理念指引下开展滑坡应急治理和灾后修复研究，成为新时代我国地质灾害防治工作的必选项，也是近年来国内外地质灾害防治领域专家学者们持续深入研究的重大课题。

《国务院关于加强地质灾害防治工作的决定》提出了完善调查评价、监测预警、综合治理、应急防治四大体系的要求，而目前我国的地质灾害防治工作依然存在薄弱环节：地质灾害调查评价的精度、广度、深度尚不能满足防灾减灾的要求；群测群防能力水平有待提升，专业监测有待加强；众多威胁集镇、村庄、学校、医院等人员密集区的重大隐患点亟待采取搬迁避让或工程治理措施；灾后修复工作与乡村振兴、依法治国、可持续发展等国家战略的协同程度有待加强；地质灾害防治工作服务社会经济发展的能力有待进一步提升。

本书基于文献资料梳理和分析，将山体滑坡防治工作分为蠕动型滑坡的应急治理和快速型滑坡的灾后修复，以重庆市三处滑坡为例开展两类研究。对于蠕动型滑坡，本书在进行稳定性评价的基础上，开展整体性应急治理工程研究；对于快速型滑坡，本书进行了损毁程度评价和复垦适宜性评价，并根据滑坡不同区域提出相应复垦模式，研究修复关键技术和治理工程实践。本书理论结合实际，提出了蠕动型滑坡的整体性治理和快速型滑坡的分区修复两类措施体系，为山体滑坡防治工作提供了新思路。

全书有 4 个部分共 10 章内容。第 1 个部分包括第 1 章和第 2 章。其中，第 1 章在介绍研究背景和研究意义的基础上，力求全面展现滑坡灾害防治领域的国内外研究进展；第 2 章介绍了重庆市南川区玉台村滑坡、万州区荆竹屋基滑坡、江津区双新村滑坡的基本概况，并深入剖析了三者的滑坡成因机制。第 2 个部分包括第 3 章、第 4 章和第 5 章。其中，第 3 章开展了玉台村滑坡（蠕动型）变形特征及稳定性评价研究；第 4 章开展了玉台村滑坡南侧陡崖带调查评价研究，评判了判定陡崖的稳定性，分析了裂隙荷载的发育情况；第 5 章开展了蠕动型滑坡应急治理工程研究，包括剖析工程地质条件、明确工程地质参数以及完善应急治理工程方案和关键措施，分析了工程效益和治理结论。第 3 个部分包括第 6 章、第 7 章、第 8 章、第 9 章和第 10 章。其中，第 6 章总结归纳了 5 种滑坡损毁农田类型，分别是后缘张拉应力区农田土层结构解体、中部复合应力区农田耕作层表面破坏、前缘堆积挤压区农田生土覆盖破坏、前缘堆积挤压区农田耕作层表面破坏、坡前物质流通区农田冲蚀破坏；第 7 章进一步确定了滑坡损毁农田的评价单元，明确了以滑坡损毁农田类型区为单元确定复垦模式的必然性；第 8 章提出了滑坡后缘、滑坡中部和滑坡前缘的区别化农田复垦模式；第 9 章分析了暗管排水、削坡减载、裂缝封填和生态护坡等修复工程技术，并在重庆市江津区夏坝镇双新村滑坡上开展复垦工程施工；第 10 章对全书进行了总结和展望。第 4 个部分为附录，展示了与山体滑坡治理相关的部分国家标准和条例，包括中华人民共和国国家标准《岩土工程勘察规范》（GB 50021-2001）（2009 年版）、《工程测量标准》（GB 50026-2020）、《土地利用现状分类》（GB/T 21010-2017）、《建筑边坡工程技术规范》（GB 50330-2013）和《土地复垦条例》（国务院令第 592 号）。

王爱国

2022 年 5 月

目录

1 绪论

1.1 研究背景

《全国地质灾害防治“十三五”规划》显示，截至2015年年底，全国有地质灾害隐患点288 525处，其中崩塌67 478处，滑坡148 214处，泥石流31 687处，其他地质灾害合计41 146处，共威胁1 891万人和4 431亿元财产的安全。地质灾害主要发生在江西、湖南、云南、安徽、浙江、重庆和四川等省份。我国耕地资源紧缺，严格保护耕地是我国的基本国策。《全国土地利用总体规划纲要（2006—2020年）》统计显示，1997—2005年我国耕地以约231万亩/年（1亩≈666.7平方米，下同）的速度减少。《全国国土规划纲要（2016—2030年）》指出，川滇山地等的滑坡、崩塌、泥石流等突发性地质灾害高发频发，成渝地区要强化地质灾害防治，加大生产建设和自然灾害损毁耕地的复垦力度，适度开发耕地后备资源，划定永久基本农田并加以严格保护；2020年和2030年的全国耕地保有量分别不低于18.65亿亩（1.24亿公顷）和18.25亿亩（1.22亿公顷）。

1.1.1 我国滑坡损毁农田案例时间分布特征

依据黄润秋和许强（2008）所著的《中国典型灾难性滑坡》和期刊网文献资料，本书搜集到78个典型滑坡损毁农田案例，用以分析全国范围的滑坡损毁农田时空分布特征，其中有63个案例的发生时间可精确到月份。如图1.1所示，大部分的滑坡损毁农田的案例发生在雨季（4—9月），受降雨控制明显，多为连续暴雨后发生，其中一些案例受到地震、水库蓄水、坡脚挖方等因素的叠加影响。根据统计结果，滑坡损毁农田的发生时间与滑坡地质灾害的发生时间受控条件基本一致，多发生在每年的雨季。

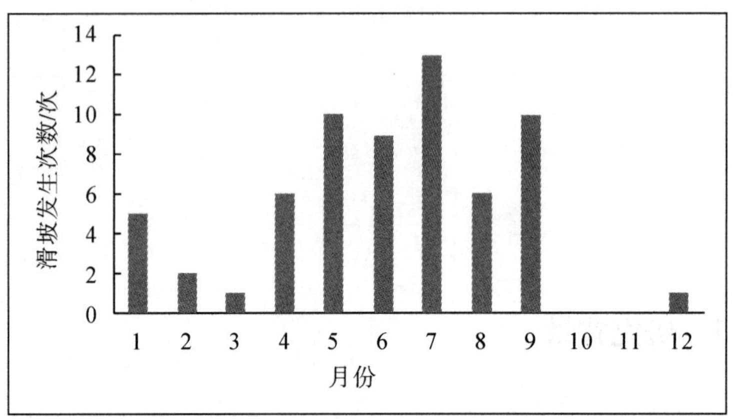

图 1.1 滑坡损毁农田典型案例在不同月份发生的次数

资料来源：根据陈正华（2014）的研究整理。

1.1.2 我国滑坡损毁农田案例空间分布特征

我们将 78 个典型案例投影到全国省级行政区图上，可见这些案例的分布以四川最多（18 个），重庆、湖北、云南、贵州和甘肃依次居其后，重庆密度最高。由此可见，我国滑坡损毁农田最严重的地区分布于西南、西北各地区，主要是第二级阶地上的秦巴—西南山地高原区和黄土高原—山西盆地区。这一地区长期处于地壳上升隆起过程中，地震活动频繁，地形切割剧烈，地质构造复杂，岩土体支离破碎，为滑坡的形成创造了有利的地质条件。再加上三峡库区蓄水影响，重庆市所在的秦巴—西南山地高原区成为滑坡灾毁农田空间分布最集中的区域①。

我们将 78 个典型案例投影到全国土地利用分布图上，可见这些滑坡损毁农田的案例所在地绝大部分位于以水田为主的耕地范围内，且以长江上游主产区最为集中，对这一主产区的影响最大，因此滑坡损毁农田对长江流域主产区的粮食安全存在较大威胁。本书的预期成果将对保障该产区的农业优化升级和

① 陈正华，李妍均，徐洪. 滑坡损毁农田时空分布规律研究［J］. 国土与自然资源研究，2014（2）：47-49.

粮食生产稳定提供技术支持。

1.1.3 重庆市滑坡等地质灾害时空分布特征

重庆市是全国地质灾害易发省份之一，地质灾害高易发区面积约为 1.34 万平方千米，占比为 16.3%；中易发区面积约为 5.33 万平方千米，占比为 64.7%；低易发区面积约为 1.57 万平方千米，占比为 19.0%。截至 2020 年年底，全市发育地质灾害达 14 543 处，其中主城都市区地质灾害有 4 333 处，渝东北城镇群地质灾害有 7 807 处，渝东南城镇群地质灾害有 2 403 处。按类型划分，滑坡有 10 663 处、崩塌有 2 131 处、不稳定斜坡有 1 396 处、泥石流有 79 处、地裂缝有 48 处、地面塌陷有 158 处、库岸有 68 处。目前，全市受地质灾害威胁人数达 90 余万人。

根据重庆市地质灾害公报，2011 年重庆市共发生地质灾害 133 起（见图 1.2），其中滑坡 78 起、崩塌 43 起、泥石流 1 起、地面塌陷 11 起，损毁大面积耕地资源，直接经济损失约为 6 400 万元。其中，滑坡数量最多，占 58.65%，崩塌次之，占 32.33%。从时间分布角度来看，重庆地质灾害主要集中在汛期的 6—8 月，共计 103 起，占 77.4%。其中 6 月份地质灾害发生数量最多，共发生 52 起。除此之外，三峡工程蓄（降）水等人类工程活动也是重庆市地质灾害发生的重要原因。从空间分布角度来看，重庆地质灾害主要发生在汛期暴雨集中的区县，其中以渝东北、渝西和主城区及周边分布较多。2010 年和 2011 年重庆市地质灾害月发生频率统计见图 1.3。

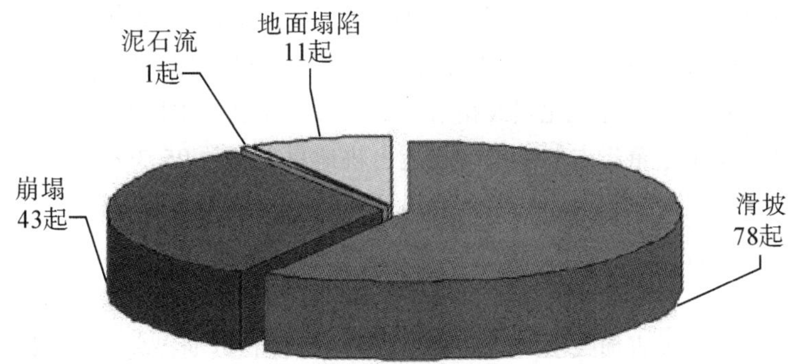

图 1.2 2011 年重庆市地质灾害类型分布

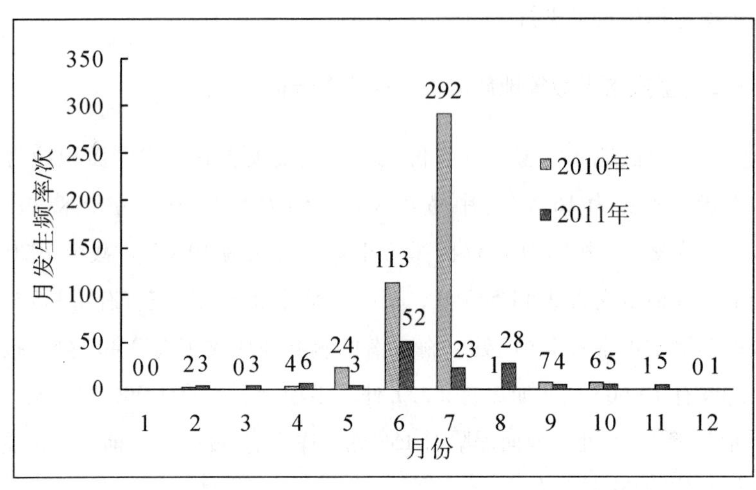

图 1.3　2010 年和 2011 年重庆市地质灾害月发生频率统计

重庆属重危岩滑坡地区，山地灾害频繁，损毁面积大。《重庆市土地利用总体规划（2006—2020 年）》指出，重庆市土地利用还存在较大问题：①重庆市人均土地数量少，仅 0.273 公顷（4.09 亩），为全国人均 0.78 公顷（11.7 亩）的 1/3。人均耕地 0.084 公顷（1.27 亩），比全国人均 0.106 公顷（1.59 亩）少 0.022 公顷（0.33 亩）。②耕地质量较差。在全市耕地总量中，有水源保证和灌溉设施的为 36%，比全国平均低 4 个百分点，中低产田土达 60% 以上。③重庆市耕地不断减少，用地矛盾突出。三峡工程淹没和迁建占用耕地面积大。库区淹没耕地为 22.98 万亩，移民迁建用耕地为 7.32 万亩，两项合计占用耕地为 30.3 万亩。④水土流失面积大，土地退化损毁严重。全市水土流失面积达 4.9 万平方千米，占土地面积的 59.7%，平均侵蚀模数达 4 864.83 吨/平方千米。近些年来，相关部门虽加强治理，但治理面积未超过流失面积的 10%，一些地区土地退化损毁相当严重。⑤可开垦为耕地的后备资源匮乏，且分布相对集中。重庆市的全市坡耕地占耕地总面积的 95.3%，15°以上的坡耕地占 48.2%（25°以上的坡耕地占 16.1%），由于强降雨等因素，这些坡耕地受到地质灾害损毁的严重威胁，已成为影响重庆市耕地资源数量和质量的主要问题。再加上重庆市耕地资源总量少、质量差、后备资源不足等问题，十分有必要针对地质灾害损毁土地的复垦开展研究工作，以期提高可利用耕地数量及质量，保证地区粮食安全和社会稳定发展。

综上所述，由于以滑坡为主的各类地质灾害广泛分布，给我国的耕地保护战略和粮食安全造成了很大压力。特别是重庆等西南山地丘陵地区，农田多为梯田或坡地，遭受滑坡等地质灾害的威胁较大，对当地人民生活、和谐社会建设和经济发展造成严重阻碍。本书基于地质学、土壤学、土地管理学和景观生态学等的理论和方法，研究重庆滑坡损毁农田的类型辨识与分区，并建立滑坡受损农田损毁程度评价与复垦适宜性评价指标体系和方法，归纳总结出不同部位、不同滑坡损毁类型的农田复垦模式，进而分析研究滑坡灾害损毁农田修复关键技术，旨在为滑坡损毁农田复垦的理论研究和实践做出一定探索。

1.2 研究意义

1.2.1 社会意义

近年来，我国滑坡等地质灾害频发。《2015 中国国土资源公报》指出，该年度全国共发生各类地质灾害 8 224 起，其中滑坡 5 616 起、崩塌 1 801 起、泥石流 486 起、地面塌陷 278 起、地裂缝 27 起、地面沉降 16 起，造成 229 人死亡、58 人失踪、138 人受伤，直接经济损失达 24.9 亿元。与 2014 年相比，地质灾害发生数量、造成死亡失踪人数和直接经济损失均有所减少，分别减少了 24.6%、28.3%和 54.0%。以耕地为主的各类农用地是人类获取食物的重要基地，维护耕地数量与质量，对农业可持续发展至关重要。截至 2009 年年底，全国自然灾害损毁土地达 2 100 万亩，其中 60%是耕地或其他农用地，农田基础设施和耕作层遭到破坏，土地环境日益恶化。如今，中国虽然实现了农产品严重短缺到供求总量平衡、丰年有余的历史性跨越，但农业仍然是中国保持经济发展和社会稳定的基础。在 21 世纪，保障粮食安全依然是中国农业现代化的首要任务。在这种背景下，修复滑坡灾害受损和损毁农田成为我国农业、农村可持续发展以及保障农民开展生产的关键，也是整个国民经济发展乃至人类延续的基础，有利于维护国家粮食安全和社会稳定，对缓解该地区人地关系紧张和粮食供应不足具有很强的现实意义。

1.2.2 理论意义

影响滑坡的因素主要有岩土类型和性质、地质构造和岩体性质、风化作用、水的作用、地震和人类活动等。重庆特殊的地形、地质条件和降水条件很容易引起山体滑坡；该区域及周边地区地震活动频繁也是滑坡不断发生的重要原因；重庆的主要地貌类型是山地和丘陵，而且人口密度较大，这使得该地区大量坡地被开垦，增大了坡体的不稳定性；特别是近年来的三峡工程建成蓄水后，大量之前已稳定的古滑坡体因坡脚长期浸入水中而失稳，引起再次滑动。如前所述，重庆市所在的秦巴—西南山地高原区是我国滑坡灾毁农田空间分布最集中的区域，具有很强的代表性。尽管如此，现有土地复垦研究却多关注于矿区和煤矸石山，在滑坡方面则着重于研究其稳定性和相关防护措施，而鲜有研究滑坡损毁农田类型划分和复垦理论的。因此，本书选择重庆地区开展滑坡损毁农田复垦研究，在全国具有明显的示范作用，可以为更广泛地开展滑坡土地复垦工作提供理论支持。

1.2.3 政治意义

灾毁农田复垦和土地整理有利于农村社会经济发展、环境改善和城乡统筹进程的加速，是国家为推动耕地保护、建设用地集约节约利用、新农村建设和城市化而推行的一项综合的重要举措。党和政府对此项工作一直高度关心和支持。2005 年，国务院在《促进产业结构调整暂行规定》中提出，“加强农田水利建设，改造中低产田，搞好土地整理”是产业结构调整的方向和重点之一。2006 年，国务院又发布了《国务院关于加强土地调控有关问题的通知》，规定新增建设用地土地有偿使用费专项用于基本农田建设和保护、土地整理以及耕地开发等，并要求切实抓好土地开发整理复垦工作。《全国土地利用总体规划纲要（2006—2020 年）》明确指出，要守住 18 亿亩耕地红线，规划期内，确保 10 400 万公顷（15.6 亿亩）基本农田数量不减少、质量有提高；严格控制耕地流失，加大灾毁耕地防治力度；加强耕地抗灾能力建设，减少自然灾害损毁耕地数量，及时复垦灾毁耕地；规划期间力争将因灾损毁减少的耕地控制在 73.33 万公顷（1 100 万亩）以内。2011 年颁布的《土地复垦条例》明确指出，将历史遗留损毁土地和自然灾害损毁土地的复垦列为土地复垦的一个重要方向。因此，本书的研究目标和内容都与国家土地政策高度一致。

1.3 国内外研究进展

1.3.1 我国滑坡灾害治理发展历程

我国滑坡灾害治理的系统研究和大规模治理始于中华人民共和国成立以后。早在 20 世纪五六十年代，我国就发展了削方减载、填土反压、抗滑支挡、斜坡排水等滑坡治理措施。但根据后期的治理效果，如果没采用支护措施，则滑坡很容易又发生复活，特别是在外界条件发生剧烈改变的情况下（如暴雨条件下）。到了20世纪七八十年代，我国工程界便开始使用抗滑桩支护措施，其他支护措施也得到了普遍的重视。抗滑桩是一种比较有效的滑坡治理措施，它具有布置灵活、施工便利的优点，而且对滑坡本体的扰动较小，不容易因工程的开展诱发滑坡，从而得到了较为广泛的应用。经过多年的实践，我国逐渐形成以抗滑桩为主，以削方减载、斜坡排水为辅的滑坡综合工程治理技术。到了20世纪80年代初，我国发展了一种新的支护措施——预应力锚固技术。预应力锚固技术具有主动支护的特点，使滑坡支护摆脱以往的被动抗滑式支护，而采用主动支护或主、被动相结合的支护方式，为滑坡工程治理带来新的支护理念和方法。到了20世纪90年代，预应力锚固技术得到了广泛的使用，在重大滑坡工程治理项目中，该技术所占的比重越来越大，并逐渐发展了多种联合支护方式，如预应力锚索框架梁支护、锚喷支护等。

国外防治滑坡有100多年的历史，美国将防治措施分为绕避、减小下滑力、增加抗滑力和滑带土改良四类，日本将其分为抑制工程和控制工程两大类①。我国常见的滑坡治理措施分为绕避、排水、力学平衡和滑带土改良四类。绕避的方法包括采取桥梁或隧道的形式跨过或避开滑坡体，或者直接选择远离滑坡体的线路，规避滑坡灾害的风险。绕避措施的采取一般是由于滑坡体难以治理或治理成本过高。在力学平衡的治理方式中，其基本思路为减少滑坡物质生产区的物质，或者增加能够阻止滑坡生产的物质，又或者减小滑坡高度。应该说，力学平衡的治理方式在技术上简单易行，在效果上也能满足滑坡治理的基本要求，因此应用较为广泛。不过该类措施对斜坡扰动往往较大，而且容易破坏当地的生态环境。在排水治理方式中，常用的措施包括截排滑坡区表面的地表水，或者降低滑坡体内部的地下水水位。从实践的情况来看，几乎所有的滑坡治理工程都会采用地表排水的方法。地下水排水法由于其施工难度较大，工程造价和后期维护的成本往往较高，较少得到使用，不过其在一些大型滑坡治理工程中也得到了一些应用。特别是垂直排水钻孔法与排水洞相结合的地下水排水系统，由于其特有的排水效果，得到了越来越多的关注。在改变坡体形态法和排水法均难以保证滑坡稳定时，工程界往往采用支挡结构措施。如前所述，抗滑桩是支挡结构中用的较为广泛的一种形式，重力式挡墙作为一种传统的治理方式，由于其施工简单、取材便利，也是滑坡支护的一种首选方

① AYALEW，LULSEGED，YAMAGISHI. Landslides in Sado Island of Japan：Part I. Case studies，monitoring techniques and environmental considerations［J］. Engineering Geology，2005，81（4）：419-431.

式。此外，近年来发展起来的预应力锚索抗滑桩、预应力锚索框架梁等综合支护措施也得到了工程界日益广泛的重视和应用。滑带土改良措施包括滑带注浆、滑带爆破、旋喷桩、石灰桩、石灰砂桩、焙烧等。合理地采用滑带土改良措施，往往能达到投入少、效用高的治理效果。不过滑带的辨识与分析尚存在一些问题，而且滑带土改良技术尚不成熟，使得滑带土改良措施的应用受到一定的限制。

1.3.2 滑坡机理研究

滑坡的形成机理可以概括为边坡处于某种地质条件下，在内因、外因作用下从稳定到发生破坏这一过程的物理力学本质和规律。滑坡机理研究揭示滑坡的发生、运动直到停止的整个过程，为深入了解及治理滑坡奠定基础①。准确认识滑坡的成因机理是揭示滑坡的发育、发展、演化、发生过程的基础，也是滑坡稳定性评价、监测预警及防治工程的基础②。国内外大量学者从工程地质和地质力学的角度出发，深入研究了滑坡的形成机理，取得了大量成果。其中，对于滑坡机理的研究，国外起步较早。例如：Terzaghi（1950）③、A. W. Skempton（1964）④、L. Bjerrum（1966）⑤、George（1974）⑥ 运用土力学理论研究了土质滑坡的形成机制；D. J. Varnes（1978）⑦ 通过研究分析把边坡变形破坏分为六种类型；E. Hoek 和 J. Bray⑧ 研究了斜坡破坏的力学机理、破坏类型；Goodman 和 Kieffer（2000）⑨ 将岩质边坡的变形破坏模式分为六种形式；

---

① 李瑞宽，梁庆国，李璐，等. 滑坡机理与斜坡稳定性的研究成果与展望［J］. 中国水土保持，2019（3）：40-42.

② 张震. 小河沟 2 号滑坡治理设计与数值模拟分析［D］. 西安：长安大学，2015.

③ TERZAGHI K. Mechanism of landslide in paiges［J］. Application of geology to engineerring practice，geol. soc. of America. New York，1950：83-12.

④ SKEMPTON A W. Long-term stabilityof clay slopes［J］. Géotechnique，1964，14（2）：77-102.

⑤ BJERRUM L. Progressive failurein slopes of overconsolidated plastic clayand clay shales［C］// Terzaghi Lectures. ASCE，1966：77-78.

⑥ GEORGE T S. Depthcreepofslopes［J］. Bulletin of Engineering Geologyandthe Environment，1974，9（1）：97-102.

⑦ VARNES D J. Slope movementty pesand proeesses，speeial report-transportation research［J］. Board National Researeh Council，1978（176）：11-33.

⑧ HOEK E，BRAY J. Rock slope engineering［M］. Boca Raton：CRC Press，1981.

⑨ GOODMAN R E，KIEFFER D S. Behavior of rockin slopes［J］. Journalof Geotechnical & Geo-environmental engineering，2000，126（8）：675-684.

Khositashvili（2015）① 对滑坡分类及分类进展进行了研究。此外，张倬元等（2016）② 提出斜坡岩土体累进性破坏的观点，并将斜坡变形破坏演化机制概括为蠕滑—拉裂、滑移—拉裂等六种基本地质力学模式和滑落（坡）、崩落（塌）和（侧向）扩离三种失稳方式。李祥龙（2013）③ 综合利用工程地质分析法、岩体力学和岩石断裂力学理论，并通过物理模型试验和数值模拟试验，系统研究了顺层节理、逆层节理和近水平层状节理岩体高边坡的地震动力破坏机理。Sassa 等（2014）④ 利用环剪仪模拟了某滑坡的破坏过程、滑动面的形成过程和滑坡灾害的稳态运动。Sun 等（2016）⑤ 在全面工程地质调查的基础上，对三峡库区巴东县黄土坡滑坡工程地质条件和变形机理进行了初步分析，提出了一种能适应各种不同地质条件的三维严格极限平衡法，并结合地质模型的强度参数，详细研究了黄土坡滑坡四个小滑坡在周期性水位波动下的稳定性演化。Fan 等（2017）⑥ 通过大量实地调查、卫星遥感、无人机航空摄影、地震分析等手段，确定了四川省茂县新磨村滑坡的主要运动学特征、动力学过程和触发机制。Tao 等（2018）⑦ 通过大变形监测数据分析和 3DEC 数值模拟研究了南芬露天铁矿滑坡成因机制。Zhao B 等（2019）⑧ 根据详细的现场调查、钻孔和各种监测资料，讨论了四川省某水利工程复活古滑坡的触发机制、变形特征和演化过程。Chinkulkijniwat A 等（2019）⑨ 根据室内试验建立了临界水

---

① KHOSITASHVILI G R. Classification as the basic tool of landslide study—classification process analysis [M] //Engineering Geology for Societyand Territory-Volume 2. Springer International Publishing, 2015: 935-939.

② 张倬元，王士天，王兰生. 工程地质分析原理 [M]. 4 版. 北京：地质出版社，2016.

③ 李祥龙. 层状节理岩体高边坡地震动力破坏机理研究 [D]. 武汉：中国地质大学，2013.

④ SASSA K, FUKUOKA H, SATO Y, et al. Initiation mechanism of rapid and long run out landslides and simulation of Hiroshima landslide disasters using the integrated simulation model (LS-RAPID) [C] //Proc. International forum burbanization and landslide disasters^-hiroshima landslide disaster in August. 2014: 85-112.

⑤ SUN G, ZHENG H, TANG H, et al. Huangtupo landslide stability under water level fluctuations of the Three Gorgesreservoir [J]. Landslides, 2016, 13 (5): 1167-1179.

⑥ FAN X, XU Q, SCARINGI G, et al. Failure mechanism and kinematics of the deadly June 24th 2017 Xinmo landslide, Maoxian, Sichuan, China [J]. Landslides, 2017, 14 (6): 2129-2146.

⑦ TAO Z, HAN W, LI M, et al. Numerical simulation analysis of layered slope landslide mechanism in open pit mine [C] //Geo Shanghai International Conference. Springer, Singapore, 2018: 364-374.

⑧ ZHAO B, WANG Y, WANG Y, et al. Triggering mechanism and deformation characteristics of are activate dancient landslide, Sichuan Province, China [J]. Landslides, 2019, 16 (2): 383-393.

⑨ CHINKULKIJNIWAT, TIRAMETATIPARAT, SUPOTAYAN, et al. Stability characteristics of shallow landslide triggered by rainfall [J]. Journal of Mountain Science, 2019, 16 (9): 2171-2183.

文状态、降雨强度和土壤性质之间的关系，分析了土壤性质、坡度和降雨强度变化下的边坡稳定性，进而确定了破坏面深度的变化。汪华安等（2020）① 基于太平岭核电厂烟墩岭边坡，在分析现场局部滑坡基础上，采用刚体极限平衡法和反分析法确定降雨工况下的强度折减系数及岩土体强度参数；借助颗粒流数值模拟方法建立烟墩岭边坡细观数值模型，通过强度折减算法估算边坡安全系数，分析了烟墩岭边坡降雨工况下的变形破坏模式。从以上不难看出，综合运用地质调查、现代测量技术、数值分析方法等手段研究滑坡机理成为我国工程界的主要发展趋势。

在滑坡的形成条件和影响因素方面，王恭先（2000）② 提出造成山体滑坡现象产生的原因主要在于其内在性质和外在影响，内在性质指的是坡体自身的结构、物质组成和地形条件等，而外在影响包括降雨、地下水、地震及人类工程活动等。黄润秋（2007）③ 通过对 20 世纪以来国内发生的 11 例重大滑坡灾害进行分析总结发现，当滑坡自身条件、外部因素不同的情况下，其对滑坡成因的影响也不同，而其中最主要的影响是坡体所处的地形因素和区域构造运动。刘传正等（2008）④ 对大量典型重大滑坡案例进行了全面调研，根据成因类型将滑坡分为八类：①降雨蠕变型；②地震崩溃型；③溶洞崩滑型；④堆载转化型；⑤自然损伤卸荷崩滑型；⑥地表切坡卸荷崩滑型；⑦地下开挖崩滑型；⑧持续灌溉弱化型机水库浸润弱化型。闫国强等（2019）⑤ 对金鸡岭滑坡的影响因素进行研究，认为工程扰动不只是后缘加载和前缘削坡，更为重要的是坡表堆填使得地下水泄流通道被阻断，促使地表水转化为地下水。

在滑坡变形破坏形式方面，Vanles（1978）⑥ 根据岩土体的运动机制类型，将斜坡变形破坏分为滑坡、倾倒、崩塌、流动、侧向扩展和复合变形破坏。

---

① 汪华安，焦春茂，陈晓. 基于颗粒流方法的滑坡机理数值分析［J］. 三峡大学学报（自然科学版），2020，42（1）：47-51，112.

② 王恭先. 滑坡机理概论［C］//铁道部科学研究院. 中国铁道科学研究的进步与发展. 北京：中国铁道出版社，2000.

③ 黄润秋. 20 世纪以来中国的大型滑坡及其发生机制［J］. 岩石力学与工程学报，2007（3）：433-454.

④ 刘传正，王恭先，崔鹏. 地质灾害防治研究现状与展望［C］//中国科学技术协会，中国地质学会. 2008—2009 地质学学科发展报告. 北京：中国地质学会，2008：134-149，276.

⑤ 闫国强，殷跃平，黄波林，等. 三峡库区巫山金鸡岭滑坡成因机制与变形特征［J］. 岩土力学，2019，40（S1）：329-340.

⑥ VANLES D J. Slope movement types and processes, special report-transportation research［J］. Board National Research Council, 1978（176）：11-33.

Douglas 和 Erik（1997）[①] 对露天高边坡的破坏形式进行研究，将其分为六类破坏机制，即弯折破坏、双结构面破坏、平面型失稳、犁起破坏、逐步破坏和旧有构筑失效。王兰生和张倬元（1985）[②] 提出累进性破坏的观点，将斜坡变形破坏演化机制概括为六种基本地质模型（弯曲—拉裂、滑移—压致拉裂、滑移—拉裂、蠕滑—拉裂、塑流—拉裂、滑移—弯曲）和三种失稳方式（滑坡、崩塌、侧向扩离）。黄润秋（2005）[③] 总结出五类滑坡地质力学模型，即滑移—拉裂—剪断"三段式"、近水平岩层"平推式"、"挡墙溃决"、反倾岩层大规模倾倒变形和顺倾岩层的蠕滑—剪断。

在滑坡变形破坏力学机理方面，晏同珍（1981）[④] 分析了滑坡平面受力状态，提出了九种滑动机理：①流变倾覆；②应力释放平移；③振动崩落及震动液化平推；④地化悬浮—下陷；⑤潜蚀陷落；⑥高势能飞越；⑦孔隙水压浮动；⑧切蚀—加载；⑨巨型高速远程。邢爱国等（2004）[⑤] 通过室内试验，对大型高速滑坡滑带孔隙水压力与剪切速率的关系进行研究，得出了滑坡启动阶段滑带孔隙水压力的理论计算公式和滑坡启动流体动力学机理。程谦恭（2006）[⑥] 对坡体的挠度曲线和所承受的荷载力进行分析并构建相关方程，且由应力作用的大小算出其极限承载能力，以此计算出稳定性相关参数。张龙飞等（2019）[⑦] 针对浅层滑坡，建立了其各阶段的渐进破坏力学模式。

在时间效应方面，Salto（1969）[⑧] 将黏性土边坡的破坏分为减速蠕变、等速蠕变和加速蠕变三个阶段。

---

① DOUGLAS STEAD, ERIK EBERHARDT. Development in the analysis of footwall slopes in surface coalmining [J]. Engineering Geology, 1997, 146 (1): 41-70.

② 王兰生，张倬元. 斜坡岩体变形破坏的基本地质力学模式 [M]. 北京：地质出版社，1985.

③ 黄润秋. 中国西南岩石高边坡的主要特征及其演化 [J]. 地球科学进展，2005，20（3）：292-297.

④ 晏同珍. 滑坡构造力学某些特征分析 [J]. 地球科学—中国地质大学学报，1981（2）：223-239.

⑤ 邢爱国，高广运，陈龙珠，等. 大型高速滑坡启程流体动力学机理研究 [J]. 岩石力学与工程学报，2004（4）：607-613.

⑥ 程谦恭. 云南哀牢山大水井岩滑特征及其形成的动力学机制 [C] //《第二届全国岩土与工程学术大会论文集》编辑委员会. 第二届全国岩土与工程学术大会论文集（上册）. 北京：中国岩石力学与工程学会，2006：345-358.

⑦ 张龙飞，吴益平，苗发盛，等. 推移式缓倾浅层滑坡渐进破坏力学模型与稳定性分析 [J]. 岩土力学，2019，40（12）：4767-4776.

⑧ SALTO M. Forecasting time of slope failure by tertiay creep [A]. Mexico: Proceedings of the 7th International Conference on Soil Mechanics and Foundation Engineering, 1969 (2): 677-683.

1.3.3 滑坡稳定性分析方法研究

滑坡稳定性分析是研究滑坡必不可少的一部分，同样也是国内外众多学者一直热衷研究的问题。随着计算机技术的发展，越来越多的数值模拟技术以及神经网络法、遗传算法等不确定方法被广泛应用于滑坡稳定性的研究中。滑坡稳定性受到众多因素影响，学者们难以使用单一方法对其进行评价。在研究过程中，学者们往往采用定性评价与定量计算相结合的方法反映滑坡的真实稳定状态。目前，滑坡稳定性评价主要有定性分析、定量与半定量分析和不确定性分析三种方法。

1.3.3.1 滑坡稳定性定性分析

定性分析是在对影响滑坡变形的各种因素的研究基础上分析滑坡的稳定情况，常见的定性分析方法有自然历史分析法①、工程类比法、力学分析法和图解法。定性分析具有快速分析斜坡稳定性的特点，在工程界中应用也比较广泛，但其判断的准确程度有很大的主观性，与判断者的经验有很大的关系，分析结果误差比较大②。自然历史分析法是通过对滑坡所处的地质环境、历史变形破坏特征及稳定性影响因素等进行分析，追溯滑坡演变的全部过程，分析滑坡的破坏模式，从而做出稳定性评价。该方法通过对天然边坡的稳定性评价，针对滑坡区地质环境条件及变化进行分析，研究边坡的成因机制，分析滑坡稳定性影响因素，追溯滑坡变形演化破坏的全过程，预测在未来条件下滑坡的稳定性。工程类比法是在对需要评价的滑坡进行详细调查的基础上，将已有滑坡的稳定性状况、影响因素等经验应用到评价对象中。该方法主要是在已有经验的基础上，将研究的滑坡或者工程设计的边坡与已经研究过的边坡进行类比分析，分析其相似性和差异性，并依据工作经验对滑坡稳定性及发展趋势进行判断。力学分析法的基础是力学分析，主要研究影响斜坡稳定性的各项参数间的关系，通过分析斜坡结构面、岩性、地下水和坡度等，以图的形式分析滑坡的稳定性。目前，图解法主要有诺模图法和赤平投影法两种，其中诺模图法主要应用于土质以及具有弧形滑面的滑坡体稳定性分析；赤平投影法则主要是通过找到导致边坡变性的边界条件，分析得到滑坡产生的方向以及结构面的组合情况，从而判断结构面发育的岩质边坡的稳定性。

---

① 程学权. 某大型冰水堆积体开挖边坡稳定性分析与支护措施研究［D］. 成都：西南交通大学，2013.

② 顾晓强. 边坡稳定分析方法及其应用研究［D］. 上海：上海交通大学，2007.

1.3.3.2 滑坡稳定性定量与半定量分析

滑坡稳定性定量计算的准确性取决于模型的建立是否准确，模型太过简单难以反映实际情况，太过复杂又受到参数可靠程度的影响。目前，常见的数学模型主要是基于极限平衡理论的力学方法（极限平衡法）和数值分析方法。极限平衡法是在莫尔—库伦抗剪强度理论的基础上，把滑体划分为若干条块，建立条块的力的平衡方程，进而对滑坡的稳定性进行分析。这一方法的提出可以追溯到20世纪20年代。Petterson（1916）① 最先提出将研究区域简化为许多条块进而进行分析的办法，当坡体是弧形或其他形式的曲线时，这一方法都是可以使用的。Fellenius（1936）② 对上述方法进行优化，提出了圆弧方法，这一方法依然是在分析时进行分块而不考虑各块之间的力。在1949年后，各国专家学者继续在圆弧方法的基础上进行优化。Bishop（1955）③ 提出不能忽略各分块之间的力的作用，并引入一个系数进行计算，从而使最终结果更加准确。陈祖煜（2001）④ 对适应于摩根斯特恩等人的研究结论进行优化。张发明等（2002）⑤ 基于岩土的三维空间特点，提出块体稳定分析的三维极限平衡理论。朱大勇等（2005）⑥ 基于摩根斯特恩等人的研究结论以及杨布法等理论进行进一步优化，从而使计算过程简单化且结果具有较好的收敛特性，最终被广泛使用。定量评价滑坡稳定性是在岩石力学和土力学的基础上，采用经典物理数学方程计算滑坡稳定性的方法。定量分析方法是通过力学原理对边坡进行稳定性分析，严格来讲，边坡稳定性分析还远没有达到完全的定量这一步，目前它只能算是一种半定量的分析方法。边坡稳定性定量分析（或者严格定义上的半定量分析方法）主要有两种方法：极限平衡分析法和数值分析法⑦。

---

① PETTERSON K E. The early history of circular sliding surfaces [J]. Geotechnique, 1916, 5 (4): 275-296.

② FELLENIUS W. Calculation of the stability of the dams [C] // Transactions of the 2nd congress on large dams, Washington, DC, 1936 (4): 445-463.

③ BISHOP A W. The use of the slip circle in the stability analysis of slopes [J]. Geotechnique, 1955 (5): 7-17.

④ 陈祖煜. 关于工程规范的思考：访茅以升土力学及基础工程奖获得者 [J]. 岩土工程界, 2001 (11): 18.

⑤ 张发明，陈祖煜，弥宏亮. 三维极限平衡理论及其在块体稳定分析中的应用 [J]. 水文地质工程地质, 2002 (4): 33-35.

⑥ 朱大勇，李焯芬，黄茂松. 对三种著名边坡稳定性计算方法的改进 [J]. 岩石力学与工程学报, 2005 (2): 183-194.

⑦ 谢和平，陈忠辉. 岩石力学 [M]. 北京：科学出版社，2002.

（1）极限平衡分析法。

极限平衡分析法通过诸多工程的实践检验，被认为是目前使用最为广泛的计算方法。极限平衡分析法是最常用的解析法，它是根据边坡上的滑体和滑体分块的力学平衡原理（静力平衡原理）分析边坡各种破坏模式下的受力状态，以及边坡滑体上的抗滑力和滑动力之间的关系来评价边坡的稳定性。

目前已有多种极限平衡分析法，如 Fellenius 法、Bishop 法、Jaubu 法、Morgenstern Prince 法、Spencer 法、楔体极限平衡法、斯宾塞法、不平衡推力法和 Sarma 法等①。几十年来，边坡稳定分析都是将边坡简化为二维平面应变问题，再采用 Bishop、Janbu 等极限平衡分析方法进行分析。然而，实际上边坡的失稳破坏是一个三维空间问题，特别是在可能的滑动面周围存在三维滑动这一物理边界的情况下，具有明显的三维效应。有学者就尝试将极限平衡分析方法引入三维空间来计算滑坡的稳定性。

由于该方法具有模型简单、计算公式简捷、可以解决各种复杂剖面形状、能考虑各种加载形式的优点，在工程界获得了广泛应用，但是该方法因为在模型建立、计算参数选取、边界条件等方面做了一些简化假设处理，将滑体视为刚体也过于简化，所以其只能提供边坡宏观的稳定性。

（2）数值分析法。

20 世纪 70 年代以后，随着数值计算理论和计算机科学的发展，很多数值计算方法都已运用到边坡稳定性分析中。数值模拟是利用计算机技术计算滑坡体内应力、应变等特征来分析其稳定性的方法。现在数值分析法已成为边坡工程中比较有效的分析手段，而且被越来越多地应用于边坡稳定及变形问题的分析中。目前，常用的边坡稳定性数值分析法主要包括有限单元法（FEM）、离散单元法（DEM）、不连续变形分析法（DDA）、快速拉格朗日分析法（FLAC）、数值流形法（NMM）、界面应力元法、无单元法。每一种数值法都有其自身的特点和优势。比如，有限单元法具有很广的适用性，对非线性、线弹性等问题都可以分析求解，可以直观地看出滑坡体的应力、应变大小情况，同时它在分析大变形方面具有很大的优势，这也使得有限单元法在岩土分析方面得到了很大的推广②。

---

① 方建瑞，朱合华，蔡永昌. 边坡稳定性研究方法与进展［J］. 地下空间与工程学报，2007，3（2）：343-349.

② 赵尚毅，时卫民，郑颖人. 边坡稳定性分析的有限元法［J］. 地下空间，2001，21（5）：450-454.

一是有限单元法。

有限单元法是最早得到应用，同时也是目前应用最广泛的一种数值分析法，已开发了多个二维及三维有限单元分析程序。其优点是部分地考虑了边坡岩体的非均质性和不连续性，可以给出岩体的应力、应变大小与分布，能使我们近似地从应力、应变去分析边坡的变形破坏机制；其缺点是不能很好地求解大变形和位移不连续等问题，对于无限域、应力集中问题等的求解还不够理想。有限单元法将连续的岩土划分为有限的单元块，建立相关的函数关系式实现用有限单元逼近无限真实系统的形式，通过对函数方程求解，进行工程建设问题的计算分析。现在广泛使用的方法包括有限单元的强度减弱和有限单元的圆滑边界分析方法。Zienkiewicz 等（1975）[①] 利用这一方法进行斜坡的平稳性计算，但由于当时计算机的研究仍处于初级阶段，所以其计算处理能力有限，使该方法没有在工程界得到广泛推广与使用。赵尚毅等（2002）[②] 在 Drucker 准则研究基础之上深入讨论，实现进行各准则算式的参数互相转化。郑颖人等（2002）[③] 研究出了有限单元的作用力简化方法，使得计算不受坡体内在形状结构和外在因素的影响。

二是离散单元法。

离散单元法于 1970 年由 Cundall 首次提出，其基本原理是牛顿运动定理[④]。它的一个突出的优点，是在反映岩块之间接触面的滑移、分离和倾翻等大位移的同时，还能计算岩块内部的变形与应力分布。此外，它还有一个优点，即可以利用显式时间差分解法（动态松弛法）求解动力平衡方程，对于求解非线性大位移与动力稳定问题具有极大的优势。王泳嘉（1986）首次在我国应用该方法于节理岩体的数值分析中[⑤]。陈昌伟（2000）利用该方法提出了岩质边坡失稳判别标准，定义了安全系数，并将二维可变形离散元用于三峡边坡的地震研究中[⑥]。该方法适用于不连续介质、大变形、低应力水平情况。

---

① ZIENKIEWICZ O C, HUMPHESON C, LEWIS R W. Associated and non-associated visco-plasticity and plasticity in soil mechanics [J]. Geostechnique, 1975, 25 (4): 671-689.

② 赵尚毅，郑颖人，时卫民，等. 用有限元强度折减法求边坡稳定安全系数 [J]. 岩土工程学报，2002 (3): 343-346.

③ 郑颖人，赵尚毅，张鲁渝. 用有限元强度折减法进行边坡稳定分析 [J]. 中国工程科学，2002 (10): 57-61，78.

④ CUNDALL P A. A computer model for simulating progressive large scale movement in blocky system [J]. Proc. Symp. Int. Soci. Rock mech, 1971 (1): 11-8.

⑤ 王泳嘉. 离散单元法：一种适用于节理岩石力学分析的数值方法 [A] //第一届全国岩石力学数值计算及模型试验讨论会论文集. 中国岩石力学与工程学会，1986: 6.

⑥ 陈昌伟. 离散单元法及其在岩质高边坡稳定分析中的应用 [D]. 北京：清华大学，2000.

三是不连续变形分析法。

不连续变形分析法是石根华（1993）提出的分析不连续变形问题的一种新的离散型数值计算方法[①]，它兼有有限单元法和离散单元法的部分优点[②]。该方法可以反映岩体连续和不连续的具体部位，考虑了变形的不连续性和时间因素。其既可计算静力问题又可计算动力问题，既可计算破坏前的小位移又可计算破坏后的大位移，特别适合边坡极限状态的设计计算。姜清辉和丰定祥（2001）[③] 对新滩滑坡失稳的全过程进行模拟，取得了很好的效果，反映了不连续变形分析法工程运用潜力。尽管如此，该方法还有待进一步优化提高。

四是快速拉格朗日分析法。

快速拉格朗日分析法基本原理类似于离散单元法，是早期学者针对材料非线性和几何非线性而提出的一种数值方法[④]，它可以应用于连续介质大变形问题的分析中。此外，它还能像有限单元法那样适用于多种材料模式与边的非规则区域的连续问题求解。其可以准确地模拟材料的屈服、塑性流动、软化直至大变形，尤其在材料的弹塑性分析、大变形分析以及模拟施工过程等领域有其独到的特点。该方法较有限单元法能更好地考虑岩土体的不连续性和大变形特征，求解速度较快。

五是数值流形法。

数值流形法是石根华通过研究不连续变形分析法与有限单元法的数学基础上于 1991 年提出的，是不连续变形分析法与有限单元法的统一形式。数值流形法以最小位能原理和流形分析中的有限覆盖技术为基础，统一解决了连续与非连续变形的力学问题。该方法被用来计算结构体的位移和变形，在积分方法上采用与传统数值方法不同的方法——单纯形上的解析积分形式，适用于不连续介质、大变形，可以统一解决有限单元法、不连续变形分析法和其他数值方法耦合的计算问题，是目前边坡工程中最具生命力的方法之一。裴觉民（1997）等学者相继将数值流形法引入我国工程界[⑤]。

---

① 石根华. 块体系统不连续变形数值分析新方法［M］. 北京：科学出版社，1993.

② 石根华. 数值流形方法与非连续变形分析［M］. 北京：清华大学出版社，1997.

③ 姜清辉，丰定祥. 三维非连续变形分析方法中的锚杆模拟［J］. 岩土力学，2001，22（2）：176-178.

④ 寇晓东，周维垣，杨若琼. FLAC-3D 进行三峡船闸高边坡稳定分析［J］. 岩石力学与工程学报，2001，20（1）：6-10.

⑤ 裴觉民. 数值流形方法与非连续变形分析［J］. 岩石力学与工程学报，1997，16（3）：405-410.

六是界面应力元法。

卓家寿和赵宁（1993）提出了界面应力元法，它源于 Kawai（1977）[①] 提出的适用于均质弹性问题的刚体——弹簧元模型[②]。该方法建立了适用于分析不连续、非均质、各向异性和各向非线性问题、场问题以及能够完全模拟各类锚杆复杂空间布局和开挖扰动的界面元理论及方法，为复杂岩体的仿真计算提供了一种新的有效方法。章青和卓家寿（1998）[③] 基于工程稳定性问题的力学机制，建立了评判岩体稳定性的干扰能量准则，用干扰能量法成功地解决了岩体稳定性的客观判据、潜在滑面、危险滑面、稳定薄弱部位和最小抗滑安全系数等问题，将岩体稳定性的数值评判提高到一个新的水平[④]。

七是无单元法。

无单元法是有限单元法的一种推广，其采用滑动最小二乘法所产生的光滑函数近似场函数，保留了有限单元法的一些特点，又克服了有限单元法的一些不足，无单元法只需要结点信息而不需要单元信息，处理简单，计算精度高，收敛速度快。

1.3.3.3 滑坡稳定性不确定性分析

随着对滑坡稳定性研究的深入，滑坡稳定动态性与不确定性的特点在工程实践中得以体现，因此我们多运用与滑坡动态稳定性相适应的新方法——不确定性分析方法。不确定性分析方法在边坡稳定性分析中的出现在 20 世纪 70 年代初，一方面是由于一些新理论和方法（如可靠性理论、模糊理论、灰色理论、可拓理论、分形几何、神经网络等[⑤]）的出现；另一方面是由于在边坡工程设计和分析中涉及的大量随机性与模糊性等不确定性因素越来越多地被人们认识，如岩体性质、荷载等物理方面的不确定性，取样、试验的统计不确定性，计算模型的不确定性和人为过失造成的不确定性等。这些不确定性造成的影响尽管可以通过提高岩石测试和计算技术的精度在一定程度上有所减少，但局部试验的精确性、确定性并不能消除岩体性状宏观判断上的随机性和模糊

---

① KAWAI T. A new discrete model for analysis of solid mechanica problem [J]. Seisan Kenkyn, 1977, 29 (4): 208-210.

② 卓家寿，赵宁. 不连续介质静、动力分析的刚体：弹簧元法 [J]. 河海大学学报，1993, 21 (5): 34-43.

③ 章青，卓家寿. 加锚岩体的界面应力元模型 [J]. 岩土工程学报，1998, 20 (5): 50-53.

④ 章青，卓家寿. 三峡船闸高边坡稳定分析的界面元法与评判标准 [J]. 岩石力学与工程学报，2000, 19(3): 285-288.

⑤ 张玉浩，张立宏. 边坡稳定性分析方法及其研究进展 [J]. 广西水利水电，2005, 2: 13-21.

性，而且也不可能无限度提高单项试验的精度、规模和完善确定性计算。因此，用较简单的测试手段对岩石工程进行大量的信息采集，以及应用和发展各种不确定性理论和方法以提高边坡工程质量状态判断的精度，就显得十分必要。

20 世纪 90 年代以来，随着人工智能、神经网络、遗传算法、进化计算、非确定性数学、非线性力学、系统科学等新兴学科的兴起以及各种复杂的数值计算方法广泛应用于边坡研究中，边坡稳定性研究步入了定性与定量相结合、概念模型与仿真模拟相结合、监测与反馈信息相结合的新阶段，为边坡稳定性分析提供了全新的思维方式和研究方法，也为边坡工程研究提供了强有力的理论基础①②。

1.3.4 地下水对滑坡稳定性的影响研究

降雨对边坡的影响主要是通过入渗形成的地下水实现。在降雨入渗作用下，地下水将受到显著影响而抬升。大多数滑坡是由于降雨引起坡体地下水位上升而诱发的。滑坡体中地下水主要以上层滞水、潜水与承压水等形式存在。水的作用方式主要有三种：第一种，对土坡或岩质边坡中的泥质岩层降雨渗入起加载作用，饱和岩体、增大容重，使岩土软化，抗剪强度降低，改变边坡力学性能；第二种，水流冲刷坡脚，可能会切断滑动面使之临空，改变边坡结构；第三种，降雨入渗地下变成地下水，地下水会产生静水压力，由于有水力梯度存在，也会产生动水压力以增加沿地下水渗流方向的滑动力。

潜水与承压水对滑坡的作用机理均可根据有效应力原理加以解释，但作用方式上存在差别。滑坡内承压水的产生是由于坡体内存在相对隔水层，隔水层下部孔隙水压力大，而隔水层内部孔压则与外部孔压相差较大，在监测中变化却不明显，忽视承压水的存在会对滑坡灾害防治构成隐患③④⑤。有学者通过对四川天台乡特大滑坡的机理分析指出，滑体底部承压水产生的扬压力和滑体

---

① 郑颖人，刘兴华. 近代非线性科学与岩石力学问题［J］. 岩土工程学报，1996，18（1）：98-100.

② 黄润秋，许强. 非线性理论在工程地质中的应用［J］. 中国科学基金，1996（2）：79-84.

③ J JIAO，S NANDY. Confined groundwater zone and slope instability in hillsides of weathered igneous rock in Hong［J］. Hong Kong Geologist，2001，7：31-37.

④ 黄春娥，龚晓南. 初探承压含水层对基坑边坡稳定性的影响［J］. 工业建筑，2002，32（3）：82-83.

⑤ 赵权利，孙红月，王志磊，等. 承压水对平推式滑坡的作用分析［J］. 岩石力学与工程学报，2012，31（4）：762-769.

后侧的静水压力联合作用，是该滑坡滑动破坏的重要影响因素；L. Borgatti (2007)① 在分析意大利亚平宁山区古滑坡复活的水动力作用机理时，通过对滑坡特定层面孔压的长期观测分析指出，承压水是该地区滑坡滑动的致灾因子。还有学者通过勘察发现，只有溶解了化学物质的地下水会对滑体具有物理侵蚀性和化学作用，会改变滑带土体的物质构造，对滑坡稳定性产生不利影响②③④。

地下水因渗流形成的静水、动水压力对边坡稳定性有重要影响，学者们常通过解析分析的方法进行影响分析，常见的方式是根据水头作用力分布，通过沿滑面线施加于土体或土条的渗透压或倾覆力，计算滑坡的整体安全性⑤。分析滑坡所受静水压力作用时，我们可以按照水土分算和水土合算两种情况来考虑。Miller（1989）⑥ 将孔隙水压力假定为静水压力，并将其单独作为外力和内力来分析边坡稳定性，其计算结果相同。李广信（2000）⑦ 指出，水土合算的方法与土力学基本原理产生冲突，在作用机理上多有不明确的地方，有待进一步研究。他还指出，水土分算虽然概念清楚，但某些情况下孔隙水压力很难明确大小。王洪新（2011）⑧ 在理论推导和渗透系数室内物理实验的基础上，给出了水土压力分算与合算统一的算法，并通过工程实例验证了这一算法。

研究发现，滑坡的渗透系数是水位影响滑坡稳定性的主要内在因素⑨，低

---

① L BORGATTI, E CERVI, A CORSINI, et al. Hydro-mechanical mechanisms of landslide reactivation in heterogeneous rock masses of the northern Apennines (Italy) [C] //Proceedings of the First North Landslide Conference, Landslides and Society: Integrated Science, Engineering, 2007.

② 张作辰. 滑坡地下水作用研究与防治工程实践 [J]. 工程地质学报, 1996, 4 (4): 80-85.

③ 张利洁，聂文波，杨良策. 滑坡计算中地下水作用的探讨 [J]. 土工基础，2003, 17 (2): 23-25.

④ MARTINS-CAMPINA, B HUNCAU, F FABRE. The eaux-bonnes landslide: overview of possible triggering factors with emphasis on the role of groundwater [J]. Environment Geology, 2008, 55 (2): 397-404.

⑤ 刘才华，陈从新，冯夏庭，等. 地下水对库岸边坡稳定性的影响 [J]. 岩土力学，2005, 26 (3): 419-422.

⑥ T MILLER, J HAMILTON. A new analysis procedure to explain a slope failure at the Lake mine [J]. Geotechnique, 1989, 39 (1): 107-123.

⑦ 李广信. 基坑支护结构上水土压力的分算与合算 [J]. 岩土工程学报，2000, 22 (3): 348-352.

⑧ 王洪新. 水土压力分算与合算的统一算法 [J]. 岩石力学与工程学报，2011, 30 (5): 1057-1064.

⑨ 刘新喜，夏元友，练操，等. 库水位骤降时的滑坡稳定性评价方法研究 [J]. 岩土力学，2005, 26 (9): 1427-1436.

渗透系数的土体会导致局部压力水头蓄积过高。地下水的高水头及渗透压力是主要环境影响因素①②③。刘礼领（2011）④ 在分析库水位升降对堆积体滑坡稳定性影响时指出，当库水位下降时，滑坡体底部如果有强透水层存在时，则坡体内水分能很快排出，渗透力产生的影响较小；而当库水位上升时，滑坡体底部强透水层的存在会导致滑坡体迅速饱水，从而不利于坡体稳定。在存在承压水的边坡稳定性研究中，承压水作用都是用一个简化的沿滑动面分布的三角形力或梯形力的作用来代替⑤⑥。

边坡排水工程措施经历了从地表到地下、从单一到综合的发展过程。地表排水以拦截和旁引为主要方式，即采用截水沟将地表水引入天然沟谷。坡体表面的截水沟修建成树枝状，主沟应尽量与潜在滑坡方向一致，支沟与滑坡方向成 30°～45°斜交。地表排水以其技术简单易行且工程造价低而应用较广。为提高排水效果，学者们在工程实践中逐渐引入了地下排水措施，有盲沟、支撑盲沟、渗沟、平孔排水等。由于地下排水工程能大大降低孔隙水压力，增加有效正应力，从而提高抗滑力，因此其加固效果更佳。尤其是对大型滑坡的整治，深部大规模的排水往往首选地下排水措施，但其施工工艺比地表排水复杂。

近年来，随着人们对排水工程重要性认识的提高，在地下排水方面的研究有很大的进展，各种排水工程措施的耦合使用研究日益受到人们的重视，洞、孔、井相结合的立体排水思想得到了发展⑦⑧，地下排水洞和水平排水孔得到了推广应用，如龙滩水电站进水口高边坡排水系统由地表排水系统和山体排水系统组成，地表排水设纵横截水沟，山体排水系统由层排水主洞及支洞组成，

---

① 刘燕，王海平，蒋永才，等. 长江三峡库区黄腊石边坡地下水作用规律与动态稳定性评价[J]. 岩石力学与工程学报，2005，24（19）：3571-3576.

② 张卫民，陈兰云. 地下水位线对边坡稳定的影响分析［J］. 岩石力学与工程学报，2005，24（增2）：5319-5322.

③ 章广成，唐辉明，胡斌. 非饱和渗流对滑坡稳定性的影响研究［J］. 岩土力学，2007：28（5）：965-970.

④ 刘礼领. 库水位升降对堆积体滑坡稳定性影响的研究［J］. 西部探矿工程，2011，23（2）：35-39.

⑤ 姚爱军，薛廷河. 复杂边坡稳定性评价方法与工程实践［M］. 北京：科学出版社，2008.

⑥ 黄润秋 .20 世纪以来中国的大型滑坡及其发生机制［J］. 岩石力学与工程学报，2007，26（3）：433-454.

⑦ 刘加龙，姚春雷，孔建. 立体排水网络在大型富水覆盖层滑坡治理中的应用［J］. 土工基础，2007，21（6）：43-46.

⑧ 朱正武，王虎，张鹏. 三维排水与深层土体位移监测技术在滑坡治理中的运用［J］. 西部探矿工程，2010，22（1）：21-23.

洞内布设排水孔，构成整个高边坡立体排水网①。水平排水孔是一种通过滤水管将滑坡体内地下水排出以稳定滑坡的方法，其优点是施工安全、造价低。美国、法国、新西兰和日本等国家对此技术进行了广泛的工程应用，我国则是由铁道部最先应用，这种措施在降低地下水位以及提高边坡、滑坡的稳定性方面起着重要作用。由于施工工艺水平的提高，目前超长水平排水孔得到了推广应用②，并在排水效果的定量化研究方面取得了可喜的成绩，在提高排水效率的同时也大大节省了工程费用。但由于水平钻孔容易塌孔和使用过程中容易堵塞，目前的使用仍局限于一些特殊的滑坡治理工程。

在各种排水措施中，排水隧洞体系效率最高，对提高滑坡的稳定性起到了很好的作用。许多大型滑坡采用了排水洞排水，如丽龙高速公路的官家村滑坡、杭金衢高速公路滑坡、金斗山滑坡③、大石板滑坡④、华安水电厂滑坡⑤、宝鸡簸箕山滑坡⑥、漫湾水电站左岸滑坡⑦等。孙红月等（2008）⑧ 对杭金卫高速公路 K103 滑坡的地下水位监测结果分析表明，破碎岩质边坡中采用地下排水隧洞，可有效降低坡体内的地下水位。隧道排水最主要的问题是施工周期长、费用高，不能满足滑坡抢险过程的排水需要。

虹吸排水是一种古老的排水方法。20 世纪 80 年代末，法国运用虹吸排水技术来解决边坡地下水位过高的问题，降低了地下水位，边坡变得稳定，取得了较好的效果。边坡采用虹吸法控制地下水的原理是：首先，使土层中的地下水入渗到集水井内；其次，利用井水面与井水面间或者井水面与库水面间出现的水头差所具有的压力势能，通过虹吸管道将高水位井中的水吸出排入下游集

---

① 周海慧，戴谦训，赵红敏. 龙滩水电站进水口高边坡排水系统设计［J］. 红水河，2002，21（21）：13-15.

② 章普标，唐晓武. 超长距离水平排水滤管在高速公路边坡滑坡处治中的应用［J］. 公路，2006，1：80-85.

③ 林希鹤. 长深高速公路金斗山滑坡灾害及其治理工程对策［J］. 福建建筑，2011，152（2）：67-69.

④ 陈崇希，成建梅. 关于滑坡防治中排水模式的思考：以长江三峡黄腊石滑坡为例［J］. 地球科学—中国地质大学学报，1998，23（6）：628-630.

⑤ 沈秀萍. 采用综合措施是治理华安水电厂平安亭渠道滑坡的有效途径［J］. 福建水力发电，2001，2：15-26.

⑥ 张爱军，康顺祥，张少宏，等. 宝鸡簸箕山老黄土滑坡体三向渗流数值分析［J］. 水力发电学报，2005，24（5）：60-64.

⑦ 马连城，郑桂斌. 我国水利水电工程高边坡的加固与治理［J］. 水力发电，2000（1）：34-37.

⑧ 孙红月，尚岳全，申永江，等. 破碎岩质边坡排水隧洞效果监测分析［J］. 岩石力学与工程学报，2008，27（11）：2267-2271.

水井或水库内，即坡体外。杨宇友等①通过模型实验和数值模拟验证了虹吸排水能够减小岸坡地下水与库水位差，改善渗流路径，提高岸坡稳定性。任珊珊等②通过数值模拟方法发现，虹吸排水对边坡地下水渗流场的影响规律及虹吸孔位对排水效果有重要影响。

1.3.5 滑坡应急治理工程及效果研究

滑坡防治已有多年的历史，最早可追溯到19世纪早期，多数欧洲及美洲国家对滑坡防治措施进行研究，由于当时技术水平的限制，人们的研究仅停留在表层，想要进行深入研究还存在许多困难③。滑坡防治是一个系统的工程，目的在于提高滑坡稳定性，避免斜坡变形破坏。在滑坡防治工程设计时，我们应该在遵循以防为主、治理为辅，防治结合，综合防治的防治原则基础上做到对症下药。一些简单的回填及清方（清理土石方）方法仅适用于简单的中、小型滑坡。在遭遇战争后，战乱国家的城市建设及交通遭到严重破坏，开始加速交通行业的发展，如以公路为代表。然而，公路建设造成大量的滑坡等地质灾害发生，人们花费大量的时间与精力研究如何对滑坡进行有效治理。与此同时，科学技术的快速发展，为科学家的研究提供坚实的基础④。我国于20世纪50年代才开始关注滑坡防治，最开始人们针对小型滑坡主要是采取改变坡形及排水措施等方法，对于中、大型滑坡则主要采取避让的方法。之后随着我国经济及科学的快速发展，关于其他支挡措施也逐渐发展起来⑤。张倬元(2000)⑥认为，滑坡的治理要在滑坡的形成条件、成因机制、变形机制及稳定性现状的基础上，对各种治理方案进行技术经济比选。王恭先（2005)⑦认为，滑坡的防治应该将工程地质与岩土力学相结合，同时在滑坡工程治理中应

---

① 杨宇友，姚爱军，张鹏，等. 岸坡地下水控制技术的试验研究［J］. 岩土力学，2009，30(8)：2281-2285.

② 任珊珊，尚岳全，何婷婷，等. 边坡虹吸排水数值模拟方法及应用［J］. 岩石力学与工程学报，2013 (10)：2022-2027.

③ 李新平，王涛，谢全敏，等. 高速公路滑坡稳定性分析及治理优化研究［J］. 岩土力学，2007 (5)：981-985.

④ 俞椿辉. 闽西北山区公路滑坡灾害成因分析和防治策略研究［D］. 福州：福建农林大学，2017.

⑤ 席栋. 大房李家滑坡稳定性及双排抗滑桩受力研究［D］. 西安：长安大学，2016.

⑥ 张倬元. 滑坡防治工程的现状与发展展望［J］. 地质灾害与环境保护，2000 (2)：89-97.

⑦ 王恭先. 滑坡防治中的关键技术及其处理方法［J］. 岩石力学与工程学报，2005 (21)：20-29.

该在考虑安全因素的基础上充分考虑环保效益和经济效益。我国从 20 世纪 50 年代初开始，经过了数十年的防治工程发展，结合自身的特点形成了一套合理有效的防治体系。现如今，滑坡防治的措施多种多样，多被用在工程领域的有削方、抗滑桩等①②③④。有关滑坡防治的研究主要是针对处理措施，学者们在不同的滑坡治理中提出了相应的处理技术措施⑤⑥⑦⑧。改良滑带土主要为了提高滑带土强度，增加滑坡抗滑力。到目前为止，国内外在治理滑坡方面已积累很多经验，但技术上还存在较多问题。

1.3.5.1 削坡减载

削坡减载主要针对一些小规模滑坡，属于减载反压中的一种技术，广泛应用于工程实践中且表现出良好的效果⑨。此方法是通过使用挖除的手段，减少作用荷载，以提高整体稳定性。其表现形式主要是在滑坡体上部减重，在下部反压：一是削方减重，适于上陡下缓且岩体比较稳定的滑坡，但不适于牵引式滑坡或具卸荷膨胀性滑坡；二是加载反压，将上部的削方堆填在坡脚起到反压的作用。该方法可以改变滑坡体坡形，使整体稳定性优于削坡前，但由于此方法会使坡体形成新的临空面且对应的一系列条件会发生改变，故还需对开挖清除后的滑坡体稳定性进行验算。正因为如此，有学者认为，还需对滑坡进行进一步治理，采取其他支挡措施以提高稳定性⑩⑪⑫。

---

① 罗丽娟，赵法锁．滑坡防治工程措施研究现状与应用综述［J］．自然灾害学报，2009，18（4）：158-164.

② 魏永幸．滑坡防治工程技术现状及其展望［J］．路基工程，2001（5）：17-19.

③ 张倬元．滑坡防治工程的现状与发展展望［J］．地质灾害与环境护，2000（2）：89-97，181.

④ 王恭先．滑坡防治工程措施的国内外现状［J］．中国地质灾害与防治学报，1998（1）：2-10.

⑤ 林宗元．岩土工程勘察设计手册［M］．沈阳：辽宁科学技术出版社，1996：230-234.

⑥ 舒斯特，克利泽克．滑坡的分析与防治［M］．铁道部科学研究院西北研究所，译．北京：中国铁道出版社，1987：352-355.

⑦ 刘西文．预应力锚索治理滑坡施工技术［J］．西部探矿工程，2002（S1）：480-481，487.

⑧ 陈海鹏．长江三峡库区大河坝滑坡治理工程研究［D］．重庆：重庆大学，2002.

⑨ 熊中贵．浅埋偏压土质隧道削坡减载措施有效性分析［J］．山西建筑，2016，44（22）：155-156.

⑩ 周奎，何永东．浅析削坡减载在滑坡应急抢险中的应用［J］．科技信息，2014（2）：217，219.

⑪ 王乐华，郭永成，韩梅．削坡减载法在边坡稳定治理中应用［J］．三峡大学学报（自然科学版），2009，31（4）：57-60.

⑫ 张志杰．不同削坡减载方式对边坡稳定性的影响［J］．湖南水利水电，2003（2）：3-4.

1.3.5.2 截水排水

水是影响滑坡失稳的主要因素和诱发滑坡发生的重要因素。特别是暴雨过后，水渗入岩土体内部，降低岩土物理力学参数，导致滑动。与此同时，地下水位的升高，滑动面的水会增大滑带土孔隙水压力，从而减少阻滑摩擦力，对滑坡稳定性产生不利影响①。因此，治理滑坡应先考虑排水措施：一是外围排水，即修建排水沟和截水盲沟；二是内部排水，即修建天然沟、盲沟、盲洞和孔群排水等。20 世纪中期，我国最先想到的方法是进行排水，其中就包括地下排水和地表排水。所谓“地表排水”，顾名思义就是排除地面以上的水流，其可以利用的手段包括设置截水沟和排水沟。在每个滑坡治理的案例中，我们几乎可见利用地表排水提高稳定性，甚至仅采用地表排水即可治理滑坡，且效果明显。地下排水则是排除地面以下的水流，通过降低了坡体水位，可以达到降低孔隙水压力的效果，进一步提高有效应力。近年来，截水排水的主要措施有截水盲沟、支撑盲沟、井群抽水和虹吸排水等②③。通常降雨量大、地下水系较发育的滑坡，截排水工程是一种十分有效的治理方法。韩续领（2016）④ 对梁疙瘩古滑坡展开了研究，提出了集水井加截排水沟的治理措施。近年来，将排水和抗滑功能集成的抗滑结构逐渐成为研究热点。陈颖骐和王全才（2019）⑤ 提出了“截水导流式锚拉桩板墙”的治理措施，通过 FLAC3D 流—固耦合分析认为其提出的新型结构有利于坡内排水，显著地提高了滑坡的稳定性。

1.3.5.3 抗滑挡墙

抗滑挡墙是目前工程中一种常见的支护形式。滑坡若是由切割坡脚所引起的，需以支挡为主，各种支挡构筑物应修建在滑动面以下的稳定的地层中。支挡工程主要包括一大、二锚、三小，即大直径抗滑桩、锚索和微型桩的研究及应用⑥。支挡结构主要包括：①抗滑挡土墙；②抗滑桩；③锚杆挡墙。挡土墙类型很多，可以有多种分类方法，人们常提及的重力式挡土墙则是挡土墙按照结构样式分类中的一种。除此之外，人们还可以按照挡土墙的刚度和位移的方

① 黄恒兴．黄土滑坡的治理设计方案优化研究［D］．西安：长安大学，2018.

② 焦旭鹏．仁宗乡滑坡治理优化设计［D］．西安：西安科技大学，2014.

③ 喻和平，田斌．滑坡防治措施的现状和发展［J］．甘肃工业大学学报，2003（2）：104-107.

④ 韩叙领．梁疙瘩古滑坡治理稳定性分析及治理方案研究［J］．中外公路，2016，36（4）：64-67.

⑤ 陈颖骐，王全才．新型截水导流式锚拉桩板墙排水抗滑性能分析［J］．人民长江，2019，50（1）：141-147.

⑥ 龚裔芳．复杂地质条件下滑坡的稳定性分析与综合治理研究［D］．长沙：中南大学，2010.

式进行分类[①]。抗滑挡墙的设计都要满足国家相关规范，要进行多种验算，保证设计的合理性和使用的安全性。近年来，国内对抗滑挡墙有深入的研究。例如，李昀（2010）[②] 对格宾加紧挡土墙的结构特性、可靠性、抗震性等做出系统性研究；唐仁华（2013）[③] 的主要研究内容为系统的可靠性，他将板肋锚杆式的挡墙作为研究对象，考虑的因素为锚杆的破坏顺序；贺世开（2018）[④] 将加筋挡土墙作为研究对象，分析了存在地震因素的情况下挡墙的内部稳定性，并进行深入探讨；陈汉（2019）[⑤] 寻找了一种计算土压力的方法，此方法能够适用于重力式挡墙，探究适用的条件是什么、它是如何发生失稳的、机理是什么，并在工程中做出设计方案。滑坡治理最有效的方法是对滑坡进行加固处理增大滑体抗滑力，常见的支挡结构有抗滑桩、锚索、锚索抗滑桩以及小型钢架锚索、挡土墙、前缘压脚等。其中，对抗滑桩的应用和研究最多。抗滑桩对滑坡防治效果显著，具有安全可靠、抗滑能力强、对滑坡体扰动小、设桩位置灵活等特点。目前，将抗滑桩与其他支挡结构组合使用成为新的研究热点，如将抗滑桩与锚索（预应力锚索）结合形成的预应力锚拉抗滑桩。曹文昭等（2019）[⑥] 针对加筋土挡墙抗滑稳定性的不足，提出了“抗滑桩 + 刚/柔组合墙面加筋土挡墙”组合的新型支挡结构，通过验算新型支挡结构的抗滑稳定性效果更好。

1.3.5.4 抗滑桩

19 世纪 50 年代左右，国外逐渐应用抗滑桩工程，从最初的小直径抗滑桩发展为大直径挖孔抗滑桩。国内对抗滑桩研究开始较晚，但现已广泛应用于滑坡治理中，且治理效果很好[⑦]。目前，抗滑桩设计理论仍然需要完善、不断突破，单桩尺寸设计、桩间距等仍需进一步研究[⑧⑨]。杨义奎（2015）[⑩] 对 h 型

---

① 王改艳，张春娜，袁婷. 多级挡土墙应用与研究现状综述［J］. 四川建材，2016（10）：75-76.

② 李昀. 格宾加筋挡土墙动力特性试验研究及数值分析［D］. 长沙：中南大学，2010.

③ 唐仁华. 锚杆（索）挡土墙系统可靠性分析计算方法［D］. 长沙：湖南大学，2013.

④ 贺世开. 地震作用下加筋挡土墙内部稳定性分析［D］. 兰州：兰州大学，2018.

⑤ 陈汉. 重力式挡土墙稳定可靠性研究：以省道 S323 路堤挡土墙为例［D］. 成都：成都理工大学，2019.

⑥ 曹文昭，郑俊杰，薛鹏鹏. 抗滑桩—加筋土挡墙组合支挡结构开发［J］. 中南大学学报（自然科学版），2019，50（1）：118-129.

⑦ 王卓娟，李孝平. 抗滑桩在滑坡治理中的研究现状与进展［J］. 灾害与防治工程，2007（1）：45-50.

⑧ 杨有成，李群，陈新泽，等. 对强度折减法若干问题的讨论［J］. 岩土力学，2008，29（4）：1103-1106.

⑨ 郝燕洁，杜泽丽，张建强. 抗滑桩边坡加固技术的研究现状［J］. 市政技术，2017，35（3）：145-147.

⑩ 杨义奎. h 型抗滑桩计算分析及工程应用［D］. 成都：西南交通大学，2015.

抗滑桩的结构设计流程及配筋设计方法进行研究，并对其进行三维数值分析；朱永波（2016）① 通过使用系梁型的抗滑桩对滑坡体进行加固，分析系梁型的抗滑桩作用在坡体上的原理和计算方法；唐豪（2016）② 在坡体上设计两排的抗滑桩，通过改变排与排之间的距离和对抗滑桩采用不同的桩身刚度，研究不同情况下的受力特征；朱兴帅（2017）③ 通过改变抗滑桩截面的形状对抗滑桩的承载能力进行研究；雷文杰等（2006）④ 通过有限元强度折减法对采用沉埋方式进行单桩加固治理的边坡进行了分析并提出相应的观点，同时对不同桩长、桩体位置、桩体自身的内力和边坡的安全系数及其与边坡加固治理后的有效性之间的关系进行了研究；Awad（1999）⑤ 通过大量现场实验，以微型桩为例，研究了横向的荷载和抗滑桩长度的关系；赵松江（2011）在三峡库区双堰塘滑坡治理研究中，采用了锚拉抗滑桩结构设计⑥。

1.3.5.5 锚固支护

20 世纪中期，我国开始了解到锚固支护，对其进行接触和研究，到 20 世纪末，我国逐渐学习国外先进的锚固支护技术，从此之后，锚固支护逐渐广泛应用于滑坡防治工程中⑦。目前，常用的锚固支护可以分为预应力锚索、预应力锚杆、砂浆锚杆等类型，且经常与其他支护措施共同使用。

综上所述，滑坡防治措施有多种，在实际工程案例中，往往会根据各项措施的特点及适用范围，将两三种甚至更多种防治手段结合在一起共同使用。同时，我们必须考虑经济性、地域性等因素，对所采取的治理方案进行评价及优选，最终选取最佳方案。

1.3.6 滑坡防治工程方案研究

第二次世界大战开始之前，随着滑坡灾害危害人类活动的日趋严重，人们开始运用土力学中的极限平衡理念对坡体进行分析及防治方案的研究。20 世纪 50 年代以来，随着世界经济的发展和土地资源的开发，大大增进了人们对

① 朱永波. 系梁型抗滑桩加固滑坡机理及计算方法研究［D］. 成都：西南交通大学，2016.

② 唐豪. 双排抗滑桩受力特征分析及优化设计［D］. 衡阳：南华大学，2016.

③ 朱兴帅. 不同截面抗滑桩承载性状研究［D］. 湘潭：湖南科技大学，2017.

④ 雷文杰，郑颖人，冯夏庭. 滑坡加固系统中沉埋桩的有限元极限分析研究［J］. 岩石力学与工程学报，2006（1）：27-33.

⑤ AWAD D M. Lateral load tests on mini-p iles［J］. Islamic University Journal，1999（25）：103-105.

⑥ 赵松江. 三峡库区双堰塘滑坡治理锚拉抗滑桩结构设计及优化［D］. 成都：成都理工大学，2011.

⑦ 王皓. 浅谈预应力锚固支护技术［J］. 四川建材，2019，45（1）：81-82，84.

滑坡机理的认识和研究。太沙基理论、毕肖普[①②③]土坡稳定性计算方法得到了广泛应用。建立于摩尔库仑经典理论上的滑坡防治工程[④⑤⑥⑦]，作为滑坡防治工程的经典理论，成为滑坡防治的基础理论被人们广泛接受。坡体临界滑面的确定也较为成功。张倬元等（2001）[⑧] 从坡体的地质结构和受力过程出发，提出了五种滑坡破坏模式；徐邦栋（2001）[⑨]、王恭先等（2004）[⑩]、郑颖人等（2007）[⑪] 分析了滑坡的受力状态和力学过程，从地质和力学的结合上提出了几种常见的滑坡机理；程谦恭等（1999）[⑫] 等对高速滑坡的动力学进行了深入研究。

在滑坡防治工程中，人们依据滑坡的性质采用刷方、反压、盲沟、排水隧道、渗沟、抗滑挡墙、抗滑明洞等工程措施，尤其是大直径灌注柱、挖孔抗滑桩以及错固工程的推广应用，使人们对滑坡的治理由被动走向主动，并提出了“预防为主，治早治小，一次根治、不留后患，因地制宜、区别对待，技术先进”的滑坡防治理念。由此，滑坡防治方案的选择随着工程措施的多样性而更具有针对性，即滑坡防治方案的选择更加精细、明确，滑坡防治基本上形成了比较完整的研究思路，积累了丰富的实践经验。

在滑坡防治的整个过程中，防治方案的合理与否，既是滑坡成功防治的灵魂，又是滑坡成功防治的关键。对于滑坡防治方案的“最优化”选择，是人们孜孜以求的目标，人们通过大量研究，采用各种方法以求达到滑坡防治方案

---

① D V GRIFFITHS, P A LANE. Slope stability analysis by finite element [J]. Geotechnique, 1999, 49 (3): 387-403.

② SKEMPTON A W. Resdiual strength of clays in landslides folded strata and the laboratory [J]. Geotechnique, 1985, 35 (1): 56-60.

③ BISHOP A W. The use of the slip circle in the stability analysis of slope [J] S. Gotechnique, 1955, 5 (1): 7-17.

④ CHEN W F, KOH S L. Plasticity approach to landslide problem [J]. Engineering Geology, 1980, 1 (16): 38-43.

⑤ DUNCAN J M. State of the art: limit equilibrium and finite-element alnalysis of slopes [J]. Geotechnical Engineering, 1996, 122 (7): 577-596.

⑥ Greco V R. Efficient M onte-carlo technique for locating critical slip surface [J]. Can Geotech J, 1994, 122 (7): 517-525.

⑦ CHEN Z Y, SHAO C M. Evaluation of minimum factor of safety in slope stability analysis [J]. Can Geotech J, 1998 (25): 735-748.

⑧ 张倬元，王士天，王兰生. 工程地质分析原理 [M]. 2 版. 北京：地质出版社，2001.

⑨ 徐邦栋. 滑坡分析与防治 [M]. 北京：中国铁道出版社，2001.

⑩ 王恭先，徐峻岭，刘光代，等. 滑坡学与滑坡防治技术 [M]. 北京：中国铁道出版社，2004.

⑪ 郑颖人，陈祖煌，王恭先，等. 边坡与滑坡工程治理 [M]. 北京：人民交通出版社，2007.

⑫ 程谦恭，彭建兵，胡广韬，等. 高速岩质滑坡动力学 [M]. 成都：西南交通大学出版社，1999.

的合理化选择。在这期间，Bablu S 和 Tapan K R（2005）①、Ahn B S 等（2000）②、Kim Y M 等（2000）③、谢全敏和夏元友（2002）④、刘莉等（2008）⑤ 采用层次分析模糊数综合评价法；Wei Jun（2002）⑥、王念秦等（2009）⑦、罗东海等（2012）⑧ 采用熵权决策法；张绍波（1999）⑨、蒋良文等（2000）⑩ 采用灰色系统法；Zhou Pinggen（2003）⑪、Mayoraz F 等（1996）⑫、刘新喜等（2002）⑬、陈晓利等（2006）⑭ 采用神经网络方法；夏元友和朱瑞赓（1998）⑮ 集专家系统和基于有限可行方案的决策方法，开发滑坡防治方案

---

① BABLU S, TAPAN K R. Multiobjective entropy transportation model with trapezoidal fuzzy number penalties, sourcesand destinations [J]. Journal of Transportation Engineering, 2005, 131 (6): 419-428.

② AHN B S, PARK K S, HAN C H, et al. Multi－attribute decision aid under incomplete information and hierarchical structure [J]. European Journal of Operational Research, 2000, 125 (2): 431-439.

③ KIM Y M, KIM J H, KIM S H. Use of multi-attribute decision analysis for designing operations system framework in telecommunications management network [J]. Computers and Operations, 2000, 27 (12): 1375-1388.

④ 谢全敏，夏元友. 边坡治理决策的改进层次结构模型及其应用 [J]. 岩土工程学报，2002, 24 (1): 86-88.

⑤ 刘莉，余宏明，程江涛. 层次分析—模糊综合评价法在滑坡工程中的应用 [J]. 三峡大学学报（自然科学版），2008, 30 (2) : 43-47.

⑥ WEI JUN. Entropy weight coefficient methods application in software industry development strategy choice [J]. Journal of Hebei Lniversity of Economics and Trade, 2002, 23 (2): 82-87.

⑦ 王念秦，姚勇，罗东. 滑坡综合治理方案比选评价模型 [J]. 水土保持通报，2009, 29 (1): 111-114.

⑧ 罗东海，尚慧，王念秦. 最优组合赋权法在滑坡综合治理方案决策中的应用 [J]. 水土保持通报，2012, 39 (4): 116-120.

⑨ 张绍波. 滑坡加固方案优化选择的灰色系统方法 [J]. 灾害学，1999, 14 (4) : 36-39.

⑩ 蒋良文，王士天，刘汉超，等. 岷江上游汉川一较场段滑坡稳定性的神经网络评判及其堵江可能性浅析 [J]. 山地学报，2000, 18 (6) : 547-553.

⑪ ZHOU P G. Artificial neural network model for discrimination of stability of ancient landslide in impounding area of three gorges project [J]. Journal of China University of Geosciences, 2003, 2 (14): 161-165.

⑫ MAYORAZ F, CORMS T, VULLIET L. Using neural networks to predict slope movements [J]. Proceedings of the 7th International Congress of Landslides, 1996 (1): 295-300.

⑬ 刘新喜，晏鄂川，唐辉明. 红石包滑坡滑带土强度参数的神经网络预测 [J]. 岩土力学，2002, 23 (S1): 37-39.

⑭ 陈晓利，赵健，叶洪. 应用径向基概率神经网络研究地震滑坡 [J]. 地震地质，2006, 28 (3): 430-439.

⑮ 夏元友，朱瑞赓. 病害边坡治理方案选择的智能辅助决策系统 [J]. 岩石力学与工程学报，1998, 17 (4) : 453-458.

选择的辅助决策系统 IADMSCCPU，并对滑坡防理方案进行了研究及应用，均取得了较好的应用效果。

20 世纪 60 年代以来，岩土工程较好地解决了地基、岩质边坡、地下洞室的稳定性问题①。随着人类改造工程强度的增强，地质灾害防治任务愈来愈重，原有的基于岩体结构控制论的工程地质基本理论与技术已不能满足要求。因此，以研究正在变形破坏过程中的复杂的地质体，对其稳定性评价、改造与控制的地质工程逐渐发展起来②。

1976 年，美国工程地质学家古德曼出版了《不连续岩体地质工程方法》③，认为“地质工程”涉及诸如大型滑坡、活动断裂、洞穴岩层等自然过程的广泛领域。1985—1996 年，孙广忠④⑤提出，土木工程是一种以地质体为建筑材料、工程结构，以地质环境为建筑环境的一种特殊工程，并强调地质是这类工程设计和施工的基础，明确而具体地提出了地质工程的基础理论。1992 年，胡海涛⑥提出了广义地质工程，认为地质工程主要是对地质体进行改良，或是对一个地区资源开发、地质灾害防治和地质环境保护等进行改善地质环境的各项工程。梁炯均（1992）⑦ 引入了控制论的方法，强调地质工程的反馈设计。地质工程理念的提出，使地质与工程深层次系统结合，由稳定性评价和变形预测，发展到按钱学森综合集成理论，把工程的、地质的和力学的不同来源的知识综合起来，储存成为描述工程地质力学作用的模型，分析解决了工程问题⑧，也很好地解决了地质、设计、施工相互脱节的问题，使滑坡防治初步形成了以地质工程理念为主导的系统性工程。

1.3.7 滑坡防治工程效果评价研究

滑坡防治工程是地质环境与工程措施之间相互协调的过程，最终要达到地质体满足人类工程活动的目的。目前，国内外滑坡防治工程效果评价的研究方法主要分为两类：一是以工程地质分析为基础的定性或半定量方法；二是以监测分析和力学计算为基础的定量评价。

---

① 殷跃平，康宏达，张颖，等. 工程地质新拓展地质工程论评［J］. 工程地质学报，1994，2（4）：7-12.

② 梁炯均. 工程地质体控制论［J］. 岩石力学与工程学报，1992，11（2）：117-120.

③ 古德曼. 不连续岩体中的地质工程方法［M］. 北京：中国铁道出版社，1980.

④ 孙广忠. 论地质工程的基础理论［J］. 工程地质学报，1996，4（4）：1-6.

⑤ 孙广忠. 工程地质—岩体力学—地质工程问题［J］. 工程勘察，1985（4）：35-38.

⑥ 胡海涛. 开展地质工程防治地质灾害［C］//第四届全国工程地质大会论文集（三）. 北京：海洋出版社，1992.

⑦ 梁炯均. 工程地质体控制论［J］. 岩石力学与工程学报，1992，11（2）：117-120.

⑧ 成永刚. 近二十年来国内滑坡研究的现状及动态［J］. 地质灾害与环境保护，2003，14（4）：1-5.

1.3.7.1　以工程地质分析为基础的定性或半定量方法

郑明新（2005）① 基于模糊数学理论，结合工程实际，选取了 11 项与滑坡治理工程效果密切相关的评价因子，建立综合评价模型，并在实际工程中进行了验算。黄健和巨能攀（2012）② 基于滑坡的勘察、设计、施工和监测过程中的不同评价因子，提出“效果评价指数”法，建立了滑坡治理效果评估模型。郑明新（2009）③ 运用有限元计算软件（PCEEP2D），根据桩和土的接触关系，分析了抗滑桩的受力特征和抗滑桩的作用效果，并对该软件进行了改进。喻章等（2016）④ 通过统计分析三峡库区 15 个滑坡的治理工程资料，针对治理工程效果运用层次分析法建立了综合评价体系，并在实际工程中成功应用。

1.3.7.2　以监测分析和力学计算为基础的定量评价

郑明新等（2006）⑤ 基于监测数据分析了滑坡的治理效果，并运用灰色理论对支挡结构的位移进行了预测，提出了防治措施实施后需要的稳定时间和达到稳定时的临界位移速度。赵杰（2015）⑥ 运用监测技术和力学方法分析了减重反压、排水隧洞、抗滑桩等防治工程的效果，并建立了综合评价模型，对超大型滑坡治理效果的评价具有重要意义。

1.3.8　滑坡灾害损毁农田研究

地质灾害损毁土地复垦是灾毁土地复垦整理的重要组成部分，具有极大的发展潜力。我国学者在这方面也进行了初步的探索与实践。吴树仁等（2002）⑦ 认为，大多数滑坡仅局部表现出失稳滑动，滑坡灾毁土地具有极大的发展潜力；毁坏土地面积较大的滑坡主要为土质滑坡和岩土混合滑坡。韩宝平和孙晓菲（2008）⑧ 对地震损毁农田修复提出一些建议：在地震中，泥石、

---

① 郑明新. 滑坡防治工程效果的后评价研究［D］. 南京：河海大学，2005.

② 黄健，巨能攀. 滑坡治理工程效果评估方法研究［J］. 工程地质学报，2012，20（2）：189-194.

③ 郑明新. 川藏公路某滑坡抗滑桩工程效果的有限元后评价［J］. 岩土力学，2009，30（6）：1782-1786.

④ 喻章，徐光黎，冯双，等. 三峡库区巴东县大型涉水滑坡工程治理效果评价［J］. 现代地质，2016，30（3）：695-704.

⑤ 郑明新，殷宗泽，吴继敏，等. 滑坡防治工程效果的模糊综合后评价研究［J］. 岩土工程学报，2006（10）：1224-1229.

⑥ 赵杰. 抗滑桩在滑坡治理中的应用及数值模拟［D］. 山西：太原理工大学，2015.

⑦ 吴树仁，田震远，吴锡浩，等. 四川古蔺县蒿枝湾滑坡灾毁土地整理可行性研究［J］. 水文地质工程地质，2002（4）：21-23.

⑧ 韩宝平，孙晓菲. 地震后山区农业生态环境恢复与重建的关键问题探析［J］. 农业环境与发展，2008（4）：20-23.

沙砾等覆盖农田表土，应先清除泥石、沙砾，或就近寻找表土进行客土修复耕作层；若表层土壤被冲毁，在进行客土修复后，还需逐步恢复和提高生产能力。杨尽等（2009）① 确定了汶川灾后土地损毁类型，并分析了各类损毁土地类型的特征，认为次生地质作用中滑坡体前缘损毁的土地复垦潜力显著，滑坡体、泥石流冲毁的土地复垦潜力也较大，而滑坡体后缘及崩塌损毁的土地基本没有复垦潜力。后来，杨尽等（2009）② 又提出滑坡、泥石流损毁的土地应以预防性的整理复垦模式为主，其他损毁土地则应以修复性的整理复垦模式为主；多种损毁土地类型相叠加时，要采取主要损毁土地类型和次要损毁土地类型兼顾的整理复垦模式。郭达志等（1996）③ 研究了矿区开采诱发滑坡的形成，并提出了预防滑坡的方法：首先采用适宜的采矿技术；其次因地制宜地采取填土夯实裂缝、疏通流水渠道等多种办法防止地表水流入裂缝。王丽（2008）④ 分析了四川宣汉滑坡的特点，成功地将滑坡体整理成水平梯田以达到损毁土地复垦的目的。余艳玲等（2006）⑤ 研究了云南陇川县章凤镇泥石流损毁耕地复垦整理，采取挡护、清淤、土地平整、水土保持、灌溉、排水等工程进行灾毁农田复垦工程措施，达到了灾毁耕地复垦的目的。胡振琪（1996）⑥⑦ 总结了国外土地复垦研究的主要课题，并提出了土地复垦模式分类框图。彭轩明等（2006）⑧ 充分研究了三峡库区滑坡损毁土地特征，并提出了滑坡灾毁土地整理模式。范建容等（2008）⑨ 利用遥感技术，快速评估并查明了耕地次生灾害损毁耕地状况。路明（2008）⑩ 提出了农田表土、地埂、耕地

① 杨尽，杨继伦，杨波. 汶川地震损毁土地类型及复垦潜力［J］. 安徽农业科学，2009，37（28）：13754-13755，13774.

② 杨尽，杨继伦，杨波，等. 汶川地震损毁土地整理复垦模式研究［C］//纪念中国农业工程学会成立30周年暨中国农业工程学会2009年学术年会（CSAE 2009）论文集，2009.

③ 郭达志，盛业华，方涛，等. 地貌对矿区环境、灾害的影响与对策［J］. 煤炭技术，1996，11（3）：22-26.

④ 王丽. 从滑坡地到金土地［J］. 资源与人居环境，2008，3（6）：36-39.

⑤ 余艳玲，余杨，郑宏刚，等. 云南省陇川县章凤镇耕地复垦整理研究［J］. 水土保持研究，2006，13（4）：215-216，219.

⑥ 胡振琪. 国外土地复垦新进展［J］. 中国土地，1996（10）：41-42.

⑦ 胡振琪. 关于土地复垦若干基本问题的探讨［J］. 煤炭环境保护，1996，11（2）：24-29.

⑧ 彭轩明，李会中，林晓，等. 三峡库区基于滑坡治理的土地整理模式探讨［J］. 人民长江，2006，37（4）：89-92.

⑨ 范建容，张建强，田兵伟，等. 汶川地震次生灾害毁坏耕地的遥感快速评估方法［J］. 遥感学报，2008，12（6）：917-924.

⑩ 路明. 重建地震损毁农田的建议［J］. 农业环境与发展，2008（4）：5.

肥力恢复及基础设施的措施和方法。以上研究从不同角度对损毁土地整理复垦的影响因素、措施、方法以及整理复垦模式进行了探索，其对滑坡灾害损毁农田的修复利用研究有重要的参考价值和指导意义。

美国早在1933年就将田纳西河流域作为研究区域，初步探讨了洪涝风险评价的方法，并逐渐成为灾害学界的研究热点。从发展趋势来看，修复洪水灾毁农田已经从单纯工程手段向重视非工程防洪措施发展，包括经济、法律、行政等综合管理措施，与3S技术结合，建立起较为完整的预警及应急处置体系。

1.3.9 土地复垦研究

回顾国内外土地复垦方面的研究，多是针对矿区损毁土地开展的。

1.3.9.1 国内土地复垦与生态修复研究进展

我国的土地复垦工作开始于20世纪50年代末由个别矿山企业自发开展的矿区生态环境修复①。到20世纪80年代，矿山生态修复工作逐渐得到国内各部门和社会团体的重视。《中华人民共和国土地复垦规定》和《中华人民共和国环境保护法》针对我国的土地复垦工作流程做了详细规定。原国土资源部同国家发展和改革委员会等多部门于2006年共同发布的《关于加强生产建设项目土地复垦管理工作的通知》② 以及原国土资源部于2007年发布的《关于组织土地复垦方案编报和审查有关问题的通知》使得我国各项生产建设项目的土地复垦方案编制工作有了依据，矿山土地复垦及生态修复工作得到了不断提高和完善③。《土地复垦条例》第一次将自然灾害损毁土地的复垦工作纳入法规范畴。20世纪80年代以来，中国矿业大学、山西农业大学、中山大学、香港浸会大学和中国科学院等高校和科研机构也加强了土地生态修复的理论研究和实践，成果丰硕。20世纪90年代，各研究部门集中对煤炭主产区——山西省各矿区的土地复垦做了大量深入探索和研究，形成了以地貌重塑、土壤重构与熟化和植被恢复等技术为主体，“采掘—排弃—造地—复垦”一体化的土地生态复垦体系④⑤。

由于我国人口数量众多，而煤炭资源又集中分布于北方较干旱且生态环境

---

① 张国良，卞正富. 矿区土地复垦技术现状与展望［J］. 煤矿环境保护，1996，10（4）：21-24.

② 已废止。

③ 黎巍. 基于景观格局变化的小龙潭煤矿生态修复研究［D］. 昆明：昆明理工大学，2008.

④ 白中科，李晋川，王文英. 中国山西平朔安太堡大型露天煤矿退化土地生态重建研究［J］. 中国土地科学，2000，14（4）：56-59.

⑤ 胡振琪. 采煤沉陷地的土地资源管理与复垦［M］. 北京：煤炭工业出版社，1996：15-22.

较脆弱的区域，这都对矿区的土地复垦工作带来了较大挑战。大量历史遗留废弃地也是土地复垦工作的一大挑战，目前还缺乏一套完整的土地复垦机制①②。据原国土资源部消息，2011 年中国有损毁土地约 1.3 亿多亩，而复垦率仅为 25%，相比欧美发达国家 50%的复垦率，差距还比较大，开发潜力很大。正是以上问题给我国土地复垦工作造成了较大阻碍，我国的土地复垦工作仍需从以下四方面加强：①完善相关法律法规③④，进一步提高对各项生产建设项目土地复垦和生态修复工作的重视程度；②加大资金投入力度，提高我国土地复垦率，建立健全土地复垦的机制；③强化研究区域特点，协调三大产业用地关系，综合运用相关学科理论，对区域损毁土地进行综合复垦利用；④进行相关学科的融合，形成土地复垦理论与技术研究的合力，实现突破性进展，为土地复垦工作奠定坚实基础。

1.3.9.2 国外土地复垦与生态修复研究进展

相比较而言，以美国为首的西方发达国家较早认识到了土地复垦工作的重要性。美国 1918 年就开始了矿区土地复垦工作的尝试。美国国会于 1977 年颁布了《露天采矿管理与（环境）修复法》，并两次进行修订（1990 年和 1996 年）⑤⑥。德国也于 20 世纪 20 年代开始了土地复垦工作，并于 1969 年颁布了《矿山采矿场法》，通过严格的执法、稳定的资金投入和先进的科技水平取得了非常明显的复垦效果⑦⑧。英国还制定了专门的土地复垦法规，建立了相应的复垦基金，选择既在经济上合理又与复垦地域相适宜的复垦技术⑨⑩，从而综合利用

---

① 刘国华，舒洪岚. 矿区废弃地生态恢复研究进展［J］. 江西林业科技，2003（2）：21-25.

② 葛维琦. 中国煤矿采空区塌陷灾害治理对策［J］. 中国能源，2004，26（10）：27-30.

③ 胡振琪，魏忠义. 煤矿区采动与复垦土壤存在的问题与对策［J］. 能源环境保护，2003，17（3）：3-7.

④ 周兴东，靳海亮，李博. 徐州市贾汪区煤矿土地复垦经验与规划［J］. 煤炭科学技术，2002，30（7）：31-34.

⑤ 李闽. 美国露天开采控制与复垦法及其启示［J］. 国土资源，2003（11）：52-53.

⑥ 张成梁，B LARRY LI. 美国煤矿废弃地的生态修复［J］. 生态学报，2011，31（1）：276-284.

⑦ 高国雄，高保山，周心澄，等. 国外工矿区土地复垦动态研究［J］. 水土保持研究，2001，38（1）：98-102.

⑧ 沈渭寿，曹学章，金燕. 矿区生态破坏与生态重建［M］. 北京：中国环境科学出版社，2004：32-46.

⑨ PINTO V，FONT X，SALGOT M，et al. Using 3-D structures and their representation as a tool for restoring open east mines and quarries［J］. Eng. Geol，2002，3（6）：121-129.

⑩ 胡振琪，赵艳玲，程玲玲. 中国土地复垦目标与内涵扩展［J］. 中国土地科学，2004，18（3）：3-8.

整治后的受损土地提高了修复的经济、社会、生态效益水平。矿业是澳大利亚的主要产业。澳大利亚政府专门建立矿山土地复垦基金，并大量使用高新科技①，这样既节约了大量资金，又能使矿山修复工作达到最佳效果，保持了良好的生态环境。总体而言，西方发达国家矿山土地复垦和生态环境修复特点主要包括三个方面②③④⑤⑥：首先是建立健全的法律法规及标准，严格执法，实行开采许可证制度、生态修复保证金制度或建立生态恢复基金；其次是加大科研投入力度，整合专门的学术团体和研究机构，促进多学科专家相互合作，不断提高复垦技术水平；最后是综合研究区域生态系统特点，整体规划，协调发展，使生态、经济、社会效益均衡提高⑦。因此，今后国外矿山土地复垦及生态修复工作将会向更综合、更专业的层次发展，也会探索和应用更多的高新科学技术。

1.3.9.3 矿山土地复垦相关技术研究现状

土地复垦是矿区生态修复工作的重点，因此明确土地复垦的含义是首要工作，这对土地复垦工作意义重大。《土地复垦条例》对土地复垦进行了定义，其是指对生产建设活动和自然灾害损毁的土地采取整治措施，恢复其经济价值，使其达到可供利用的状态，并改善周围环境而进行的综合工程。国内外常用的土地复垦技术主要有三种，即边坡复垦、土壤重构和植被重建。

（1）边坡复垦。

边坡的坡度较大，主要由碎石、石块组成，植被较难生长。因此，边坡复垦成为土地复垦工作中最大的难题。目前，国内外边坡复垦方法主要有客土喷播法、种子喷播法、植生卷铺盖法、钢筋水泥框格法、纤维绿化法、生态多孔混凝土绿化法、厚层基材喷射绿化法、客土袋液压喷播植草法等。但是，我国

---

① 张绍良，张国良. 土地复垦的基础研究 [J]. 中国矿业大学学报，1999，28（4）：389-392.

② JOHN CAIRNS JR. Setting ecological restoration goals for technical feasibility and scientific validity [J]. Ecological Engineering，2000（15）：171-180.

③ MARK T. Landscape restoration following phosphate mining：30 years of co-evolution of science，industry and regulation [J]. Ecological Engineering，2005（24）：309-329.

④ ANTHONY，BRADSHAW. Restoration of mined lands-using natural Process [J]. Ecological Engineering，1997（8）：255-269.

⑤ STAPLETORU. Soil-forming materials，their uses in land reclamation [J]. Minera，2000（1）：9-11.

⑥ 黄铭洪，骆永明. 矿区土地修复与生态恢复 [J]. 土壤学报，2003，40（2）：161-169.

⑦ 李海英，顾尚义，吴志强. 矿山废弃土地复垦技术研究进展 [J]. 贵州地质，2006，23（4）：302-306.

矿山排土场边坡坡度通常较大，运用这些技术不能达到较好的效果，且成本较高，因此在进行边坡复垦工作的第一步就是降坡，之后再对边坡加以防护措施。这样既可以保证边坡稳定性，又可以达到边坡复垦技术较好的效果。

（2）土壤重构。

土壤重构是土地复垦工作的关键技术①，植物生长需以土壤为基础，因此复垦之后的表土培肥改良就尤为重要。土壤改良方法一般分为物理、化学和生物三类，目前常用的改良措施包括施加有机质、化学改良法、客土法和土壤改良剂等。人们通过对这些技术措施的运用，能恢复甚至超过土地破坏前的生产力水平。

（3）植被重建。

土壤重构使受损土地的表层土壤具备了复垦后续工作的基础，但一般情况下其土壤性质还不能完全符合要求，于是可以先利用具有固氮能力的豆科作物培肥地力、改良土壤②。菌根与植物间表现出良好的相互依赖性和较高的菌根侵染率，促进了植株对不同基质中磷的吸收，取得了明显的生态效应③。因此，我们往往需要优先种植豆科植物、菌根，进一步改良土壤。3~5 年后，当草本植被发生退化，我们还需及时补种乔灌植被，继续改良土壤。

选择与具体环境条件相适宜的树种，也是植被重建关键技术。我们要以适地适树、因地制宜、乔灌草立体配置为原则，确保生物多样性的稳定性和生态系统的完整性④。在程序上，我们应先进行小范围试种，再逐步扩大面积，并加强幼树保护；同时，还要培训专业人员进行定期养护工作，使复垦效果最大化。

1.3.10 我国现有相关政策法规与技术导则

在我国，由于环境突发事件频发，对农田造成严重的破坏，我国政府先后颁布相关政策法规加以应对，如 1987 年的《报告环境污染与破坏事故的暂行办法》（已失效）、2005 年的《国家突发环境事件应急预案》（已废止）、2006 年的《农业环境污染突发事件应急预案》等。近年来，在全球气候变化的大背景下，极端气候多发，各地水毁耕地、滑坡毁损农田呈快速增加态势。

---

① 胡振琪，魏忠义，秦萍. 矿山复垦土壤重构的概念与方法［J］. 土壤，2005, 37（1）：8-12.

② 薛爱爱，张磊. 矿区废弃地生态恢复探讨［J］. 山西林业科技，2011，40（2）：47- 48.

③ 毕银丽，吴福勇，全文智. 菌根与豆科植物组合在煤矿区废弃物的生态效应［J］. 中国矿业大学学报，2006，35（3）：329-335.

④ 李秀峰，袁立敏，张伟敏. 浅谈露天煤矿土地复垦技术［J］. 内蒙古林业科技，2010，36（4）：83-88.

为了修复突发地质灾害以及在极端气候条件下毁损的农田，我国各级政府先后出台了政策、技术导则等。如国务院在四川汶川地震发生后制定了《国务院关于印发汶川地震灾后恢复重建总体规划的通知》，其中就要求恢复重建受损农田、蔬菜及食用菌生产大棚和农机具库棚、畜禽圈舍、养殖池塘、机电提灌站、机耕道等设施；恢复重建大型灌区 7 处、中小型灌区 1 289 处、独立微型水利设施 55 498 处。国家减灾委员会、科学技术部、抗震救灾专家组编印了《灾后恢复重建生态环境修复实用技术手册》，针对性地提出了泥石流、滑坡综合防治技术，灾后生态恢复与植被重建，土壤重金属污染快速现场检测以及环境风险评价系统等关键技术。安徽省防汛抗旱指挥部针对水毁工程印发了《安徽省 2007 年水毁水利工程修复工作方案》，指导各地水毁水利工程修复工作。福建省出台了《关于支持灾毁耕地复垦的若干意见》，提出对灾毁程度较大的农田复垦每亩补助 1 000 元。另外，我国已经在农田修复和整理相关领域开展了大量工作，为本书滑坡损毁农田复垦关键技术的研究奠定了一定基础。经过“十五”“十一五”的国家科技攻关计划、国家高技术研究发展计划（863 计划）、国家重点基础研究发展计划（973 计划）、国家自然科学基金以及原国土资源部、农业部等一系列项目的实施，在农田修复和整理相关领域逐步积累了一批具有知识产权的成果，对本书滑坡损毁农田复垦的研究具有重要的指导作用。

《土地复垦条例》颁布之前，鲜有自然灾害损毁土地复垦的研究报道，而更多的是各地群众自发开展的灾损土地的零星恢复利用实践。近年来，特别是汶川大地震之后，有关灾毁土地复垦的研究与实践才逐渐成为一个热点，但相关研究还处于起步阶段，其理论、技术和方法也多借鉴之前针对生产建设损毁土地复垦的内容，远未形成自己的理论和技术体系。

1.4 研究目标、内容、方法和技术路线

1.4.1 研究目标

本书拟通过实地调研和总结归纳现有相关研究，明确滑坡灾害类型及其防治工作思路，进而针对不同类型滑坡的特点提出相应的应急治理与修复模式；明确基于滑坡稳定性分析的应急治理措施；提出滑坡损毁农田类型和划分方法，以及滑坡损毁农田受损程度评价和修复适宜性评价的指标体系与评价方法；开展滑坡防治关键技术与工程研究。

1.4.2 研究内容

针对以上分析得出的问题，本书以重庆市为研究区域，选择南川区头渡镇玉台村滑坡、万州区孙家镇荆竹屋基滑坡和江津区夏坝镇双新村滑坡作为典型案例，运用文献查阅、实地调研、室内模拟试验、总结归纳和统计分析等方法开展研究，并确定了以下研究内容：

1.4.2.1 蠕动型滑坡的应急治理模式研究

通过滑坡体边界及形态、滑坡体、滑（带）面、滑床特征及滑坡影响因素，我们深入而精准地分析了玉台村滑坡机制，进而进行滑坡变形分析和稳定性评价，并对滑坡南侧陡崖带进行稳定性评价和裂隙荷载调查评价，提出滑坡应急治理工程措施建议。

1.4.2.2 滑坡损毁农田的典型特征分析与分类研究

我们调研收集了发生频率大、影响范围广、破坏性较为严重的滑坡灾害损毁农田的相关资料，研究突发滑坡灾害损毁农田的典型特征，提出滑坡损毁农田类型的分类方法并进行区划研究。

1.4.2.3 农田受滑坡灾害损毁程度与复垦适宜性评价指标和评价方法研究

我们在研究了滑坡损毁农田的受损程度识别、评价指标的选择和评价体系的构建的基础上，进一步建立滑坡损毁农田修复适宜性评价指标体系与评价方法，并选择典型案例——重庆万州区孙家镇荆竹屋基滑坡对评价方法进行验证。

1.4.2.4 滑坡灾害损毁农田修复技术与复垦模式研究

我们针对滑坡对农田可能造成的损害进行研究，通过大量滑坡损毁农田案例调查，结合滑坡损毁农田的类型和特点，提出滑坡损毁农田不同类型分区的复垦模式，并研究分析相关土地复垦关键技术，最后选择典型案例——重庆江津区夏坝镇双新村滑坡开展复垦工程施工。

1.4.3 研究方法

1.4.3.1 文献查阅

我们通过对国内外文献进行查阅，了解目前国内外滑坡损毁农田复垦研究现状，掌握国内外滑坡损毁农田复垦不足之处以及可借鉴的经验，确定开展重庆滑坡损毁农田分区辨识与复垦模式研究。

1.4.3.2 实地调研

我们通过野外调查，了解研究区域的地形地貌、滑坡损毁农田现状等自然概况，根据农田受损现象特征，深入分析受损原因。为进行滑坡损毁程度评价和复垦适宜性评价，本书开展了滑坡土壤样品采集工作并进行了测定。我们还进行了滑坡现场勘查，确定研究区域并开展施工。

1.4.3.3 室内模拟实验

我们在室内进行模拟降雨，在相同两个土槽中选择一个埋设暗管，并在两个土槽底部埋设孔隙水压力计，开展暗管排水对比实验；通过监测降雨总量、地表径流量、降雨入渗量、暗管排水量和滑坡面孔隙水压力值，来分析暗管排水效果。

1.4.3.4 总结归纳

我们参阅现有的土地复垦相关技术，针对滑坡损毁农田特点选择修复关键技术，结合滑坡机制分析划分损毁农田类型，提出滑坡体各部位的复垦模式，为滑坡损毁农田复垦工程的开展提供理论支撑。

1.4.4 技术路线

本书以重庆市为研究区域，选择三个典型滑坡为研究对象，基于管理学、土壤学、地质学和环境科学多学科交叉，搜集并查阅滑坡应急治理和灾后修复相关文献资料，进行治理工程措施研究与探讨。在此基础上，本书针对蠕动型滑坡进行机制、滑坡变形分析和稳定性评价，并对附近陡崖带进行稳定性评价和裂隙荷载调查评价，提出滑坡应急治理工程措施建议。本书还针对快速型滑坡进行滑坡灾害损毁农田类型辨识及分区研究，开展受损农田损毁程度评价和复垦适宜性评价，并通过实例评价结果对照分析了以滑坡损毁农田类型区为单元确定复垦模式的必然性；随后针对各种类型的修复障碍和特点，根据室内外模拟实验和归纳总结文献资料，开展滑坡灾毁农田的修复关键技术研究；最后在重庆市江津区夏坝镇双新村滑坡上开展复垦工程施工。

1.5 本章小结

本章首先通过分析当前全国和重庆滑坡等地质灾害的时空分布及对农田的损毁情况，阐述了本书的研究背景和意义；其次扼要介绍了土地复垦、滑坡治理和滑坡损毁农田研究的最新成果，并深入分析了滑坡损毁农田研究和实践存在的问题，继而引出了本书的研究目标、内容、方法和技术路线。

2 研究区域概况及滑坡成因机制分析

2.1 相关概念

2.1.1 山体滑坡

山体滑坡简称“滑坡（landslides）”，是常见地质灾害之一，俗称“走山”“垮山”“地滑”“土溜”等。滑坡是指斜坡上的土体或者岩体，受河流冲刷、地下水活动、雨水浸泡、地震以及人工切坡等因素影响，在重力作用下，沿着一定的软弱面或者软弱带整体地或者分散地顺坡向下滑动的自然现象。运动的岩（土）体被称为“变位体”或“滑移体”，未移动的下伏岩（土）体被称为“滑床”①，两者的接触面被称为“滑面”。滑坡是斜坡岩土体沿着贯通的剪切破坏面所发生的滑移地质现象。滑坡成因机制是指某一滑移面上剪应力超过了该面的抗剪强度所致（2008 年原国土资源部、水利部、地矿部地质灾害勘察规范）。

滑坡的形成过程一般可分为四个阶段：①蠕动变形阶段或滑坡孕育阶段。斜坡上部分岩（土）体在重力的长期作用下发生缓慢、匀速、持续的微量变形，并伴有局部拉张成剪切破坏，地表可见后缘出现拉裂缝并加宽加深，两侧翼出现断续剪切裂缝。②急剧变形阶段。随着断续破裂（坏）面的发展和相互连通，岩（土）体的强度不断降低，岩（土）体变形速率不断增大，后缘拉裂面不断加深和展宽，前缘隆起，有时伴有鼓胀裂缝，变形量也急剧增加。③滑动阶段。当滑动面完全贯通，阻滑力显著降低，滑动面以上的岩（土）

① 邱忠恩. 中国水利百科全书［M］. 2 版. 北京：中国水利水电出版社，2006：576.

体即沿滑动面滑出。④逐渐稳定阶段。随着滑动能量的耗失，滑动速度逐渐降低，直至最后停止滑动，达到新的平衡。以上四个阶段是一个滑坡发展的典型过程，而在实际发生的滑坡中，这四个阶段并不总是十分完备和典型。由于岩（土）体和滑动面的性质、促滑力的大小、运动方式、滑移体所具有的位能大小等不同，滑坡各阶段的表现形式及过程长短也有很大的差异。

为了更好地认识和治理滑坡，我们需要对滑坡进行分类。但由于自然界的地质条件和作用因素复杂，各种工程分类的目的和要求又不尽相同，因而我们可从不同角度进行滑坡分类：按照滑坡体体积可将滑坡划分为巨型滑坡（体积大于1 000万立方米）、大型滑坡（体积在100万~1 000万立方米）、中型滑坡（体积在10万~100万立方米）和小型滑坡（体积小于10万立方米）；按滑坡体的度物质组成和滑坡与地质构造关系可将滑坡划分为覆盖层滑坡（本类滑坡又包括黏性土滑坡、黄土滑坡、碎石滑坡、风化壳滑坡）、基岩滑坡（本类滑坡与地质结构的关系又可分为均质滑坡、顺层滑坡、切层滑坡，其中顺层滑坡乂可分为沿层面滑动或沿基岩面滑动的滑坡）和特殊滑坡（本类滑坡又包括融冻滑坡、陷落滑坡等）；按滑坡体的厚度可将滑坡划分为浅层滑坡、中层滑坡、深层滑坡和超深层滑坡；按滑坡规模大小可将滑坡划分为小型滑坡、中型滑坡、大型滑坡和巨型滑坡；按形成的年代可将滑坡划分为新滑坡、古滑坡、老滑坡和正在发展中的滑坡；按力学条件可将滑坡划分为牵引式滑坡、推动式滑坡；按物质组成情况可将滑坡划分为土质滑坡、岩质滑坡；按滑动面与岩体结构面之间的关系可将滑坡划分为同类土滑坡、顺层滑坡、切层滑坡；按结构可将滑坡划分为层状结构滑坡、块状结构滑坡、块裂状结构滑坡；按滑动速度可将滑坡划分为蠕动滑坡（人们凭肉眼难以看见其运动，只能通过仪器观测才能发现的滑坡）、慢速滑坡（每天滑动数厘米至数十厘米，人们凭肉眼可直接观察到滑坡的活动）、中速滑坡（每小时滑动数十厘米至数米的滑坡）和高速滑坡（每秒滑动数米至数十米的滑坡）。本书结合滑动速度分类进行研究，因蠕动滑坡和慢速滑坡的移动速度较慢，将它们统称为“蠕动型滑坡”，适合于开展应急治理；而高速滑坡和中速滑坡的滑动速度较快，统称为“快速型滑坡”，不易开展应急治理，而是当滑坡发生后处于新的稳定状态时再开展灾后修复。

2.1.2 农田与耕地

农田（farmland/cropland）一般是指农业生产用地或耕种的田地。在我国历史文献典籍中对农田亦有过多次提及。在汉代，戴圣的《礼记・王制》有

"制农田百亩"；宋代的叶适在《监司》中认为"提举司则责茶盐，用法苛惨，至常平义仓，水利农田，则置而不顾"；在明代，徐光启的《农政全书》卷三有"督吏民修农田水利，而具敕天下"；在 1998 年的《基本农田保护条例》中，基本农田的定义是指按照一定时期人口和社会经济发展对农产品的需求，依据土地利用总体规划确定的不得占用的耕地。通常情况下，根据灌溉情况和种植作物种类可将农田分为水田、水浇地和旱地。①水田，即筑有田埂，可以经常蓄水，用以种植水生作物的农田。因天旱暂时改种旱作物或实行水旱轮作的农田，仍视作水田。②水浇地，即有水源及灌溉设施，能进行灌溉的农田。在农业生产上积极开发利用地表水、地下水资源，改旱地为水浇地，是合理利用土地、提高单位面积产量的有效措施之一。③旱地，即无灌溉设施，靠天然降水栽培作物的农田。而水浇地和旱地也通常统称为"旱地"。农田又被称为"耕地"，在地理学上是指可以用来种植农作物的土地。

《土地利用现状分类》指出，耕地是指种植农作物的土地，包括熟地，新开发、复垦、整理地，休闲地（含轮歇地、轮作地）；以种植农作物（含蔬菜）为主，间有零星果树、桑树或其他树木的土地；平均每年能保证收获一季的已垦滩地和海涂。耕地中包括南方宽度小于 1 米、北方宽度小于 2 米固定的沟、渠、路和地坎（埂）；二级分类为水田、水浇地、旱地。中国耕地主要分布在东部季风区的平原及盆地地区，而西部地区耕地则零星分布，面积也比较小。

由此可见，农田与耕地的内涵和外延基本一致。本书所研究的农田就是指可以种植农作物的土地，包括水田、水浇地、旱地，即《土地利用现状分类》中所说的耕地。

2.2 研究区域概况

重庆是举世闻名的"山城"，辖区内的土地和丘陵居多，约占总辖区面积的 93%，滑坡等地质灾害频发。因此，本书选择位于重庆市南川区、万州区和江津区的三个典型滑坡案例展开山体滑坡灾害的应急治理与灾后修复研究。

2.2.1 重庆市概况

2.2.1.1 自然地理特征

重庆市辖区面积约 8.24 万平方千米，地处青藏高原与长江中下游平原的过渡地带，辖 38 个区县，位于 E 105°17′~110°11′，N 28°10′~32°13′。东临湖南、湖北，西靠四川，南接贵州，北连陕西。域内东有巫山，东南有武陵山，南有大娄山，北有大巴山，地势由南、北向长江河谷倾斜。地貌以丘陵、山地为主，其中丘陵面积占 20.03%，中低山占 72.84%。坡地面积较大，分布有典型的溶洞、峡谷、石林和峰林等喀斯特景观，江河纵横，主要河流有长江、嘉陵江、涪江、乌江、大宁河、綦江等。重庆市属中亚热带湿润季风气候，雨热同季，年均温度在 18 摄氏度左右，日照总时数为 1 000~1 200 小时，冬暖夏热，常年降雨量在 1 000~1 400 毫米。

2.2.1.2 经济社会条件

重庆是长江上游地区最大的经济中心，涵盖大城市、大农村、大山区和大库区。2013 年，全市实现地区生产总值为 12 656.69 亿元，同比增长 12.3%，较全国平均水平高 4.6 个百分点。全年实现进出口总额为 687.04 亿美元，同比增长 29.1%。其中出口总额为 467.97 亿美元，按年平均汇率折合人民币为 2 800 多亿元，同比增长 21.3%。全年实现农林牧渔业总产值为 1 513.7 亿元，按可比价计算增长 4.6%。全市规模以上工业企业实现总产值为 15 824.86 亿元，同比增长 14.5%。2013 年全市城镇新增就业人员达 68.09 万人，同比增长 4.0%。重庆城镇居民人均可支配收入为 25 216 元，比上年增加 2 248 元，同比增长 9.8%。农民人均纯收入达 8 332 元，同比增加 949 元，增长 12.8%。

2.2.1.3 地质灾害情况

重庆是我国地质灾害多发区，地质灾害以滑坡、崩塌、泥石流和地面塌陷等为主。2011 年，全市共发生各类地质灾害 133 起，其中滑坡 78 起、崩塌 43 起、地面塌陷 11 起、泥石流 1 起，耕地资源大面积损毁，直接损失约 6 400 万元。重庆地质灾害不易发区面积约 735.42 平方千米，占全市总面积的 0.89%；低易发区面积约 1.90 万平方千米，占全市总面积的 23.06%；中易发区面积约 5.74 万平方千米，占全市总面积的 69.66%；高易发区面积约 5 301.13 平方千米，占全市总面积的 6.43%。

重庆滑坡地质灾害分布广，且形式繁多、类型复杂，包括江河岸坡滑塌、重要交通干线滑坡、矿区矸石山崩滑、国家级自然人文景观滑坡灾害、重点区县城区滑坡、坡耕地滑坡等，这些滑坡灾害给当地人民造成了较大的生命及财产损失。同时，滑坡大量损毁耕地资源，降低农作物产量，破坏生态环境，开展针对滑坡等地质灾害损毁土地复垦的研究工作势在必行①。

① 李东升，徐小钦，刘东燕. 重庆地质灾害防治分析［J］. 重庆科技学院学报，2005（3）：46-49.

重庆作为我国辖区面积最大的直辖市，相当于一个中等省份的规模，其38个区县的情况各异，但是就滑坡诱发因素而言，多为降雨引起。本书选取南川区头渡镇玉台村滑坡开展蠕动型滑坡的稳定性评价和整体性应急治理工程研究，以万州区孙家荆竹屋基滑坡和江津区夏坝镇双新村滑坡为例开展快速型滑坡的损毁程度评价及复垦适宜性评价，分不同区域提出相应复垦模式并开展修复关键技术和治理工程实践研究。

2.2.2 玉台村滑坡概况

2.2.2.1 玉台村滑坡位置

滑坡区位于重庆市南川区头渡镇玉台村三社（小地名：田上），属于金佛山南麓，地处车道上金佛山景区要冲，周边与区域内金山镇、南城办事处、三泉镇、大有镇、德隆乡接壤，南部与贵州省桐梓县狮溪镇交界，距南川城区有60千米，区位优势十分明显，是渝黔交通咽喉和金佛山要津。滑坡中心坐标X为3202674，坐标Y为419939。头渡镇耕地面积有24 842亩，林地面积有74 103亩，辖4个村、29个农业社，总人口达10 954人。其最高海拔为2 251米，最低海拔为760米；物产丰饶，铝矾土、煤、硫铁矿等矿产资源储量大，品位高，水力资源丰富；乡镇企业有电力、酿造、方竹笋加工等厂；旅游、饮食服务业繁荣；农业主产水稻、玉米、薯类；养殖业以生猪、牛、羊、家禽为主，特产有方竹笋、猕猴桃、杜仲、黄檗、黄连、天麻、生漆等。国家级风景名胜区金佛山南部位于境内，有“活化石”银杉、十万亩方竹林、“杜鹃王”及其他珍稀动植物。世界稀有植物珙桐有“中国鸽子树”之美誉。该地区生产总值为9 761万元，财政总收入为84.9万元，农民人均收入有3 941元。

经现场实地调查，头渡镇玉台村三社滑坡为突发地质灾害，存在多处地表开裂、房屋变形迹象。滑坡后缘裂缝张开有5~10厘米，下错有30~50厘米，已造成地面多处开裂和房屋变形，目前处于基本稳定到欠稳定状态。在持续降雨、工程活动等因素的影响下，其极有可能加速滑动。据头渡镇政府初步摸排，该滑坡的受威胁对象为：坡体上住户35户143人、金佛山南坡在建上山公路、金佛山电站在建压力管道、集镇安置区在建2栋高层建筑、新头渡大桥和在建金佛山水利工程水库等。2018年11月9日下午约5时，金山湖管委会召集踏勘人员在现场召开了险情分析研判会，会议认为该险情变形迹象符合滑坡相关特征，滑坡处于基本稳定到欠稳定状态。为确保安全，相关部门应及时启动险区群众应急撤离预案，并开展应急勘查工作。

2.2.2.2 气象水文及地质构造条件

（1）气象及水文。

滑坡区地处亚热带湿润季风区，区域内气候温和，雨量充沛，云雾多、日照少、绵雨久、湿度大；气候垂直分带明显，随标高的增加年平均气温降低，而降雨量增加。据南川气象站资料，区域内多年年平均气温在 20 摄氏度，极端最高温度在 39.8 摄氏度（2006 年 8 月 11 日），极端最低温度在-5.3 摄氏度（2000 年 2 月 10 日）。该区域多年来年平均降雨量在 1 185.0 毫米，历年最大年降雨量在 1 534.8 毫米（1998 年），大气降水季节分配极不均匀。区域内多年来日最大降雨量在 257.5 毫米（2016 年 6 月 2 日），小时最大降雨量在 78.7 毫米，10 分钟最大降雨量在 24.3 毫米。该滑坡前缘约为柏枝溪，柏枝溪源头柏枝山，流经德隆、头渡、金山镇的小河坝界牌关出境入贵州省桐梓县汇入綦江河，流域水资源丰富，水源条件好，位置高，区内主河道长约 28 千米，流域面积约 275.3 平方千米，多年平均流量为 6.07 立方米/秒，年径流量为 1.9 亿立方米。根据金佛山南坡景区规划，场南南侧沟谷地段为在建金佛山水库，水位正常蓄水位为 836 米。本次滑坡区标高一般在 880~1 030 米，位于在建金佛山水库设计最高水位（+836 米）之上，为不涉水滑坡。

（2）地形地貌。

滑坡区域属构造中高山地貌，地势总体上为北高南低；滑坡区域后部为甑子岩—锦屏峰陡崖带，地形总体上呈陡崖（灰岩陡崖）—缓（缓坡平台）—陡—缓（缓坡）—陡崖（柏枝溪石岸陡崖）的地形；最高点位于甑子岩岩顶，高程为 1 895 米，最低点位于滑坡前缘所在的柏枝溪河道，高程为 809 米，相对高差达 1 086 米，甑于岩岩体部位为陡崖，近于直立，甑子岩陡崖带至下部柏枝溪主要为斜坡地形，部分地段相对平缓，形成多级平台，地形坡角为 15 度至 35 度。

1#滑坡区属构造剥蚀中低山地貌，上覆为崩滑堆积体，岩性为块碎石土，呈“簸箕”形分布。微地貌为斜坡，坡向约 175 度至 180 度，地势总体表现为北高南低，最高点位于滑坡体后缘，海拔有 1 040 米，最低点海拔为 915 米，相对高差约 125 米，地形坡度一般为 20 度至 25 度，局部陡坎坡角达 55 度。滑坡区内西侧有一条冲沟、一条在建金佛山南坡复建公路东西向穿过滑坡体中部，地表主要为林地及少量阶梯状耕地。滑坡区南侧为陡崖，北高南低，南侧为柏枝溪切割，滑坡区内延伸长约 250 米。陡崖顶部为滑坡体覆盖，土体较厚（3.0~37.2 米），陡崖顶部高程约 925 米，陡崖最低高程约 835.5 米，相对最大高差约 89.5 米。陡崖坡角多在 65 度至 75 度，局部较陡，近似直立。

2#滑坡区属构造剥蚀中低山地貌，上覆为崩滑堆积体，岩性为块碎石土，呈“长舌”形分布。斜坡坡向约 205 度，地势总体表现为北东高南西低，最高点位于滑坡体后缘，海拔有 935 米，最低点海拔为 875 米，相对高差约为 60

米，地形坡度一般为20度至35度，局部陡坎坡角达55度。滑坡区内中部有一条金佛山电站压力管道横穿而过，前缘因头渡镇新集镇安置房建设开挖坡脚形成高约20米的边坡。地表主要为林地及少量阶梯状耕地。

（3）地层岩性与地质构造。

通过野外调查、钻探和查阅相关区域地质资料，滑坡所在区域地层主要为第四系人工填土（Q_4ml）、崩塌堆积层（Q_4^{col+dl}）、滑坡堆积层（Q_4^{del}）和二叠系下统茅口组（P_1m）、志留系中统韩家店组（S_2h）、下统小河坝组（S_1x）。勘查区位于龙骨溪背斜的西翼靠近轴部，岩层呈单斜产出，产状变化不大，为280°~300°∠5°~7°，未见断层及次级褶皱，地质构造简单。经地面调查本区内页岩层岩体中主要发有3组构造裂隙，各组裂隙特征如下：

① J1组。其产状为105°∠86°，延伸长度为7~50米，间距为0.5~5米，微张—张开，张开约0.1~1米，勘查区南侧陡崖带可见的最大裂缝张开宽度可达4米，充填粉质黏土和碎石，裂隙面较粗糙。该组裂隙在区域内最为发育，其方向与测区主构造线方向大致相同。

② J2组。其产状为203°∠89°，延伸长度为5~6米，间距为1~2米，闭合—微张，无充填，裂隙面较平直。

③ J3组。其产状为155°∠83°，延伸长度为5~8米，间距为1.5~2米，闭合—微张，无充填，裂隙面较平直。

经应急勘查和专业钻孔监测，滑坡现阶段滑动迹象较明显，滑带土判定为早期崩滑堆积时的原状坡体含碎、块石粉质黏土，野外钻孔岩芯识别颜色为青灰色、灰黄色、灰绿色。该层碎石含量相对较少，土质多为粉质黏土，潮湿，软质可塑。根据《中国地震动参数区划图》《中国地震动反应谱特征周期区划图》和《建筑抗震设计规范》（2016年版）相关资料，勘察区抗震设防烈度为VI度区，地震峰值为0.05个重力加速度，地震动反应谱特征周期为0.35秒。

（4）区域水文地质。

区域含水层主要为二、三叠系石灰岩，隔水层主要为志留统中统韩家店组页岩。金佛山向斜北东端扬起，南西端倾伏，呈北东向延伸，长52千米，北西—南东向宽2~5千米，受水面积大于135平方千米。断裂构造不发育，裂隙构造不发育，裂隙岩溶普遍发育，主要呈现出岩溶沟谷及岩溶波峰台原地貌形态组合，漏斗、岩溶洼地、溶水洞、溶洞、暗河等岩溶个体形态发育，达每平方千米2~5个溶洞（或裂隙）。其发育与分布受构造、岩性及地貌控制，台面上有漏斗及落水洞、岩溶洼地，崖壁上有水平溶洞。金佛山暗河沿向斜轴由北向南发育，流量达33~105升/秒。其岩溶发育下限为碳酸盐岩与志留系页岩交界面。区域地下水的唯一补给源为大气降水，部分降水汇集于山间溪沟直接排泄；部分降水沿节理、裂隙、溶坑、溶洼、漏斗、落水洞渗入地下，汇集于岩溶管道、暗河、裂隙中，遇隔水层或相对隔水层后，在其顶部呈接触泉、裂隙泉、岩溶大泉或暗河出口等形式排泄。暗河流量中等，多在 50~200 升/秒。地下水循环条件良好，流径途径较短，不易储存。玉台村滑坡区域水文地质剖面示意见图 2.1。

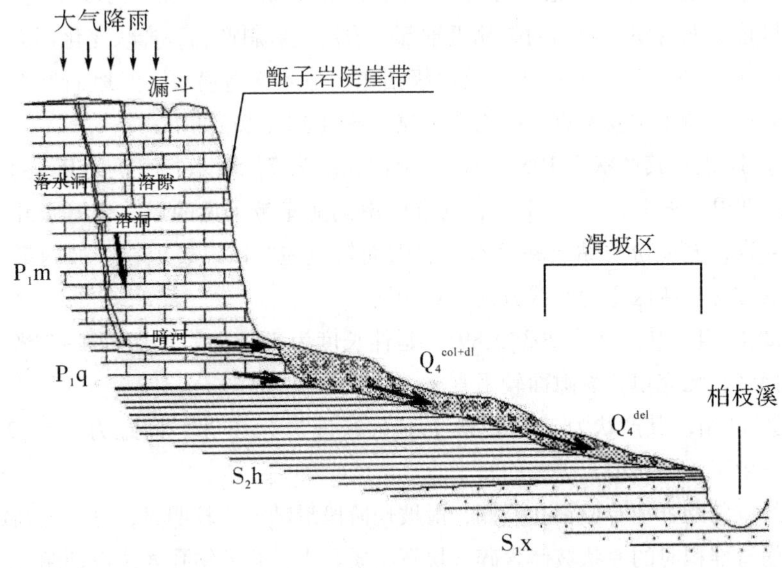

图 2.1　玉台村滑坡区域水文地质剖面示意

（5）人类工程活动。

1#滑坡：滑坡体中部从 2017 年 9 月开始，在建设金佛山南坡上山公路，消坡区公路路面宽 10 米未硬化，公路修建时对坡体进行了开挖和回填，公路内侧形成 1~3 米的土质开挖边坡，部分路段公路内侧采用片石挡墙进行支护，勘查期间，公路内侧边坡无垮塌现象，路面及挡墙错段裂缝明显；公路外侧形成 1~8 米的土质回填边坡，坡脚进行了简易干砌挡墙护脚，局部挡墙已经破坏。滑坡体上当地居民修建房屋、生产耕种等活动也对坡体进行了一定的改造。

2#滑坡：滑坡区域中部曾在 20 世纪 90 年代沿斜坡开挖沟渠修建了压力管道，2016 年对该沟渠管道进行了扩大建设，对沟渠进行了扩大开挖，并且开挖的土石方就地堆积于基槽外侧陡坡，沟渠从上至下纵穿斜坡，开挖深度为 1~2.5 米，部分地段为全埋式管涵，开挖沟渠沟底及侧壁未进行有效支护，破坏了原始的林草生态系统，减弱了林草调节水分和固土的功能，扰动了土壤生态，雨季时开挖裸露断面易随雨水发生小规模的滑塌，基槽开挖的土石方就地随意堆放，增加了斜坡自重，增加了滑坡后部荷载，极易诱发斜坡整体滑动。前缘坡脚位置，由于新头渡集镇安置房（2017 年 11 月基础平场）的修建，对滑坡前缘进行了放坡开挖，开挖高度约为 20 米，坡比约为 1：2，且前缘采用了桩板墙支挡，圆桩直径为 1.5 米，间距为 5 米，桩长约为 12 米，悬臂段为 6 米。但土质边坡高度较大（约为 20 米），桩顶标高过低（桩顶标高为 877.85 米，2#滑坡剪出口高程约为 880 米），存在桩顶越顶剪出的可能。

综上所述，总体上看，勘查区的人类工程活动强烈。本次应急勘查期间，头渡集镇新区正在进行工程建设，对坡体进行了一定的改造破坏，为避免工程建设影响滑坡稳定性，建议对因建设形成的边坡进行专项安全论证并及时开展相应的治理工作，相关部门应加强监管力度。

2.2.3 荆竹屋基滑坡概况

2.2.3.1 荆竹屋基滑坡位置

2013 年 4 月 4 日 13 时发生的荆竹屋基滑坡位于重庆市万州区孙家镇天宝村，由于及时转移疏散安置涉险群众 138 户共 547 人，无人员伤亡。万州区地处长江中上游结合部，东经 107°55′22″~108°53′25″，北纬 30°24′25″~31°14′58″，是三峡库区的腹心，同时也是三峡库区最大的移民新城。荆竹屋基滑坡前缘为孙家—梁平公路，北侧为渝万高速公路，北京坐标系 X 为 3401223—3401826，Y 为 36494853—36495152。该滑坡区域属于侵蚀剥蚀中低山地貌，为斜坡地形，斜坡总体上坡向为 5 度，地形总体较陡，自上而下地形总体为陡坡—缓坡—陡坡，上、下陡坡坡度角约为 20 度，中部缓坡纵向长约为 260 米，坡度角为 5 度~10 度。最下级陡坡位于孙家—梁平公路内侧，其中部原始地形为凹槽，地形较陡，滑坡平面形态均呈“长舌”形，滑坡左、右侧均以冲沟为界，后缘至乡村公路，前缘剪出口为梁平—孙家公路内侧边坡坡脚，前缘中部位置有一采石场。后缘高程约为 960 米，前缘高程约为 800 米，滑坡前缘平距渝万高速公路约为 150 米，渝万高速公路高程约为 740 米，滑体平均厚度约为 14 米，宽度为 160~248 米，纵长约为 550 米，体积约为 157.08 万立方米，属大型滑坡，滑坡方向 1 度。

2.2.3.2 气象水文及地质构造情况

万州区境内属亚热带季风湿润带，气候温暖潮湿，多年平均气温和降水量分别为 17.7 摄氏度、1 243 毫米，雨量丰沛，是“渝东北”暴雨中心，降雨成为滑坡地下水的主要补给来源。经资料统计，万州区有360个体积大于或等于1万立方米的滑坡。土地资源大体分为三种类型：一是丘陵，分布在海拔为800米以下的平行岭谷区，是农业耕作重点区；二是低山区，分布在海拔为500~1 000米的山区，是产粮和经济作物地区；三是中山区，分布在海拔为1 000米以上的七曜山等地，适宜种植林果、牧草和药材等。

该区域内出露地层的地质年代多见于中生代三叠纪、侏罗纪和第四纪。地质构造属新华夏系第三巨型隆起带武陵山褶皱带与大巴山弧形褶皱带。万州区作为三峡库区的腹心，因降雨量大，其境内每年滑坡发生的数量较多，而且荆竹屋基滑坡是新近发生的滑坡，因此选择该滑坡采集土样并通过测试获取数据进行滑坡损毁农田修复适宜性评价具有较强的代表性。滑坡区域及周边出露的地层主要为第四纪松散堆积层和侏罗系中统上沙溪庙组。松散层为滑坡堆积物及残坡积层，其中细颗粒含量多、孔隙小，地下水的储存、运移条件差；上沙溪庙组的岩性主要为紫红色泥岩、砂质泥岩、泥质粉砂岩。区域内地下水主要类型有松散堆积层孔隙水和基岩裂隙水，冲洪积层地下水较丰富。滑坡体主要土壤类型为黄壤，土地利用方式有旱地、水田和林地。

2.2.4 双新村滑坡概况

2.2.4.1 双新村滑坡位置

滑坡区域位于重庆市江津区夏坝镇双新村，属于夏坝镇北部山区，毗邻杜市、贾嗣两镇的龙凤村和永农村，与夏坝镇直线距离有2.4千米。滑坡中心坐标X为3225813，坐标Y为35644974。滑坡体上有乡村机耕道，横穿滑坡，交通较便利。双新村现有人口786户，共2 084人，辖区面积达5.8平方千米，土地面积为3 686亩（其中水田有2 824亩，旱地有860亩）。村里30%的土地种植果树和花木，多数农田以基本农作物为主。

滑坡区域纵长约为410米，前缘宽为70米，后缘宽为120米，中部宽为180米，滑坡体厚为8~15米，面积约为5.81万平方米，体积约为69.7万立方米，为牵引式土质滑坡，主滑方向为281度，属侵蚀剥蚀丘陵地貌，前缘高程为250~260米，后缘高程为325~340米，相对高差为65~90米。顺斜坡方向，地形坡度变化不大，总体呈外凸地形，地形坡度为9度~20度。平面形态呈“舌”形。

2.2.4.2 气象水文及地质构造条件

该区域属于亚热带季风气候条件，区域内气候四季分明，雨量充沛，日照充足，无霜期长，年平均温度为18.5摄氏度，冬季平均气温为7.7摄氏度，夏季平均气温为28.5摄氏度，年日照时数在1 276小时，年平均降雨量为1 030毫米，无霜期为341天，年湿度达81%。太阳总辐射量为86.5千卡/平方厘米。滑坡区域周边发育数条冲沟，滑坡周边无大型河流。

江津区域地处川东平行岭谷区与盆地南部边缘山地的交接地带，地势东南高耸，西北低缓，周围山地环抱；南部以山地为主，北部以丘陵为主；在地质构造上属于上燕子陆块之四川中生代前陆本地华蓥山碳酸盐台地，出露地层由老至新有三叠系、侏罗系、白垩系和第四系。区域内构造形迹以北部东—北东向梳状褶皱为主，由西向东发育的主要褶皱依次为：沥鼻峡背斜、温塘峡背斜、观音峡背斜、石龙峡背斜、大盛场向斜、明月峡背斜。断裂构造一般分布于背斜轴部及其近轴部，主要为逆冲断层，并形成一系列较复杂的复合构造。滑坡体主要物质组成为第四系残坡积碎石土，滑面为岩土界面，滑床为侏罗系沙溪庙组砂、泥岩互层。滑坡区域内地下水主要类型为松散堆积层孔隙水，冲洪积层地下水较丰富。滑坡体主要土壤类型为紫色土，旱地和水田是主要土地利用方式。

2.3 研究区域滑坡成因机制

因滑坡体各部位启动过程的差异，滑体成因机制主要分为滑体前缘牵引启动、后缘推动和两者综合启动三种：前缘牵引启动是指因人工开挖、河流冲蚀、库水回淹或者水位波动带等的作用，滑坡体前缘部分稳定性遭受破坏（见图2.2a），牵引整个滑体发生快速滑动，滑坡发生过程中形成后缘滑壁和边界；后缘推动是指潜在滑坡体前缘边界不明，而后缘边界清楚，且有后缘陡崖上的危险岩体不断崩塌给滑体后部增加荷载，降雨期间的地表水沿后缘边界大量下渗（见图2.2b），推动潜在的滑坡体不断向下滑动，引起快速下滑；两者综合启动是指滑体前缘与后缘边界都很清楚，前缘有开挖、冲蚀或水位变化作用，后缘有降雨渗流作用和崩塌岩块加载，引起滑坡快速滑动①。

---

① 吴树仁，石菊松，张永双，等. 滑坡宏观机理研究：以长江三峡库区为例［J］. 地质通报，2006，25（7）：874-879.

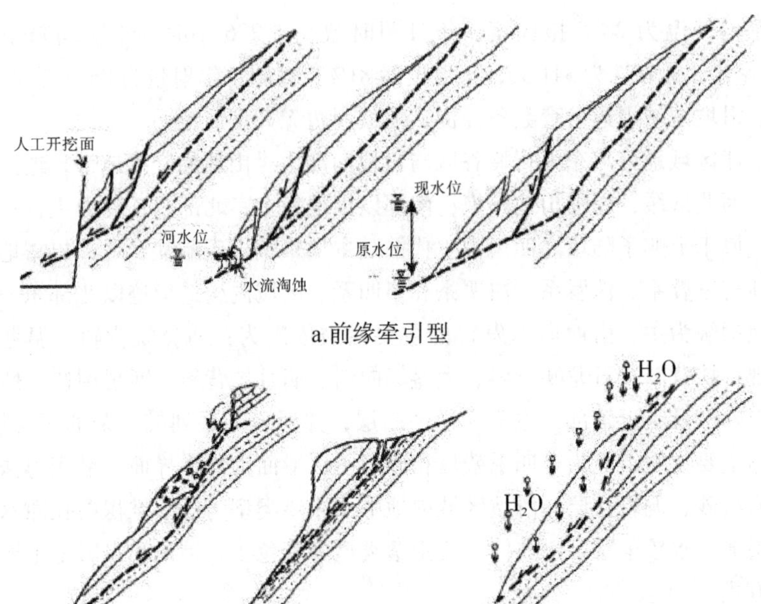

a.前缘牵引型

b.后缘推动型

注：a 为滑体前缘因人工开挖、河水冲蚀或水位动态变化引起变形破坏，带动整个滑坡体克服滑动面阻力发生快速滑动；b 为滑体后缘或侧缘边坡高陡、危岩体崩塌加载或者地表水沿后缘裂隙和潜在软弱面渗透导致滑体后缘率先变形破坏，推动滑坡体克服滑动面的阻力而发生快速滑动。

图 2.2　滑体前缘牵引和后缘推动机制示意

2.3.1　玉台村滑坡成因机制分析

该滑坡区域位于南川区头渡镇玉台村三社斜坡地带，滑坡区中部有复建公路及村道到达。滑坡区域属构造剥蚀中低山地貌，总体地势为北高南低，最高点位于滑坡体后缘边界处，海拔为 1 035 米，剪出口位置处最低海拔为 885 米，滑坡区域内相对高差约为 150 米，地形坡度一般在 10 度~25 度，整体坡度在 13 度，局部陡坎坡度达到 85 度。滑坡区域内有 1 条冲沟自上而下流过。地表主要为阶梯状旱地、水田、房屋建筑及少量林地，主要覆盖植被为耕地及房屋建筑。

2.3.1.1　滑坡边界及形态特征

通过对滑坡地面仔细调查，根据地面裂缝和房屋变形情况，可将滑坡区域分为 1#滑坡和 2#滑坡。其中，1#滑坡位于 2#滑坡北东侧，1#滑坡前缘右侧边界与 2#滑坡后部边界有局部重合。

1#滑坡：位于滑坡区域北东侧，复建公路往金佛山南坡方向，平面形态呈“簸箕”形。滑坡右侧以右侧陡缓交界剪切裂缝为界，左侧以羽状剪切裂缝为界，后缘以陡缓交界处拉裂缝为界，前缘为陡崖顶部鼓胀变形处，周界变形裂缝明显。滑坡长约为480米，平均宽度约为280米，滑坡平均厚约为25米，体积约为336万立方米，主滑方向约为175度，属大型中—深层堆积层滑坡。

2#滑坡：处于滑坡区南西侧，压力管道处，平面形态“长舌”形。滑坡右侧以右侧原始冲沟为界，左侧以地形陡缓交界为界，后缘以陡缓交界处拉裂缝为界，前缘为边坡中部基岩出露处，周界变形裂缝明显。滑坡长约为200米，平均宽度约为90米，滑坡厚约为10米，体积约为18万立方米，主滑方向约为213度，属中型浅层堆积层滑坡。

2.3.1.2　滑坡体特征

1#滑坡：根据地表工程地质测绘及应急勘查勘探工程揭示，钻探揭露滑坡区覆盖层较厚，为19.5（ZK20）~35米（ZK3）。滑坡堆积体覆盖层主要由粉质黏土、块石、碎石组成，局部含淤泥质块石土。粉质黏土多为黄褐色，呈可塑—硬塑状。块石土主要由灰岩块石及粉质黏土组成，局部夹杂淤泥质土，分布极不均匀；块石土成分含量较杂，主要以灰岩块石为主，局部夹杂少量页岩碎片，整个区域块石含量具有一定的差异性，整体呈现崩塌堆积体块石含量较多，为50%~65%。块石粒径较大，块石粒径主要分布为0.2~3米，局部块石粒径达到5~12米。滑坡土体为历史上是由多次崩滑堆积形成，钻孔揭露出滑体中存在多期次堆积面，多次堆积后沿各期次崩塌堆积面形成了厚0.4~5.8米的含碎石粉质黏土层，该层呈灰黑色碎石土，土质相对潮湿、随埋藏深度加深密实度增高。该薄弱层的特点是局部富含有机质，存在泥化现象，碎石含量相对较少。我们对比前后钻孔发现，各钻孔中堆积面期次不同，规律性较差。滑体后缘薄，中部厚，前缘薄，平均滑体厚度约为25米。

2#滑坡：地表工程地质测绘及应急勘查勘探工程显示，钻探揭露滑坡区覆盖层相对较浅，为9.2（ZK23）~10.3米（ZK24）。崩塌堆积体覆盖层主要由粉质黏土、块石、碎石组成，局部含淤泥质块石土。粉质黏土多为黄褐色，呈可塑状。块石土主要由灰岩块石及粉质黏土组成，局部夹杂淤泥质土，分布不均匀；块石土成分含量较杂，主要以灰岩块石为主，整个区域块石含量具有一定的差异性，整体呈现崩塌堆积体上部块石含量较多，为50%~60%；中下部块石含量较小，为50%~55%。块石粒径较大，块石粒径主要分布为0.2~3米，局部块石粒径达到5~6米。滑体后缘薄，中部厚，前缘薄，平均滑体厚度约为10米。

2.3.1.3　滑（带）面特征

1#滑坡：根据勘探工程揭露，钻孔内可见滑动带，主要分布于滑坡土体内部和岩土界面间。软弱层为粉质黏土，多为灰褐色、黄褐色，土质相对潮湿，并随埋藏深度加深、密实度增高。该薄弱层的特点是局部富含有机质，存在泥化现象，碎石含量较少，力学性质较低，部分含5%~25%的灰岩、页岩碎石，为滑带。根据滑带土室内试验，其天然含水量约为22.7%~34.0%，平均在28.17%。勘探揭示滑坡中滑带埋深为20(ZK21)~30米(ZK05)。滑面与下覆基岩面和地形的起伏密切相关，倾角为5度~15度。本次应急勘查中，我们在9个钻孔中发现深层滑动带，约占总钻孔个数比例的33%。玉台村滑坡滑带（面）特征统计见表2.1。

表2.1 玉台村滑坡滑带（面）特征统计

钻孔编号	孔深/米	滑带厚度/米	滑带特征描述
ZK1	28.90~29.00	0.10	粉质黏土，褐色，软塑—可塑状，遇水变软，手摸有滑感；含约15%的灰岩角砾，粒径为4~8毫米；29米位置可见明显镜面擦痕，与轴心夹角约为105度
ZK3	34.10~34.40	0.30	粉质黏土，灰褐色，软塑—可塑状，遇水变软，手摸有滑感；含约16%的灰岩角砾，粒径约为11毫米；31.2米位置见明显的擦痕，与轴心夹角约为95度
ZK4	32.50~32.75	0.25	粉质黏土，灰色，软塑—可塑状，遇水变软，手摸有滑感；含约9%的砂角砾，粒径为2~12毫米；32.6米位置可见明显擦痕，与轴心夹角约为99度
ZK9	25.80~26.00	0.20	粉质黏土，灰色，软塑—可塑状，遇水变软，手摸有滑感；含约15%的砂角砾，粒径为2~13毫米；25.9米位置可见明显擦痕，与轴心夹角约为98度
ZK11	25.10~25.50	0.40	粉质黏土，灰褐色，软塑—可塑状，遇水变软，手摸有滑感；含约14%的砂角，粒径为2~22毫米；25.4米位置可见明显擦痕，与轴心夹角约为96度
ZK12	21.80~21.95	0.15	粉质黏土，灰褐色，软塑—可塑状，遇水变软，手摸有滑感；含约11%的砂角砾，粒径为2~8毫米；21.9米位置可见明显擦痕，与轴心夹角约为96度
ZK13	24.65~24.85	0.20	粉质黏土，灰褐色，软塑—可塑状，遇水变软，手摸有滑感；含约20%的砂角砾，粒径为2~40毫米；24.8米位置可见明显擦痕，与轴心夹角约为101度
ZK15	17.20~17.35	0.25	粉质黏土，灰褐色，软塑—可塑状，遇水变软，手摸有滑感；含约15%的砂角砾，粒径为2~30毫米；17.3米位置可见明显滑面及擦痕，与轴心夹角约为136度
ZK18	21.45~21.70	0.35	粉质黏土，褐色，可塑状，遇水变软，手摸有滑感；含约17%的砂岩角砾，粒径为2~16毫米；可见擦痕，与轴心夹角约为95度

2#滑坡：根据勘探工程揭露，钻孔内可见软弱层，主要分布于钻孔岩土界面间。软弱层为粉质黏土，灰褐色，土质相对潮湿。该薄弱层的特点是局部富含有机质，存在泥化现象，碎石含量较少，软塑可塑状，力学性质较低，部分含4%~15%的灰岩碎石，为滑带。根据滑带土室内试验，其天然含水量为31%~34.6%，平均在32.8%。滑面与下覆基岩面和地形的起伏密切相关，倾角较陡，为5度~20度。

本次勘查于滑坡中采取了滑带土样，现场滑坡体滑带所采取的土样均严格按国家及行业规程规范要求操作，及时密封保存，保证样品的物质成分及结构不受破坏，其试验数据可信。本次应急勘查所取滑带土进行室内物理力学性质试验，得出的成果由物理力学参数进行统计。玉台村滑坡中部滑体土物理力学性质参数（均为粉质黏土）见表2.2；玉台村滑坡表层滑体土物理力学性质参数（均为粉质黏土）见表2.3。

表2.2　玉台村滑坡中部滑体土物理力学性质参数（均为粉质黏土）

取样编号	密度 /g·(cm^3)$^{-1}$	含水率/%	黏聚力/kPa	内摩擦角 /°	压缩模量 /MPa^{-1}
ZK1-2	1.96	25.5	30.7	18.8	5.49
ZK3-2	1.93	28.2	27.9	17.8	4.65
ZK4-2	1.86	34.0	28.4	19.0	3.80
ZK5-2	1.90	30.1	27.5	17.4	4.52
ZK5-3	1.95	26.5	29.5	18.4	5.21
ZK6-1	2.00	22.7	30.5	17.8	6.17
ZK12-3	1.89	29.7	27.9	18.2	3.80
ZK13-1	1.89	30.8	28.3	18.8	5.13
ZK19-1	1.97	25.4	28.1	17.6	5.05
ZK22-1	1.91	28.8	29.4	17.4	4.26

表2.3　玉台村滑坡表层滑体土物理力学性质参数（均为粉质黏土）

取样编号	密度 /g·(cm^3)$^{-1}$	含水率/%	黏聚力/kPa	内摩擦角 /°	压缩模量 /MPa^{-1}
ZK1-1	1.76	40.4	32.4	16.1	4.22
ZK2-1	1.90	30.2	29.9	15.7	4.10
ZK3-1	1.80	35.8	34.4	16.5	4.17
ZK4-1	1.90	30.0	31.9	16.0	4.02

表2.3(续)

取样编号	密度 /g·$(cm^3)^{-1}$	含水率/%	黏聚力/kPa	内摩擦角 /°	压缩模量 /MPa^{-1}
ZK5-1	1.85	33.8	33.3	15.5	3.80
ZK7-1	1.92	29.3	26.6	13.0	4.05
ZK15-1	2.00	22.8	21.7	12.0	7.04
ZK20-1	1.85	31.6	26.1	14.2	3.97
ZK21-1	1.84	34.4	30.5	14.8	3.77
ZK23-1	1.94	29.7	28.7	14.5	3.97
ZK24-1	1.89	29.2	23.2	12.9	3.86

2.3.1.4 滑床特征

1#滑坡滑床为第四系滑坡堆积层和志留系中统韩家店组（S_2h）页岩；后部之滑床为第四系滑坡堆积层。滑床顶面总体形态呈“凹槽”形，剖面呈“弧”形，北高南低，总体上滑坡后部较陡，坡角一般在15度~48度，中部相对较缓，坡角一般在10度~15度，前缘较平缓，坡角一般在3度~14度。滑坡区域基岩面等高线示意见图2.3。

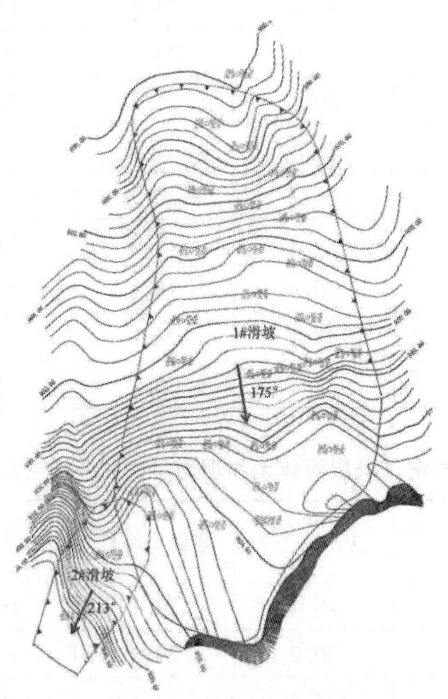

图2.3 滑坡区域基岩面等高线示意

$2^{\#}$滑坡滑床为第四系滑坡堆积层和志留系下统小河坝组（S_1x）砂岩；后部之滑床为第四系滑坡堆积层块石土。滑床顶面总体形态呈“凹槽”形，剖面呈“弧”形，北东高南西低，总体上滑坡中后部较陡，坡角一般在20度~35度，前部相对较缓，坡角一般在5度~9度。滑坡区域地下水面等高线示意见图2.4。

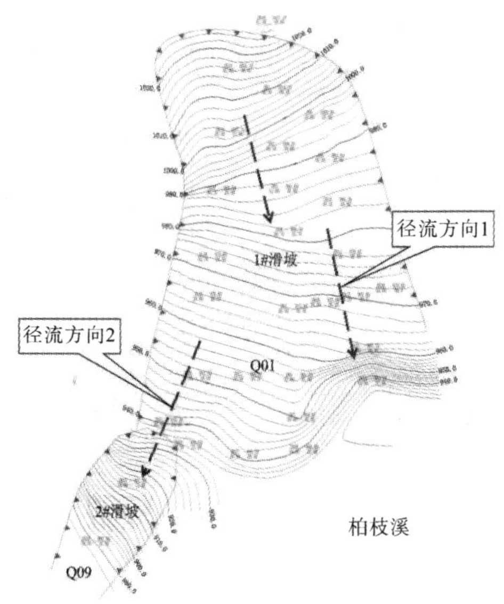

图2.4　滑坡区域地下水面等高线示意

从钻探岩芯来看，勘查区内岩体较完整，本次勘查在斜坡体中、前部滑床中等风化基岩中采集页岩岩样15组、砂岩岩样6组进行物理力学性质测试，并根据《地质灾害防治工程勘查规范》提供的统计方法及公式进行统计，结果详见表2.4。

表2.4　玉台村滑坡基岩物理力学性质参数

取样编号	岩性	密度 /g·(cm^3)$^{-1}$	抗压强度 /MPa	抗拉强度 /MPa	变形模量 /10^4MPa	弹性模量 /10^4MPa	泊松比
ZK2-3	页岩	2.67	23.9	1.11	0.412	0.478	0.19
ZK4-3	页岩	2.67	21.8	0.98	0.381	0.442	0.16
ZK5-4	页岩	2.67	25.0	1.30	0.421	0.488	0.14
ZK7-4	页岩	2.67	16.4	0.67	0.268	0.311	0.18
ZK9-2	页岩	2.68	22.8	1.05	0.396	0.460	0.21

表2.4(续)

取样编号	岩性	密度 /g·(cm³)⁻¹	抗压强度 /MPa	抗拉强度 /MPa	变形模量 /10⁴MPa	弹性模量 /10⁴MPa	泊松比
ZK13-3	页岩	2.68	26.4	1.21	0.456	0.529	0.15
ZK14-2	页岩	2.66	30.9	1.30	0.496	0.575	0.15
ZK16-2	页岩	2.65	26.2	1.38	0.493	0.572	0.15
ZK19-1	页岩	2.66	21.3	1.01	0.344	0.399	0.18
ZK21-5	页岩	2.68	27.1	1.32	0.492	0.571	0.15
ZK22-4	页岩	2.66	18.6	0.79	0.300	0.348	0.21
ZK27-1	页岩	2.67	25.3	1.08	0.397	0.461	0.17
ZK28-1	页岩	2.69	25.5	1.09	0.446	0.518	0.18
ZK29-1	页岩	2.73	21.2	0.99	0.405	0.470	0.21
ZK30-1	页岩	2.56	21.7	1.09	0.377	0.437	0.18
ZK23-3	砂岩	2.59	49.9	2.26	0.840	0.974	0.13
ZK24-3	砂岩	2.55	57.7	2.60	0.921	1.07	0.13
ZK23-2	砂岩	2.61	48.0	2.18	0.819	0.949	0.14
ZK23-3	砂岩	2.63	47.3	2.03	0.774	0.897	0.11
ZK23-4	砂岩	2.67	44.2	2.08	0.776	0.900	0.17
ZK24-2	砂岩	2.66	51.1	2.39	0.878	1.02	0.12

2.3.1.5 滑坡影响因素与成因机制分析

(1) 影响因素分析。

滑坡的形成与地形地貌、地层岩性、坡体结构、人工活动、大气降水等密不可分，是以上因素综合作用的结果。其中，人类工程活动及降雨是该类滑坡形成的诱发因素。影响滑坡稳定性的因素主要有：①地形条件。滑坡为斜坡地形，斜坡地形具有一定的汇水面积，加之滑坡处于斜坡中下部，后侧大面积的山体汇水直接汇入滑坡区内，一部分渗入滑体松散堆积体中，增加滑体自重、降低土体抗剪强度，另一部分直接冲刷斜坡面，破坏滑圾整体性，降低滑坡稳定性，且滑坡前缘为陡崖带，为滑坡滑动提供了良好的空间条件。②地层岩性。滑体块石含量较高、滑体较松散，透水性相对较好，而下伏稳定基岩主要为志留系中统韩家店组页岩，其隔水性能相对较好，地下水渗透至基岩面时，径流方向发生改变继续沿岩土界面向低势低洼处径流，久而久之便形成了滑面。③水的作用（包括降雨和地下水的作用）。滑坡的形成主要受降水及降雨入渗形成短暂的地下水入渗，地表降水入渗卸荷拉张裂隙产生的水压力进一步使裂隙开裂扩大，使滑坡体地下水位急剧升降，迅速加重了滑体重量，在对应力集中带浸泡软化、泥化后，使土体力学强度急剧降低，从而加剧了土体的破坏。④人工活动。现场调查可知，区域内房屋、公路、压力管道等建设平场形成的切坡，扰动坡体应力分布状态，对坡体变形破坏具有一定促进作用；村民在滑坡体上进行耕种对滑坡土体进行了扰动，有利于雨水渗入。

（2）诱发因素分析。

滑坡形成的主要诱发因素为人类工程活动和降雨。人类工程活动对滑坡的诱发作用体现在三个方面：①前缘开挖。2#滑坡前缘由于安置房建设对滑坡体前缘进行开挖，使得坡体前缘临空，且未进行有效支挡，坡体原有力学平衡被打破，从而使得发生应力释放和调整，进而发生牵引式滑坡。②后缘加载。2#滑坡中部由于压力管道扩建基坑开挖，开挖的土石方随意就地堆放于基坑外侧，滑坡后缘加载，导致滑坡后缘增重。由于该滑坡初始稳定性系数仅略大于安全系数，处于极限平衡状态，如今后缘加载，使该平衡被打破，从而发生推移式滑动破坏。③公路修建的修建。1#滑坡中部由于复建公路的修建，进行了一定规模的回填压实处理，压实后的填土弱透性较弱，导致斜坡原有地表和地下水通道受到一定程度的堵塞，使得滑坡体后部地下水位局部涌高，进而导致滑坡后缘增重。由于该滑坡原始稳定性系数仅略大于安全系数，处于极限平衡状态，如今滑坡体地下水上涨，使该平衡被打破，从而发生推移式滑动破坏。

在进行以上人类工程活动时，降雨加快滑坡的变形，主要体现在两个方面：一是增加坡体重量。由于滑体块石含量较高，使得滑体具有较高的孔隙性和吸水性，雨水在径流过程中会产生不同程度的入渗，渗透水在增加坡体土含水量的同时，土体重度增加，因此造成滑体重量的增加。二是降低滑带抗剪强度。雨水渗入作用，软化和泥化，使得基覆面土体抗剪强度大幅度降低。其具体过程为滑体块石含量较高、覆盖层相对松散，土体直接裸露地表，降雨入渗条件相对较好；滑床为页岩，透水性差。因此，雨季降雨造成地下水位上升，水位上升使基覆面土体带软化，形成软弱结构面，当黏土达到了软塑—流塑状态，滑体极易滑动。

（3）形成机制分析。

滑坡区域内，第四系松散堆积物其岩性以粉质黏土夹块碎石为主，结构较松散，易受降雨及地表水入渗运移的影响；下伏基岩主要为志留系韩家店组页岩、小河坝组粉砂岩。由于该斜坡堆积层历史上发生过多次崩滑堆积，暴雨及持续暴雨条件下，地表水沿第四系松散土体及滑坡后部基岩裂隙水渗入滑坡体内，将沿着原始残坡积土层以及部分基岩顶面流动，使原始残坡积层及土岩接触面被软化、泥化，形成软弱夹层，沿这些层面蠕滑形成滑带土。坡体前缘为陡崖带和开挖边坡，这为滑坡的形成提供了较好的临空和易于失稳的条件。

2.3.2 荆竹屋基滑坡成因机制分析

荆竹屋基滑坡发生前当地连续两天强降雨，再加上坡脚采石场的长期开挖，造成的坡脚支挡能力降低，使得原来的山坡体受力发生变化。如图 2.5 所示，滑坡在张拉应力作用下，后缘沿山体裂隙快速张开，形成巨型拉裂槽，宽度达数米至十余米，长度几乎贯通滑坡体左右。中部坡体在滑动过程中受到部分坚硬岩层阻碍和挑起作用，部分形成数米高台阶状错断，台阶上下的土体在张拉、剪切以及不均匀的下沉作用仅发生了表层土体的开裂和农田表层土体倾伏，但整体性较好。坡体上的房屋受滑动过程中的震动作用或开裂或直接垮塌。滑坡体前缘受剪出口位置的支挡作用力停止滑动，两侧农田受挤压出现开裂土块和部分被后面下滑土体覆盖，中部原采石场位置岩石则完全被上部滑下岩土体压裂破碎或覆盖。外缘有滑坡碎屑物质倾泻至梁平—孙家公路上面，并将部分农房摧毁。

图 2.5 荆竹屋基滑坡现场

FLAC^{3D}是目前世界上优秀的岩土工程数值分析程序之一，它采用有限差分法，按时步进行显式迭代求解，考虑了岩土体的复杂性、可变性，及非均质、不连续、大变形、大应变、非线性等①②，适合于求解滑坡等大变形问题。考虑到荆竹屋基滑坡体复杂的工程地质条件和滑坡岩土的大变形问题，本书采用 $FLAC^{3D}$ 软件对其稳定性进行数值模拟分析。荆竹屋基滑坡体计算模型的 $FLAC^{3D}$ 网络如图 2.6 所示，整个模型的网格剖分总单元数为 34 064，总节点数为 8 627，全部采用四面体单元。模型各侧面均限制水平位移，底面固定。本书采用莫尔—库伦屈服准则，将最大不平衡力比率设置为 $1e^{-5}$。荆竹屋基滑坡岩土体计算参数见表 2.5。

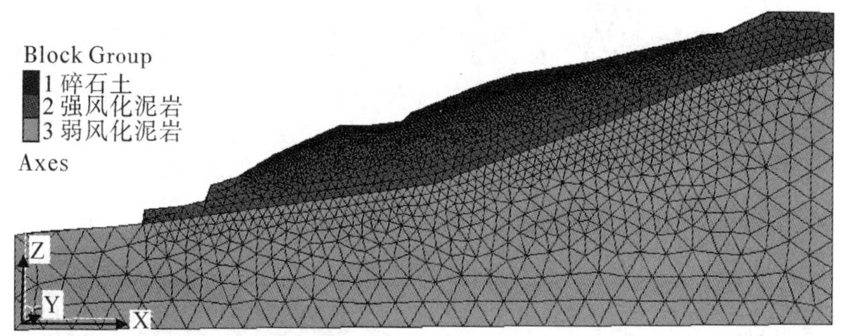

图 2.6　荆竹屋基滑坡体计算模型的 $FLAC^{3D}$ 网络

表 2.5　荆竹屋基滑坡岩土体计算参数

岩土体	重度/kN·$(m^3)^{-1}$	黏聚力/kPa	内摩擦角/°	变形模量/MPa	泊松比
碎石土(天然)	21.5	27	22	25	0.30
碎石土(饱和)	22.5	19	17	20	0.30
强风化泥岩	24.5	120	36	100	0.25
弱风化泥岩	26	200	40	200	0.20

下面，我们针对荆竹屋基滑坡体三维有限差分数值计算模型，分析其在天然工况下和暴雨工况下边坡岩体的位移场、塑性区和剪应变增量特征。

2.3.2.1　位移场分析

图 2.7 和图 2.8 分别为天然工况下和暴雨工况下的边坡岩体水平位移（单位：米）。由计算结果可知：天然工况下的边坡最大水平位移为 5.2 厘米，出现在边坡中部，这是由于采石场的开挖，使边坡原有的力学平衡遭到破坏，采

① 刘波，韩彦辉. FLAC 原理、实例与应用指南［M］. 北京：人民交通出版社，2005.

② 迟世春，关立军. 基于强度折减的拉格朗日差分方法分析土坡稳定［J］. 岩土工程学报，2004，26（1）：42-46.

石场部位发生向X负向的位移，进而带动边坡体发生变形滑动，但滑动量很小，边坡相对较稳定；暴雨工况下的边坡最大水平位移为68厘米，出现在采石场上部土质坡体表层，边坡处于不稳定状态。

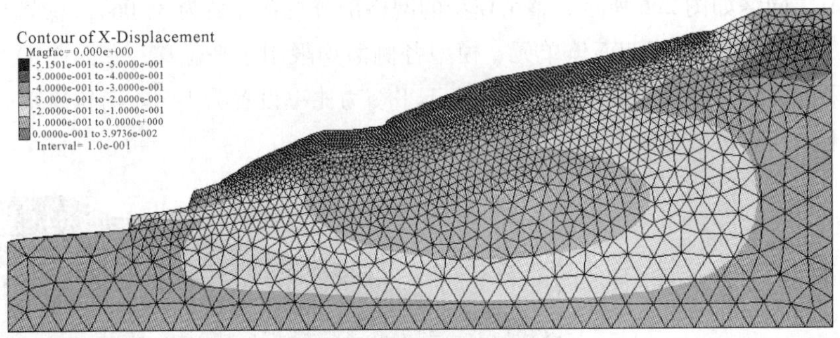

图 2.7　天然工况下的边坡岩体水平位移

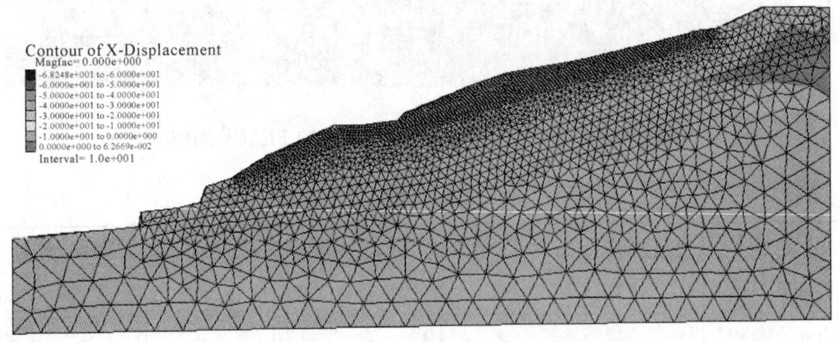

图 2.8　暴雨工况下的边坡岩体水平位移

2.3.2.2　塑性区分析

图2.9和图2.10为天然工况下和暴雨工况下的边坡岩体塑性区分布。从图2.9中可以看出，天然工况下，整个滑坡体基本处于稳定状态，塑性区出现在采石场及边坡体顶部，边坡表层土质部位未进入塑性状态。从图2.10中可以看出，在暴雨工况下，由于雨水下渗，边坡岩土体物理力学性质发生改变，黏聚力及内摩擦角减小，而岩石容重增大，碎石土层已经达到屈服，采石场部位及整个碎石土区为剪切塑性区，碎石场及碎石土层极易出现剪切裂缝。总之，坡体已处于不稳定状态。

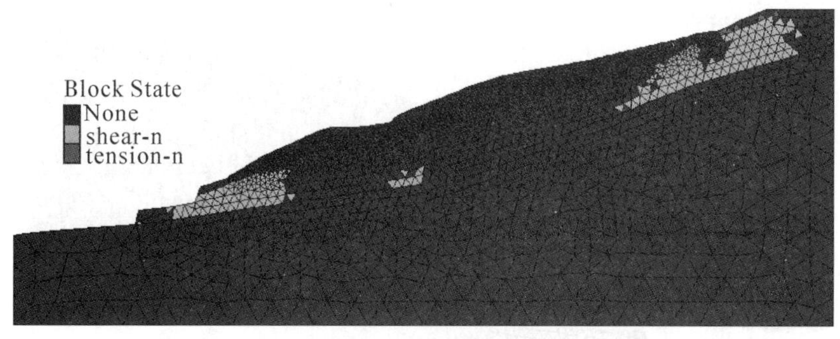

图 2.9　天然工况下的边坡岩体塑性区分布

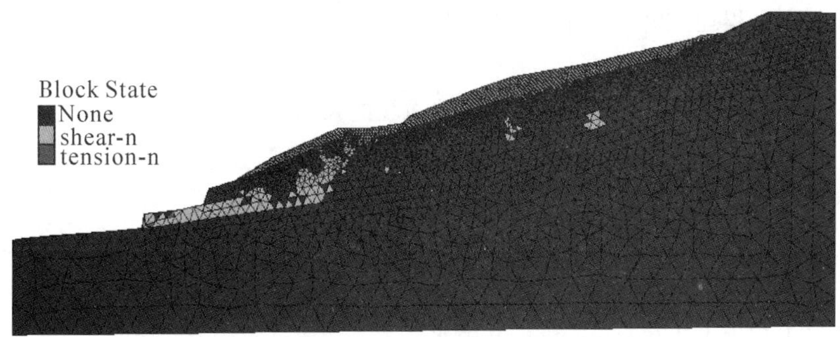

图 2.10　暴雨工况下的边坡岩体塑性区分布

2.3.2.3　剪应变增量

图 2.11 和图 2.12 为天然工况下和暴雨工况下的边坡岩体剪应变增量分布。从图 2.11 和图 2.12 中可以看出，天然工况下，剪应变增量只在边坡体顶部出现，未形成贯通区域；暴雨工况下，碎石土部位的坡体形成剪应力集中的贯通条带，这意味着滑坡的发生。

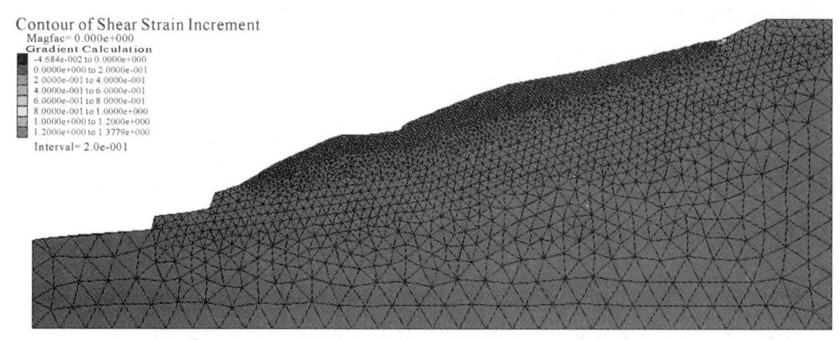

图 2.11　天然工况下的边坡岩体剪应变增量分布

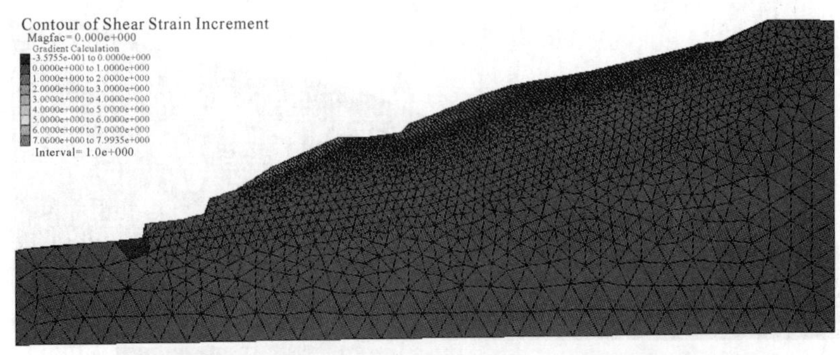

图 2.12 暴雨工况下的边坡岩体剪应变增量分布

根据工程地质条件分析与数值模拟可以得出，荆竹屋滑坡的发生机制如下：

第一，坡脚采石场的开采。坡脚采石场的长期开挖，造成坡脚支挡能力降低，使得原来的山坡体受力发生变化，坡体在逐渐增大的自身重力作用下克服滑床的摩擦力发生滑坡。

第二，降雨因素的诱发。滑坡发生前当地连续两天强降雨，雨水沿山体裂隙入渗至地下不稳定岩层，岩层经长时间泡水软化，强度大幅降低，同时降雨增大了上部岩土体在滑床面上的孔隙水压力，造成有效应力的降低，促使了滑坡的发生。

2.3.3 双新村滑坡成因机制分析

双新村滑坡的滑坡体主要是第四系全新统残坡积层，滑坡床岩性则主要是侏罗系中统沙溪庙组。原坡体后部坡度较大，约 15 度，前部较平缓，见图 2.13。由于该坡体以结构松散的堆积体为主，极易吸收大气降水并积水于下伏基岩面，导致岩土软化①；滑体自重增加，上浮托力和渗透压力进一步降低滑带土的抗剪强度，引起边坡变形速度加快，造成边坡松散覆盖层滑塌②。连续降雨是坡体发生滑移的前提条件，为该滑坡产生的诱发因素，该滑坡是前缘牵引型土质滑坡。滑坡后缘断陷形成近十米高的滑坡壁，松散土体堆积于滑坡壁前拉裂槽中形成洼地；中部由于受到张拉、挤压等复合应力作用，土体大多发生倾

① 吴树仁，石菊松，张永双，等. 滑坡宏观机理研究：以长江三峡库区为例［J］. 地质通报，2006，25（7）：874-879.

② 张俊瑞. 某典型牵引式滑坡形成机制分析及稳定性评价［J］. 土工基础，2010，24（2）：45-48.

覆、开裂甚至翻转出原来农田心土层；前缘原有农田被滑坡前缘覆盖，土体破碎严重，并有鼓丘隆起。

图 2.13　双新村滑坡现场

双新村滑坡体计算模型的 $FLAC^{3D}$ 网络如图 2.14 所示，整个模型的网络剖分总单元数为 29 147，总节点数为 7 148，全部采用四面体单元。模型各侧面均限制水平位移，底面固定。本书采用莫尔—库伦屈服准则，将最大不平衡力比率设置为 $1e^{-5}$。双新村滑坡岩土体计算参数见表 2.6。

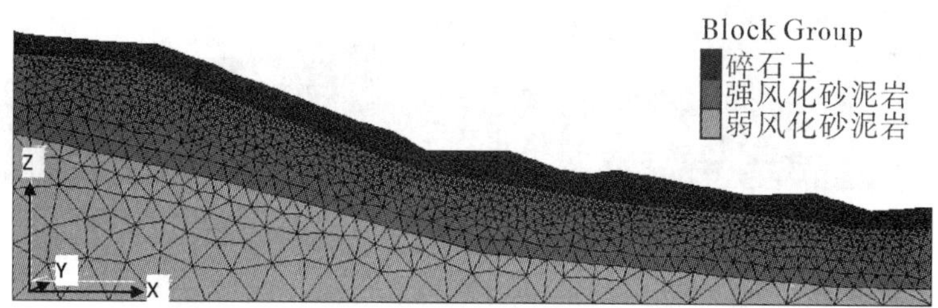

图 2.14　双新村滑坡体计算模型的 $FLAC^{3D}$ 网络

表 2.6　双新村滑坡岩土体计算参数

岩土体	重度/kN·$(m^3)^{-1}$	黏聚力/kPa	内摩擦角/°	变形模量/MPa	泊松比
碎石土(天然)	20.5	25	20	25	0.30
碎石土(饱和)	21.5	20	17	20	0.30
强风化砂泥岩	24	100	35	100	0.25
弱风化砂泥岩	26	200	40	200	0.20

下面，我们针对双新村滑坡体三维有限差分数值计算模型，分析其在天然工况下和暴雨工况下边坡岩体的位移场、塑性区和剪应变增量特征。

2.3.3.1 位移场分析

图 2.15 和图 2.16 分别为天然工况下和暴雨工况下的边坡岩体水平位移（单位：米）。由计算结果可知：天然工况下的边坡最大水平位移为 1.6 厘米，出现在土质陡坎坡脚，向临空面有一侧滑动，但滑动量很小，边坡相对较稳定；暴雨工况下的边坡最大水平位移为 36 厘米，出现在土质陡坎坡脚，滑坡前缘位于斜坡陡缓转折处，水平位移为 5 厘米，边坡处于不稳定状态。

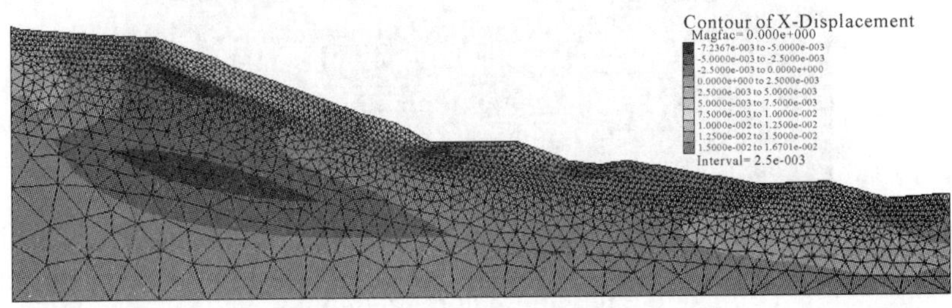

图 2.15 天然工况下的边坡岩体水平位移

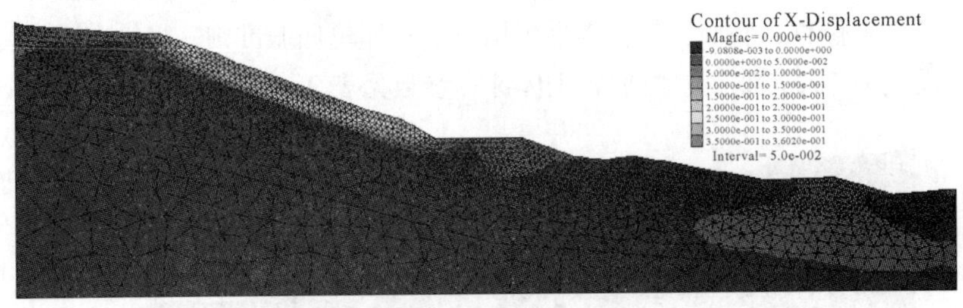

图 2.16 暴雨工况下的边坡岩体水平位移

2.3.3.2 塑性区分析

图 2.17 和图 2.18 分别为天然工况下和暴雨工况下的边坡岩体塑性区分布。从图 2.17 和图 2.18 中可以看出，天然工况下，整个滑坡体基本处于稳定状态，未出现塑性区；在暴雨工况下，由于雨水下渗，边坡岩体及结构面的物理力学性质发生改变，黏聚力及内摩擦角减小，而岩石容重增大，碎石土层已经达到屈服，整个陡坎以上碎石土区为剪切塑性区，陡坎坡脚处出现张拉塑性区，易在此处出现张拉裂缝，坡体已处于不稳定状态。

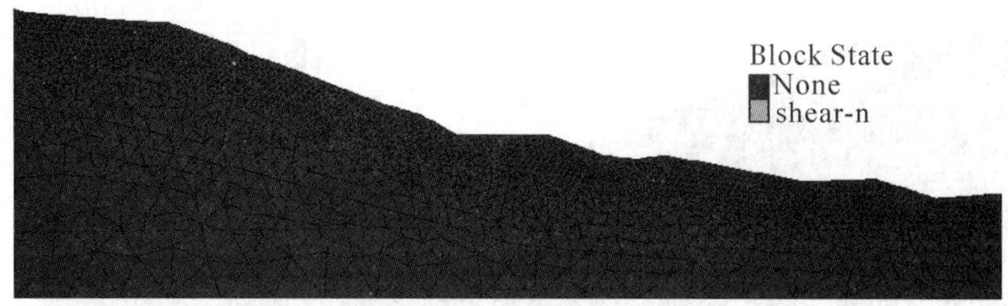

图 2.17　天然工况下的边坡岩体塑性区分布

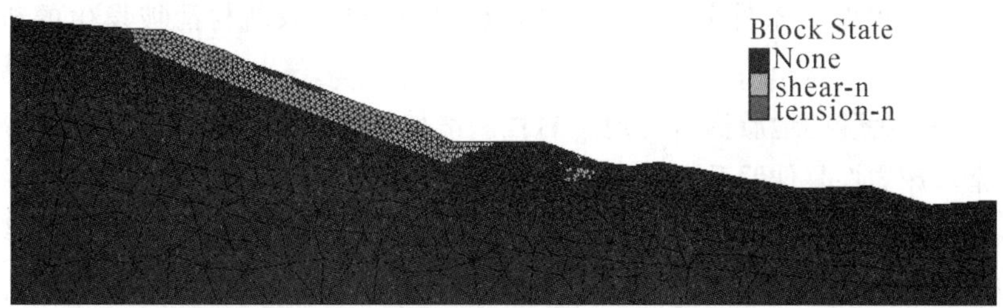

图 2.18　暴雨工况下的边坡岩体塑性区分布

2.3.3.3　剪应变增量

图 2.19 和图 2.20 分别为天然工况下和暴雨工况下的边坡岩体剪应变增量。从图 2.19 和图 2.20 中可以看出，天然工况下，剪应变增量集中区出现在陡坎坡脚处及边坡体中部，未形成贯通区域；暴雨工况下，陡坎上部坡体形成剪应力集中的贯通条带，这意味着滑坡的发生。

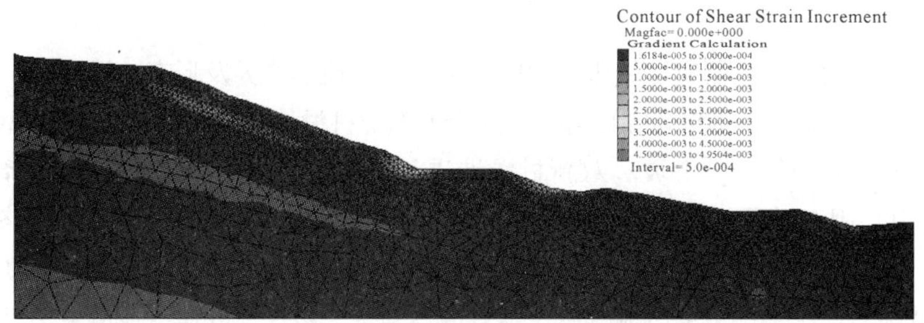

图 2.19　天然工况下的边坡岩体剪应变增量

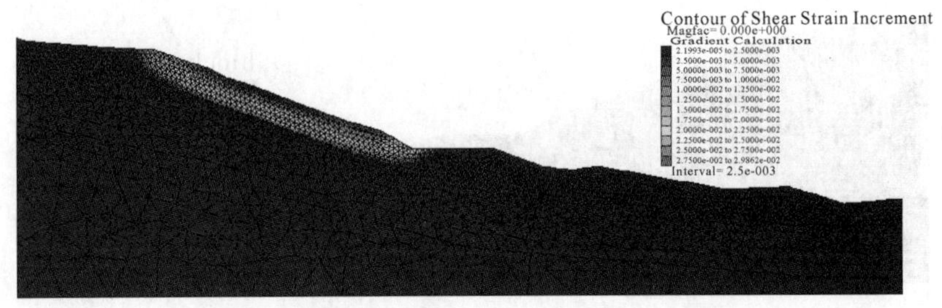

图 2.20　暴雨工况下的边坡岩体剪应变增量

根据工程地质条件分析与数值模拟可以得出，双新村滑坡发生的机理如下：

第一，特殊的地质构造与地层岩性。滑坡体主要是第四系全新统残坡积层，滑坡床岩性是侏罗系中统沙溪庙组，该坡体以结构松散的堆积体为主，在吸收大气降水和下伏基岩面的积水下，岩土软化，自重增加，上浮托力和渗透压力降低了滑带土的抗剪强度，引起边坡变形速度加快，造成边坡松散覆盖层的滑塌。

第二，连续的降雨（暴雨）是坡体发生滑移的前提条件，为该滑坡的诱发因素。降雨产聚积地表水浸泡入渗坡脚的诱发下，边坡平衡遭受破坏，碎石土覆盖层沿基岩面发生滑坡。

2.4　本章小结

本章通过介绍研究区域概况，以及玉台村滑坡体边界及形态、滑坡体、滑（带）面、滑床特征及滑坡影响因素分析了玉台村滑坡机制，继而运用 $FLAC^{3D}$ 网格模型对荆竹屋基滑坡和双新村滑坡进行了滑坡机制分析，三者均由降雨（暴雨）因素诱发。其中，玉台村滑坡和荆竹屋基滑坡还分别受到前缘道路修筑、采石场挖损影响，属滑体前缘牵引和后缘推动综合启动滑坡机制；双新村滑坡则为前缘牵引启动滑坡机制。本章内容为进一步深入开展滑坡应急治理与灾后修复工作提供了基础依据。

3 滑坡变形特征及稳定性评价

3.1 滑坡近期变形特征

3.1.1 滑坡区斜坡演化分析

滑坡所处的斜坡上部出露地层为二叠系下统茅口组（P_1m），岩性为灰岩。中下部地层为志留系中统韩家店组（S_2h）页岩、志留系下统小河坝组（S_1x）砂岩。斜坡上部灰岩抗风化性能较好，在斜坡演化过程中，下部页岩风化剥落速率相对较快，在灰岩下方逐渐形成凹岩腔。随着凹岩腔规模的增大，当上部灰岩悬空部分的重力大于岩体强度时，悬空岩体发生折断崩落，并堆积于斜坡中下部。根据上部现存的多级陡崖（陡崖带高 100~200 米）地形形态可判定，历史上曾发生了多次大规模的崩塌堆积。斜坡体上可见大量灰岩块石，勘察钻探揭露到大量灰岩块石均可印证该历史崩塌现象。在经历多期次上述变形过程后，形成了现阶段的基岩埋深较深，块碎石含量较高，块石粒径较大，中间夹杂多期次堆积面的堆积体斜坡。玉台村滑坡区域斜坡多次崩塌后形成的地形地貌见图 3.1。

图 3.1 玉台村滑坡区域斜坡多次崩塌后形成的地形地貌

3.1.2 变形特征

1#滑坡：2018 年 11 月 10 日险情发生后，地质技术人员现场应急调查发现滑坡变形明显。根据本次应急勘查和访问，玉台村三社滑坡体后缘、中部及前缘均出现大量墙裂及地面裂缝，尤其在滑坡中后部，房屋墙裂、地裂、墙体错开、墙体剪断、公路错裂、水田开裂漏水、电线杆歪斜等现象极为明显，滑坡区域发生拉张变形的裂缝多达数十条，局部地面裂缝初现时间为 2018 年 9 月和 10 月连续降雨以及 2018 年 11 月 7—8 日连续强降雨时，裂缝进一步扩大，裂缝宽一般为 10~500 毫米，延伸一般为 5~125 米，应急勘查期间裂缝发展明显加剧。玉台村滑坡区域地面裂缝分布示意见图 3. 2。

2#滑坡：2018 年 11 月 10 日险情发生后的应急调查发现，滑坡变形明显。根据本次应急勘查和访问，滑坡体后缘、中部及前缘均出现大量地面裂缝，尤其在滑坡中后部地裂、压力管道弯曲变形、前缘边坡垮塌、裂缝发育等现象明显，滑坡区域发生地面裂缝多达 7 条，地面裂缝初现时间为 2018 年 9 月和 10 月连续降雨以及 2018 年 11 月 7—8 日连续强降雨时，裂缝进一步扩大，裂缝宽一般为 4~25 毫米，延伸一般为 4~18 米，应急勘查期间裂缝发展明显加剧。相应的裂缝分布同样见图 3. 2。

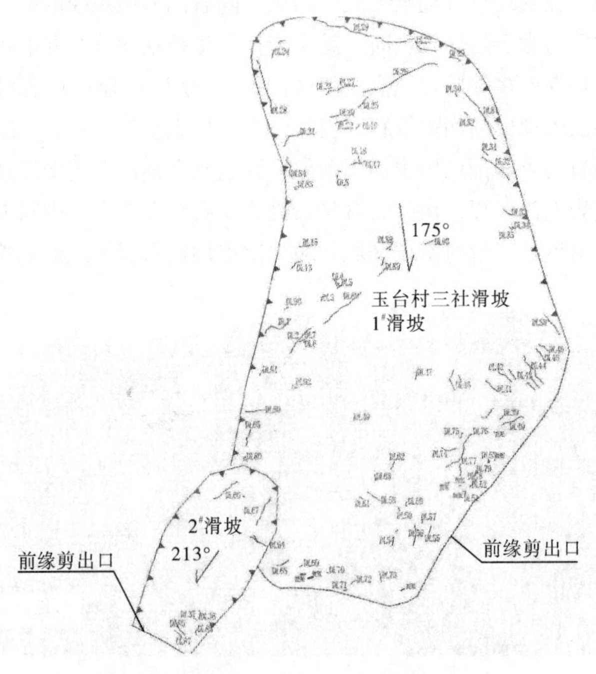

图 3. 2　玉台村滑坡区域地面裂缝分布示意

3.1.3 变形分析

通过以上监测数据可以发现，1#滑坡后部监测点数据位移方向在163度~183度（其中JC25监测点置于房屋开裂墙壁上，JC24监测点置于滑坡左侧边界外，边界变形可能引起周界土体局部松动，故判定JC24、JC25均不代表主滑方向位移），与主滑方向基本一致；1#滑坡中部监测点数据位移方向在149度~181度（其中JC17监测点置于电线杆处，电线杆拉绳对电线杆位移方向有影响，故判定JC17不代表主滑方向位移），与主滑方向基本一致；1#滑坡前部监测点数据位移方向在149度~196度（其中JC13监测点置于滑坡左侧边界外，变形可能是内侧土质边坡局部松动，故判定JC13均不代表主滑方向位移，JC29为新增监测点，位于前缘鼓胀变形处，均不代表主滑方向位移），与主滑方向基本一致。从监测点水平和垂直累计位移量—时间关系曲线可知，在11月26—27日，数据有骤增的趋势，初步推断是这两天傍晚下雨所致，降雨对滑坡稳定性影响较大。滑坡区域后部为58~92毫米，中部为43~106毫米，前部为23~117毫米。从监测数据分析，该滑坡目前总体为基本稳定—欠稳定状态，且从累计变形—时间关系曲线（见图3.3）来看，滑坡仍在持续变形中，水平位移量为1~5毫米/天，故判断滑坡处于强变形初始阶段。1#滑坡监测点位移示意见图3.3。

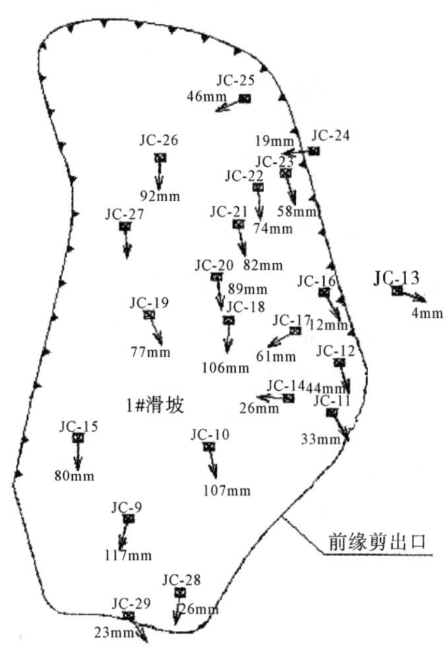

图3.3 1#滑坡监测点位移示意

从以上深部位移监测数据来看，钻孔 ZK2 位置滑动面约在地面下 27.7 米附近，此处土体总厚度为 29.1 米，可判定滑坡在整体深层滑动；钻孔 ZK21 位置滑动面约在地面下 28.6 米附近，此处土体总厚度为 30.7 米，可见判定滑坡整体深层滑动；钻孔 ZK27 位置滑坡滑面约在地面下 24 米附近，此处土体总厚度为 27.4 米，可判定滑坡在整体深层滑动；钻孔 ZK29 位置深部位移计由于钻孔垮孔，只埋设了 22 米，而此处土层深度为 28.2 米，未穿透上覆土层。从图 3.4 可知，12 月 20—27 日，未发现滑动面，由此可推断 22 米范围内无滑动面，滑面应该在 22~28.2 米的位置，滑坡在整体深层滑动。

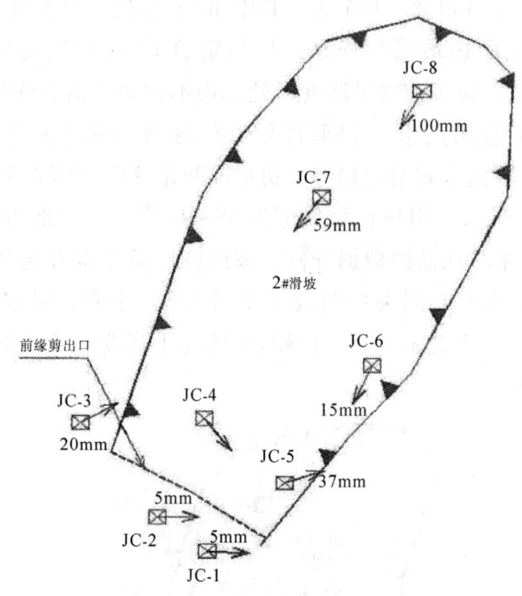

图 3.4　2#滑坡监测点位移示意

通过以上监测数据可以发现，2#滑坡后部、中部监测点数据位移方向为 208 度~219 度，与主滑方向基本一致。2#滑坡前部监测点数据位移方向为 63 度~139 度，位移方向杂乱无序，初步判定前缘存在鼓胀滑塌变形，不排除监测点失真的可能，特别是 JC1、JC2、JC3 监测点均处于滑坡周界以外，且位移量较小，初判定属于施工区，监测数据失真。从监测点水平和垂直累计位移量—时间关系曲线可知，在 11 月 26—27 日，数据有骤增的趋势，初步推断是这两天傍晚下雨所致，降雨对滑坡稳定性影响较大。滑坡区域位移为 15~100 毫米，且从累计变形—时间关系曲线来看，滑坡仍在持续变形中，水平位移量为 1~5 毫米/天，故判断该滑坡目前总体为基本稳定—欠稳定状态，处于强变形阶段。

3.2 滑坡稳定性评价

根据野外调查、本次勘探工程揭露和专业监测分析，1#滑坡地表拉张裂缝发育，居民房屋和公路开裂、变形，斜坡两侧出现羽状剪切裂缝等变形特征；2#滑坡地表拉张裂缝发育，压力管道弯曲变形和前缘边坡局部垮塌、变形，滑坡两侧出现剪切裂缝等变形特征。根据以上滑坡变形迹象，按照《重庆地质灾害防治工程勘察规范》中关于滑坡的演变阶段划分情况，本书对滑坡各区域进行变形阶段判别，见表3.1。

表3.1　滑坡变形阶段判别

演变阶段	滑动带及滑动面	滑坡前缘	滑坡后缘	滑坡两侧	滑坡体
弱变形阶段	主滑段滑动带蠕动变形，但滑体尚未沿滑动带位移	前缘无明显变化，未发现新泉点	后缘地表或建（构）筑物出现一条或数条与地形等高线大体平行的拉张裂缝，裂缝断续分布	两侧无明显裂缝，边界不明显	无明显异常，偶见“醉汉林”
强变形阶段	主滑段滑动带大部分已形成，部分探井及钻孔发现滑动带有镜面、擦痕及搓揉现象，滑体局部沿滑动带位移	放射状裂缝或大体垂直等高线的压致张裂裂缝，有时有局部坍塌现象或出现湿地或有泉水溢出	地表或建（构）筑物拉张裂缝多而宽且贯通，外侧下错	出现雁行羽状剪切裂缝	有裂缝及少量沉陷等异常现象，可见“醉汉林”
滑动阶段	整个滑坡滑动带已全面形成，滑带土特征明显且新鲜，绝大多数探井及钻孔发现滑动带有镜面、擦痕及搓揉现象，滑带土含水量常较高	出现明显的剪出口并常错出，剪出口附近湿地明显，有一个或多个泉点，有时形成了滑坡舌，滑坡舌常明显伸出，鼓张及放射状裂缝加剧并常伴有坍塌	张裂缝与滑坡两侧羽状裂缝连通，常出现多个阶坎或地堑式沉陷带，滑坡壁常较明显	羽状裂缝与滑坡后缘张裂缝连通，滑坡周界明显	有差异运动形成的纵向裂缝，中、后部水塘、水沟或水田渗漏，不少树木成“醉汉林”，滑坡体整体位移
停滑阶段	滑体不再沿滑动带位移，滑带土含水量降低，进入固结阶段	滑坡舌伸出，覆盖于原地表上或到达前方阻挡体而壅高，前缘湿地明显，鼓丘不再发展	裂缝不再增多，不再扩大，滑坡壁明显	羽状裂缝不再扩大、不再增多甚至闭合	滑体变形不再发展，原始地形总体坡度显著变小，裂缝不再扩大、不再增多甚至闭合

根据表3.1可知：1#滑坡滑动面已大部分形成，前缘隆起，存在大量垂直等高线的压制张裂缝，地表和房屋建筑拉张裂缝明显，滑坡两侧羽状剪切裂缝明显，电线杆歪斜等，符合强变形阶段的特征，故判断1#滑坡处于强变形阶段；2#滑坡钻孔中发现滑带位置处于流塑状，且前缘边坡局部垮塌，中部电线杆歪斜、压力管道弯曲，两侧剪切裂缝明显，后部拉张裂缝明显且下错等，符合强变形阶段的特征，故判断2#滑坡处于强变形阶段。

3.3 本章小结

玉台村滑坡历史上曾发生了多次大规模的崩塌堆积，在经历多期次上述变形过程后，形成了现阶段的基岩埋深较深、块碎石含量较高、块石粒径较大、中间夹杂多期次堆积面的堆积体斜坡。应急勘查期间，1#和2#滑坡裂缝发展明显加剧。1#滑坡仍在持续变形中，处于强变形初始阶段；2#滑坡也在持续变形中，总体为基本稳定—欠稳定状态，也处于强变形阶段。

按滑坡斜坡的变形破坏行为可将滑坡分为渐变型、突发型和稳定型三种类型。渐变型滑坡：土质（古滑坡）或具有时效变形特征的岩质斜坡。该类滑坡的滑动面是经长时间的孕育才逐渐形成。突发型滑坡：岩质顺层斜坡，或斜坡中存在一组倾向坡外的，且底端已暴露于地表的贯通性（软弱）结构面；如果斜坡受到外界突发性的强烈扰动（地震、暴雨、人工开挖等），也会导致滑坡突然发生（提前发生）。稳定型滑坡：稳定性相对较好的斜坡，在外界因素影响下突然启动变形，随后在自重作用下恢复其稳定性，变形随时间增长达到一定程度后趋于稳定。滑坡是否趋于稳定是防治工程开展的前提，因此玉台村滑坡变形特征及其稳定性研究十分必要。

4 滑坡陡崖带调查评价

4.1 陡崖带基本特征

陡崖带位于1#滑坡南侧，近似直线形分布，走向北东—南西，北高南低，南侧为柏枝溪切割，滑坡区域内延伸长约为250米。陡崖顶部为滑坡体覆盖，土体较厚（3.0~37.2米），陡崖顶部高程约为925米，陡崖最低高程约为835.5米，相对最大高差约为89.5米。陡崖坡角多在65度~75度，局部较陡，近似直立。南侧陡崖带全貌（镜头方向为80度）见图4.1。

图4.1 南侧陡崖带全貌（镜头方向为80度）

陡崖带主要出露基岩为志留系下统小河坝组（S_1x）砂岩。勘查区位于龙骨溪背斜的西翼靠近轴部，岩层呈单斜产出，产状变化不大，为305°∠5°，为切向破。根据调查及区域资料表明，陡崖带主要发育2组构造裂隙。J1（见图4.2）：产状为105°∠86°，延伸长度为7~50米，间距为0.55米，微张—张开，张开为0.1~1米，勘查区南侧陡崖带可见的最大裂缝张开宽度可达4米，充填粉质黏土和碎石，裂隙面较粗糙。J3（见图4.3）：产状为155°∠83°，延伸长度为5~8米，间距为1.5~2米，闭合—微张，无充填，裂隙面较平直。

根据现场钻探，中风化砂岩岩芯较完整，陡崖岩体类型为Ⅱ类，边坡破裂角为45°+ϕ/2-63.9°，ϕ为砂岩岩体ϕ值。

图4.2　裂缝J1

图4.3　裂缝J3

4.2　陡崖带稳定性评价

滑坡区南侧陡崖：坡向为140度，陡崖坡度为70°~90°，陡崖高约为89.5米，长约为250米。陡崖岩性为志留系下统小河坝组砂岩，由北东—南西方向呈带状展布，北高南低。岩层呈单斜状产出，岩层产状为280°~300°∠5~7°，陡崖上发育两组裂隙，其分别为J1：产状为105°∠86°，延伸长度为7~50米，间距为0.5~5.0米，微张—张开，张开为0.1~1.0米，勘查区南侧陡崖带可见的最大裂缝张开宽度可达4米，充填粉质黏土和碎石，裂隙面较粗糙。J3：产状为155°∠83°，延伸长度为5~8米，间距为1.5~2.0米，闭合—微张，无充填，裂隙面较平直。南侧陡崖赤平极射投影见图4.4。

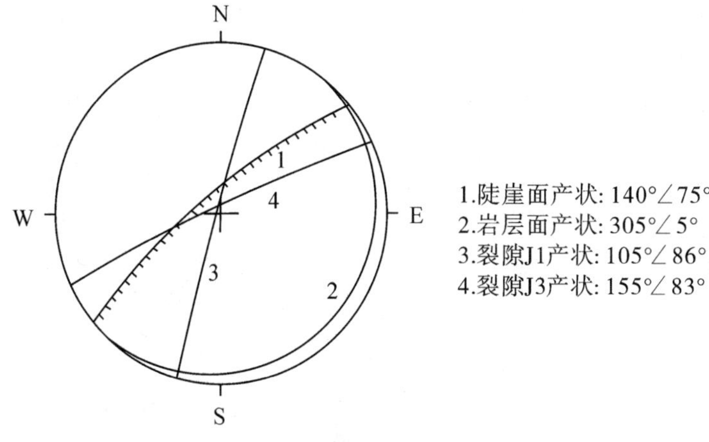

图 4.4　南侧陡崖赤平极射投影

根据赤平投影图 4.4 分析得知，该陡崖为反向坡，裂隙 J3 为不利外倾结构面，陡崖稳定性主要受裂隙 J3 控制，但裂隙 J3 倾角较陡，为 83 度，控制裂隙陡倾不临空，陡崖整体稳定。拟支挡位置（钻孔 ZK28 和 ZK12）距离陡崖顶边距离为 55~155 米，初步判定拟支挡位置基岩地质条件较好。

4.3　陡崖带卸荷裂隙调查评价

4.3.1　裂隙产状分析

根据野外调查，在陡崖东侧（2-2 剖面东侧约 75 米位置）和西侧（1-1 剖面西侧 50 米位置）可见构造裂隙 J1：产状为 105°∠86，延伸长度为 750 米，间距为 0.5~5 米，微张—张开，张开为 0.1~1 米，勘查区南侧陡崖带可见的最大裂缝张开宽度可达 4 米，充填粉质黏土和碎石，裂隙面较粗糙，而陡崖带坡向为 140 度，裂隙 J1 与陡崖带呈较大角度（35°）斜切。由图 4.5 可知，1-1 剖面建议支挡位置离陡崖顶部位置最小距离为 80 米，裂隙 J1 对拟支挡位置影响甚小。陡崖发育的另一组裂隙 J3，产状为 155°∠83°，延伸长度为 5~8 米，间距为 1.5~2.0 米，闭合—微张，无充填，裂隙面较平直，与陡崖面近似平行分布。现场调查发现，J3 在陡崖顶部发育深度为 5~20 米，发育深度较小，且延伸长度较小，故本章判定裂隙 J3 对拟支挡位置影响较小。陡崖带裂隙分布见图 4.5。

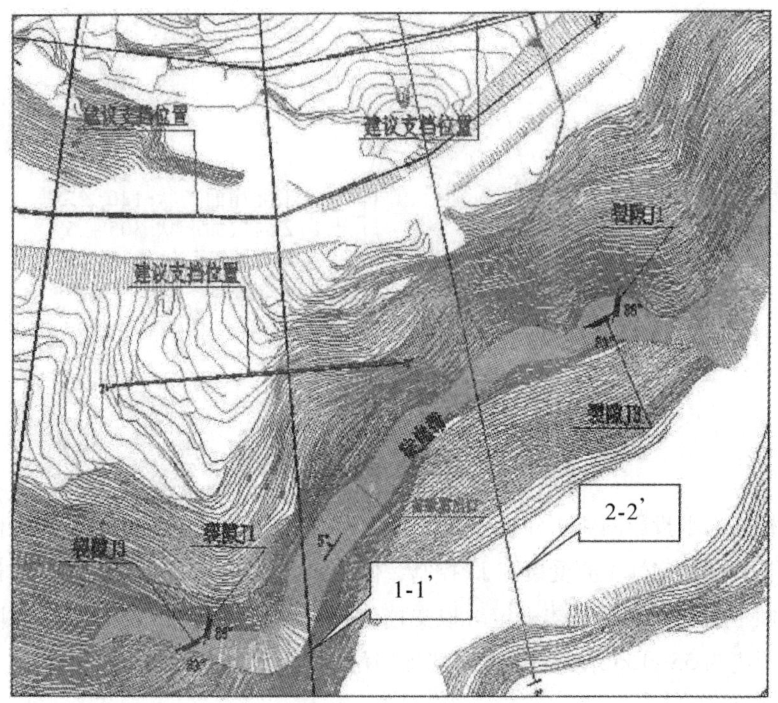

图 4.5　陡崖带裂隙分布

4.3.2　卸荷裂隙发育情况

我们收集的勘查区周边工程资料《重奥悦金佛山滑雪旅游度假项目地质灾害调（勘）查报告》（中兵勘察设计研究院，2017）显示，该项目同样位于头渡镇，位置与本次勘查区陡崖顶处于同一侧山体、同一高程，距离本次陡崖带约为 2 千米，且地层相同均为小河坝组砂岩的顶部，卸荷裂隙发育情况具有一定类比价值。根据该报告的探槽揭露，陡崖顶部位置陡崖卸荷带宽度为 5~10 米。由于本次应急勘查未布置探槽（井）或水平钻孔施工，我们参照周边工程推测陡崖带卸荷裂隙发育深度较小，对拟支挡位置锚固段影响较小。

因本次陡崖项部土层较厚（3~37 米），且陡崖顶部临边位置地形陡峭，探槽（浅井）施工难度大，且陡崖高约为 90 米，水平钻孔施工难度大，工期长。为查明陡崖带内部卸荷裂隙发育情况，本次应急勘查采取物探工作（高密度电法+瞬变电磁法）总共沿着 1-1 剖面和 2-2 剖面临边陡崖位置布置了 3 条物探剖面，长度合计为 444 米。根据《重庆市南川区头渡镇玉台村三社滑坡治理工程应急勘查物探成果报告》（重庆渝碚实验检测中心，2018）相关结论，在测区陡崖带内部基岩内未发现大型卸荷裂隙带，故本章判断本次滑坡治理工程拟支挡位置卸荷裂隙不发育，对拟支挡位置锚固段影响较小。

4.4 本章小结

根据滑坡治理工程（支挡工程）需要，特别是滑坡前缘抗滑桩工程，本次有收前缘为陡崖带，陡崖带高陡，裂隙较发育，如抗滑桩工程置于前缘陡崖临边位置，需对陡崖带的卸荷带进行详细的调查评价，以确保支挡工程锚固段的稳定性，故本章针对勘查区 1#滑坡南侧陡崖和卸荷裂隙进行调查评价。

综上所述，根据野外调查、工程类比和物探工作等可以判断，本次滑坡前缘陡崖带项部卸荷裂隙发育深度较小，推测发育深度一般为 5~20 米，主要以构造裂隙 J3 为主，且延伸长度较小，陡崖带顶部卸荷裂隙对本次滑坡中前部拟支挡位置锚固段影响较小。

5 滑坡应急治理工程研究

5.1 应急治理工程地质条件

5.1.1 工程地质特征

木次应急治理的滑坡体防治工部主要为支挡工程、排水工程，拟防治工程部位工程地质条件如下：

一是1#滑坡抗滑桩位置。拟支挡位置滑体土厚为20~30米，主要为块石土（灰色、灰黄色），稍密—密实，级配不均，粒径为0.2~3.0米，最大粒径达5~12米，块石含量为50%~65%，局部可达70%以上。整体而言，上部区域块石含量较高，中下部区域块石含量较低，上部块石粒径相对较小，下部块石粒径相对较大；块石间充填物主要为粉质黏土、碎石及淤泥质土层。整个区域充填物分布为上部块石主要由粉质黏土充填，中下部块石主要由碎块石及泥质充填，钻探揭露覆盖；下伏基岩为志留系中统韩家店组（S_2h）页岩，强风化层厚度为0.5~3.5米，中等风化页岩属于较软岩，岩体质量等级为Ⅳ类。

二是2#滑坡抗滑桩位置。拟支挡位置滑体土厚约为10米，主要为块石土（灰色、灰黄色），稍密—密实，级配不均，粒径为0.2~3.0米，最大粒径达5米，块石含量为45%~55%，局部可达70%以上。整体而言，上部区域块石含量较高，中下部区域块石含量较低，上部块石粒径相对较小，下部块石粒径相对较大；块石间充填物主要为粉质黏土、碎石及淤泥质土层。整个区域充填物分布为上部块石主要由粉质黏土充填，中下部块石主要由碎块石及泥质充填，钻探揭露覆盖；下伏基岩为志留系下统小河坝组（S_1x）砂岩，强风化层厚度为2.6~3.5米，中等风化砂岩属于较硬岩，岩体质量等级为Ⅴ类。

5.1.2 水文地质条件及地下水

滑坡区地下水类型主要为松散岩类孔隙水和基岩裂隙水，区内松散岩类孔隙水的含水层主要是崩坡积层、滑坡堆积层，为黏土夹碎、块石土，主要由灰岩块石和粉质黏土及少量砂岩碎块石构成。斜坡物质均一性较差，与下伏基岩地下水水力联系弱。由于土体中物质含量存在差异，从而造成滑坡透水性具有一定差异，但已形成稳定的地下水位，局部存在承压水（ZK21 复建公路内侧位置），滑坡区内横向冲沟较发育，地表水向滑坡体内补给，且滑坡后部受上部甑子岩陡崖带岩溶水间接补给，区内地下水相对较丰富。

应急勘查期间，在钻探过程中，钻探完成后，水位在抽干后恢复较快，说明在整个滑坡内部地下水较丰富，雨季时滑坡地下水应更丰富，在抗滑桩和基坑开挖过程中，应考虑降水措施。勘查区块石土渗透系数为 0.032 1~0.113 6 米/天，属于弱透水层，勘查区局部块石含量较高，由于架空程度高，地层均一性较差，可能存在局部强透水，建议降水施工前对具体降水位置进行专项抽水试验以确定渗透系数等水文地质参数；上部表层粉质黏土层渗透系数为 0.88×10^{-3}~8.4×10^{-3} 米/天，属于极微透水—微透水层。场地内地下水及地表水对钢筋砼物具有微蚀性。

5.2 防治工程设计参数

根据应急勘探及野外调查获取了滑坡基岩（页岩、砂岩）、滑坡体物理力学指标、滑动面及放坡坡率等具体应急防治工程设计参数。

5.2.1 中等风化页岩

天然重度：26.7kN/m^3。

饱和重度：26.9kN/m^3。

岩石天然抗压强度标准值：22.75MPa。

岩体天然抗压强度标准值：15.24NPa（折减系数取 0.67）。

岩石饱和抗压强度标准值：16.30MPa。

岩体饱和抗压强度标准值：10.92MPa（折减系数取 0.67）。

岩体弹性模量：3 183MPa（折减系数取 0.70）。

岩体变形模量：2 634MPa（折减系数取 0.70）。

岩体泊松比：0.18。

岩体抗拉强度标准值：0.318MPa（折减系数取 0.3）。

岩体抗剪强度指标：C =1.18MPa，ψ=35.36°（黏聚力折减系数取 0.3，

内麾擦角折减系数取 0.90）。

若体地基承载力特征值：4.08MPa（折减系数取 0.25）。

岩石（中风化页岩）水平抗力系数：200MN/m^3。

岩石（强风化页岩）水平抗力系数：40MN/m^3。

5.2.2 中等风化砂岩

天然重度：26.2kN/m^3。

饱和重度：26.4kN/m^3。

岩石天然抗压强度标准值：48.15MPa。

岩体天然抗压强度标准值：32.26Pa（折减系数取 0.67）。

岩石饱和抗压强度标准值：41.95MPa。

岩体饱和抗压强度标准值：28.10MPa（折减系数取 0.67）。

岩体弹性模量：6 760MPa（折减系数取 0.70）。

岩体变形模量：5 616MPa（折减系数取 0.70）。

岩体泊松比：0.13。

岩体抗拉强度标准值：0.669MPa（折减系数取 0.3）。

岩体抗剪强度指标：$C=2.336MPa$，$\psi=37.83°$（黏聚力折减系数取 0.3，内摩擦角折减系数取 0.90）。

岩体地基承载力特征值：10.49MPa（折减系数取 0.25）。

岩石（中风化砂岩）水平抗力系数：550MN/m^3。

岩石（强风化砂岩）水平抗力系数：40MN/m^3。

5.2.3 滑坡体物理力学指标

块石土天然重度：19.82kN/m^3。

块石土饱和重度：20.38kN/m^3。

块石土（天然）C =30.60kPa，ϕ=26.50°。

块石土（暴雨）C =27.80kPa，ϕ=24.89°①。

块石土水平抗力系数的比例系数：30MN/m^4。

① 滑坡体块石土参数主要参照《重庆市南川区金佛山南坡柏梓溪滑坡治理工程初步勘查报告》（重庆地质矿产研究院，2017）参数取值。

5.2.4 滑动面

5.2.4.1 1#滑坡（滑带土）

天然强度：C=26.41kPa，ϕ=20.91°。

饱和强度：C=18.53kPa，ϕ=15.36°。

5.2.4.2 2#滑坡（滑带土）

天然强度：C=24.86kPa，ϕ=16.09°。

饱和强度：C=17.03kPa，ϕ=15.02°。

5.2.5 放坡坡率

块石土：边坡高<5米，坡率1∶1.25；边坡高度5米<H<10米，坡率1∶1.50。

粉质黏土：边坡高<5米，坡率1∶1.50；边坡高度5米<H<10米，坡率1∶2.0。

页岩：边坡高<8米，坡率1∶0.75；边坡高度8米<H<15米，坡率1∶1.25。

砂岩：边坡高<8米，坡率1∶0.50；边坡高度8米<H<15米，坡率1∶0.75。

5.3 应急治理工程方案

5.3.1 防治原则

5.3.1.1 综合治理与长期监测相结合

滑坡治理需要一段时间，治理后对治理效果监测亦需要时间。在治理前及治理期间，相关部门有必要对滑坡活动变形现状进行长期监测，以便及时采取应急措施，避免滑坡滑动造成大的经济损失。治理后，相关部门也需要对滑坡治理效果进行长期监测，在监测方式上除应安排专业监测手段外，还应发动群众，增强全民减灾防灾意识。相关部门可以用简单方式进行观测，并观测有无新的裂缝产生，发现异常情况应及时报告相关部门以便采取措施进行处理。

5.3.1.2 支挡工程与排水工程相结合

鉴于地下水对滑坡稳定性影响较大，输排水尤为重要。在滑坡治理前期，相关部门应加强滑坡区域的周边排水设施的修理改造，减少地表水、降雨入渗，并且针对此区域地下水较丰富的情况，宜采用适当的地下排水措施，提高滑坡稳定性。要彻底治理滑坡，相关部门必须采取根除措施，支挡工程必不可少，如条件许可的情况下可考虑后部削方减载+抗滑桩支挡方案，以达到最佳治理效果。

5.3.2　已有防治措施效果评价

发现滑坡险情后，相关部门已经对1#滑坡进行应急处置，居民已经全部安全撤离危险区域，并对坡体上的水沟、泉点、居民生活用水等进行输排水处理，对裂缝进行沥青封闭处理等，但未布置永久性治理措施，在暴雨或连续强降雨极端条件下，滑坡极可能整体滑动。因此，我们建议相关部门对滑坡进行永久性支挡治理。

2#滑坡前缘边坡布置了一排抗滑桩，采用桩板墙支挡，圆桩直径为1.5米，间距有5米，桩长约为12米，悬臂段为6米，锚固段嵌入基岩为6米，但土质边坡高度较大（约为20米），桩顶标高过低（桩顶标高为877.85米，2#滑坡剪出口高程约为880米），存在桩顶越顶剪出的可能。因此，我们建议相关部门在滑坡中前部进行抗滑桩支挡处理。

5.3.3　防治工程方案

根据本次滑坡规模较大、滑坡体厚度较高、地下水丰富等情况，本书分别对1#滑坡和2#滑坡提出对应的防治工程方案。

5.3.3.1　*1#滑坡治理方案*

针对1#滑坡，本书提出两个治理方案，即“削方减载+抗滑桩支挡+地表排水”和“隧洞排水+地表排水+加强监测信息反馈”。

（1）方案一：削方减载+抗滑桩支挡+地表排水。

①削方减载：鉴于滑坡推力较大，建议对后部进行部分削方减载，以降低滑坡后部推力，削方减载部分考虑约5户居民搬迁避让。

②抗滑桩支挡：对后部削方减载后，滑坡推力有所下降，宜采用抗滑桩支挡。1-1剖面在ZK28处设抗滑桩支挡；2-2剖面在钻孔ZK12位置设置一排滑桩支挡；3-3剖面在钻孔ZK20位置设置一排抗滑桩支挡。

③地表排水：完善滑坡区地表排水网系统，其中包括对滑坡区中、上部应根据现有冲沟、田沟、路边沟等地表天然排水地形，修建排水网络；特别是对后缘拦山堰的修复、对原始冲沟和泉点的疏导。另外，我们建议相关部门对滑坡体内部和后缘顶部平台的水田及池塘进行水改旱处理，使坡体上居民统一规

范生活用水管线，禁止乱排乱放。鉴于滑坡东侧公路内侧挡泄水孔基本失效，建议对挡墙重新进行反滤层和泄水孔处理。滑坡区域下部即集镇一带，应根据现有地表排水网并结合已完工排水渠工程，进一步完善地表排水系统。通过上述措施最大限度地减少地表水向滑体的入渗，从而减轻大气降水对滑体稳定性的不利影响。

1#滑坡治理方案一见图 5.1。

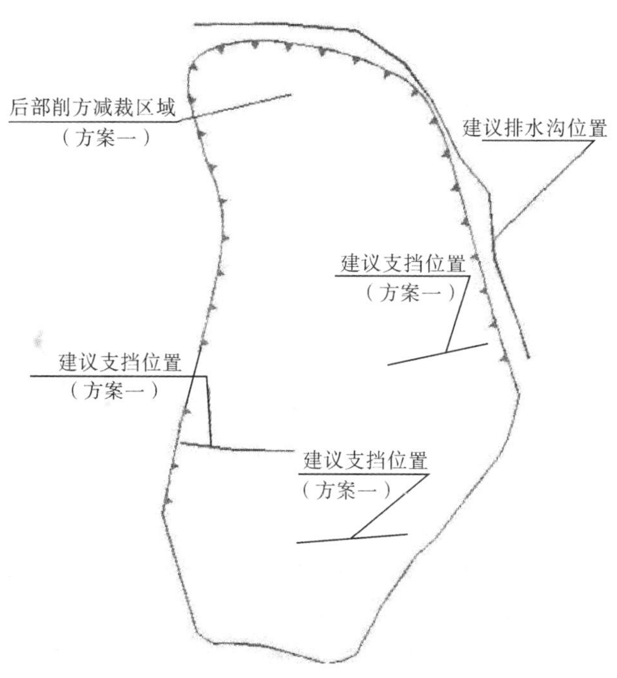

图 5.1　1#滑坡治理方案一

（2）方案二：隧洞排水+地表排水+加强监测信息反馈。

①隧洞排水：鉴于滑体地下水较丰富，建议在该相关滑体区域布设排水隧洞，在滑坡区滑床位置（基岩）设置排水隧洞，通过设置排水钻孔联通滑坡体中，截断上部地下水入渗，疏排滑坡体中的地下水，减轻地下水对滑坡稳定性的不利影响，使滑坡的稳定性得到一定程度的改善。

②地表排水：同方案一内容一致，此处不再赘述。

③加强监测信息反馈：为确保施工期间滑体上居民的生命财产安全和施工安全，相关部门应继续加强专业监测工作（地表位移监测和地下水位监测，布置专业监测点和水文观测孔），对治理后效果及时进行信息反馈，采用动态设计，信息化施工。

1#滑坡治理方案二见图 5.2。

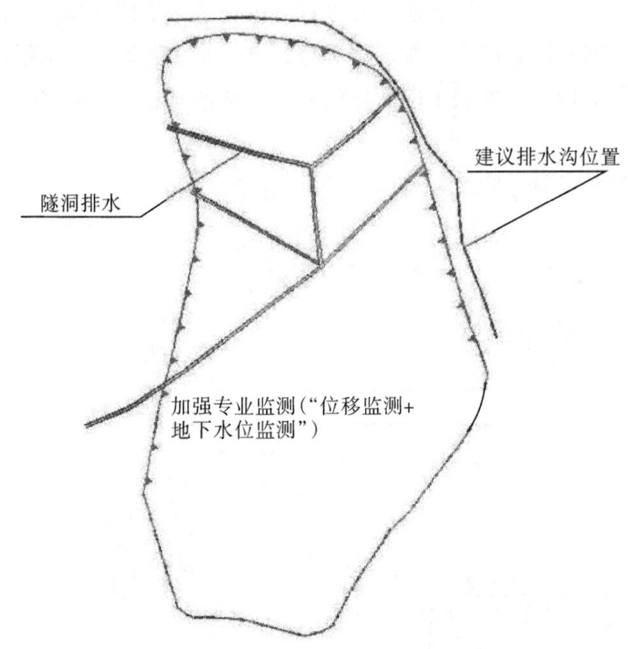

图 5.2　1#滑坡治理方案二

5.3.3.2　2#滑坡治理方案

2#滑坡的防治工程方案主要为“抗滑桩支挡+地表排水”，即在钻孔 ZK24 位置（8-8 剖面）设置一排抗滑桩支挡，在压力管道内侧采用抗滑桩支挡，以防止次级滑动。同时，还要完善滑坡区域地表排水网系统，其中包括对滑坡区域中、上部应根据现有冲沟、田沟、路边沟等地表天然排水地形，修建排水网络；滑坡区域下部即集镇一带，应根据现有地表排水网并结合已完工应急治理工程，进一步完善地表排水系统。通过上述措施最大限度地减少地表水向滑体的入渗，从而减轻大气降水对滑体稳定性的不利影响。

5.4　应急治理关键措施

（1）在滑坡未治理前，滑坡影响范围内不能进行其他工程项目建设及生活生产活动，以免诱发和加剧滑坡产生滑移变形，危及人民生命财产安全；滑坡变形导致了滑坡体内多处房屋开裂严重，我们建议进行危房鉴定，属于危房的居民，建议永久性搬迁；在治理施工前，相关部门应对坡体内地下水进行降水处理，提高滑坡安全储备，以确保施工安全。

（2）当抗滑桩施工采用人工开挖时，相关部门应配备相应的排水设备，并加强护壁通风，确保施工作业人员安全，开挖出的弃土不宜堆置于井口。当抗滑桩施工采用机械成孔时，相关部门应采取护壁措施。

（3）滑坡治理截排水应结合周边已有截排水沟进行统一规划，并对滑坡区域挡墙排水进行检查，对排水不畅的挡墙应重新进行反滤层和泄水孔处理，以确保地下水排水通畅。

（4）当对坡度较陡的土质斜边坡采用坡率法放坡处理时，相关部门应采用逆作法分段施工，加强坡面防护。

（5）建立健全滑坡预警监测系统，特别是正式治理前的时间段，相关部门应加强群测群防和专业监测，发现变形迹象要立即采取应急措施，确保人民生命财产安全，滑玻治理后应加强治理效果监测（位移监测和水位监测）。

（6）滑坡体内未来不宜规划高填方、深开挖的建设项目及高层建筑，同时拟建物不能以滑坡土体作为基础持力层，均应采用桩基础，以中等风化基岩作为基础持力层，并要进行安全论证，否则不能修建。

（7）由于滑坡区局部块石含量较高，架空程度高，地层均一性较差，可能存在局部强透水，我们建议降水施工前，相关部门对具体降水位置进行专项抽水试验以确定渗透系数等水文地质参数。

（8）在设计阶段，相关部门应加强方案对比论证，确保和提高资金的使用效率，并请业主和设计单位本着安全、经济的原则采用信息化施工，动态设计，以达到安全、经济的目的。

（9）治理治理工程如在 1#滑坡后缘外削方减载形成人工边坡，需考虑滑坡外边（斜）坡稳定性问题，我们建议在施工阶段相关部门应补充勘查。

（10）本次应急勘查未考虑 2#滑坡压力管道内侧人工开挖形成的边坡稳定性问题，且 2#滑坡整体系人为因素诱发形成的地质灾害，根据《地质灾害防治条例》的“人为因素引发的地质灾害，谁引发、谁治理”等重要原则，我们建议 2#滑坡由相关责任单位承担治理责任。

5.5 滑坡应急治理工程效益评价

滑坡应急治理具有较大的经济效益、社会效益和环境效益。

（1）经济效益：根据调查，目前滑坡体上的植被多为梯形耕地、灌木林地，对滑坡治理后，既保护了地质环境，防止了水土流失，又将产生一定的经济效益。滑坡治稳后当地居民可以安居乐业，周边在建工程项目亦无安全隐患，特别是保障了金佛山南坡景区重要交通要道，将大大促进当地旅游经济。

（2）社会效益：滑坡得到有效治理后，既安定了民心，又保持了社会稳定，必将有力地推动地方经济发展，为民造福，功在千秋。

（3）环境效益：滑坡治理后，地质环境条件得到有效改善，荒山坡变成了绿森林，滑坡周围环境也得到美化。

5.6 本章小结

重庆市南川区头渡镇玉台村三社滑坡应急治理工程通过工程地质测量、无人机航测、工程地质测绘、钻探、槽探、物探、现场试验、室内岩土试验等综合勘查手段，辅以资料收集及调查访问的方法，基本查明了滑坡区域的地质环境条件、滑坡体特征及稳定性，分析了滑坡的形成机制及诱发影响因素，提出了综合防治方案，达到了本次滑坡应急治理的要求。

（1）勘查区域位于重庆市南川区头渡镇玉台村三社，区域内有复建公路及村道直达滑坡体中部，交通方便。

（2）通过本次对滑坡地面仔细调查，根据地面裂缝和房屋变形情况，可将滑坡区域划分为1#滑坡和2#滑坡。1#滑坡位于滑坡区北东侧，复建公路往金佛山南坡方向，平面形态呈“簸箕”形，长约为480米，平均宽度约为280米，滑坡体厚约为25米，体积约为336万立方米，主滑方向约为175度，属于大型中—深层滑坡。2#滑坡处于滑坡区南西侧，压力管道处，平面形态“长舌”形，长约为200米，平均宽度约为90米，滑坡厚约为10米，体积约为18万立方米，主滑方向约为213度，属中型浅层滑坡。

（3）根据《重庆地质灾害防治工程勘察规范》，滑坡地质灾害危害程度为二级。

（4）根据现场调查和稳定性定量计算，1#滑坡在天然工况下整体处于基本稳定状态，暴雨工况下整体处于欠稳定—基本稳定状态；2#滑坡在天然工况下处于基本稳定状态，暴雨工况下处于欠稳定状态。

（5）根据本次治理工程揭露及野外调查结果，重庆市南川区头渡镇玉台村二社滑坡目前已发生变形，规模较大，且后侧拉裂基本贯通，房屋开裂、道路错裂、电线杆歪斜等现象较明显。经现场宏观判断和定量计算得出，该滑坡在暴雨工况下处于欠稳定状态，一旦整体发生滑动，将直接危及 35 户 143 人的生命财产安全，以及头渡集镇新区（2 栋在建建筑物 18F）和公共基础设施等财产安全，预估经济损失约为 4 953.68 万元，从而严重地影响地方经济发展及社会安定。因此，滑坡治理工程的各方面效益十分明显。

6 滑坡损毁农田特征及辨识分区

6.1 滑坡损毁农田典型特征分析

滑坡成因机制从其滑坡现象中能得到充分的体现①，同理，滑坡的现象特征和原因也能由滑坡成因机制来解释和分析，滑坡成因机制与滑坡损毁农田类型的关系见图6.1。本书主要依据滑坡成因机制，在文献资料查阅与分析和滑坡现场调查的基础上明晰了滑坡损毁农田现象特征，进而深入、全面、准确地研究了重庆地区滑坡损毁农田的现象、产生机理和影响因素。从滑坡土体表面来看，滑坡损毁农田主要有农田土体开裂、农田土体台阶状下挫、农田土体结构溃散、农田表面被冲蚀四个特征。

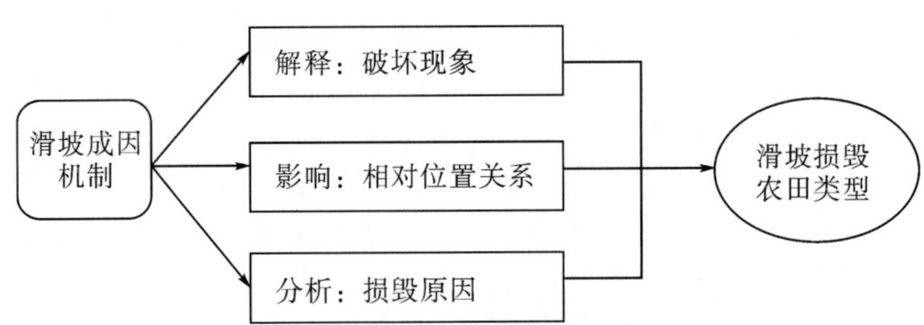

图6.1 滑坡成因机制与滑坡损毁农田类型的关系

6.1.1 农田土体开裂

农田土体开裂主要是指滑坡发生时，坡体上的农田在滑动过程中因牵引、挤压或者震动等动力作用，出现土体拉裂缝、分块等现象。因滑坡的性质、运

① 黄润秋. 中国西部地区典型岩质滑坡机理研究［J］. 第四纪地质，2003，23（6）：640-647.

动过程以及在滑坡体上位置的不同，土体所承受的滑坡动力作用也不相同，因而土体的开裂也表现出不同的特征。结合调查结果以及滑坡研究的工程经验，滑坡体上的农田土体开裂主要表现为三种类型：大型拉裂槽、平行于滑面方向的张拉或挤压裂缝和交叉裂缝造成的土体分块现象，如图 6.2 所示。

图 6.2　农田土体开裂

大型拉裂槽现象多发生在滑坡后缘，主要是在滑坡过程中的张拉应力作用下发生。张拉裂缝宽度根据滑坡规模及运动距离的不同，一般可达数米至数十米，深度由滑坡表面贯通至滑动面。在拉裂槽两端壁附近的岩土体通常会发生垮塌，并解体散乱堆积在拉裂槽内。张拉挤压裂缝多发生在滑坡中部区域，裂缝一般垂直于滑坡的滑动方向，在滑坡体边缘或局部复杂受力区域可能出现纵横交错的裂缝，农田土体分割成大小不等的块体，遭受此类型破坏的农田土体结构层序未发生破坏，农田整体性较完好。

6.1.2　农田土体台阶状下挫

农田土体台阶状下挫主要是指农田在滑坡过程中，坡体上不同部位的农田因垂直位移的不同，在相邻两个滑动块体间形成的上下错动，在宏观上表现为近似平行且垂直于滑动方向上的陡坎。在滑坡体中，农田土体台阶状下挫一般与开裂相伴出现，既可以发生在滑坡后缘又可以发生在滑坡中部，而滑坡前缘相对较少。下挫台阶的高度与滑坡的地质环境条件及滑动程度相关。一般来讲，在同一个滑坡体中，滑坡后缘的下挫台阶较滑坡中部及前缘的下挫台阶的规模大，如图 6.3 所示。

图 6.3　农田土体台阶状下挫

6.1.3　农田土体结构溃散

农田土体结构溃散主要是指滑坡体上的农田在滑坡运动过程中的张拉、剪切和不均匀的下沉作用下，坡体上土地的农田土体被切割成条状或块状，在滑坡震动过程中相互碰撞挤压，并发生解体，原有农田的土层层序被完全打乱，农田的耕作层、犁底层与基岩碎块等相互混合，形成新的土石混合体，解体后的农田土体可以在原坡体上堆积，也有可能滑至坡脚堆积。

图 6.4 为滑坡发生后滑坡体上农田结构层序破坏的典型照片（农田土体结构溃散），这种破坏多发生在滑坡体变形剧烈的部位，如滑坡拉裂槽附近、滑坡前缘牵引破坏区、滑坡两侧冲沟和滑坡体中部存在高陡台阶的区域。

图 6.4　农田土体结构溃散

6.1.4　农田表面被冲蚀

农田表面被冲蚀主要是指滑坡体在发生滑动后，因动力作用发生解体，并与地表水系以及雨水等相混合，形成高速运动的泥石流（土质滑坡）或碎屑流（岩质滑坡），呈流体状沿前端的农田表面流动。其一方面使原有的农田耕作层受到一定的刮铲剥蚀，另一方面灾害物质在流动过程中发生少量沉积，如图 6.5 所示。这种损毁主要发生在农田位于灾害物质流通区的情形，其主要特征是农田形态基本未发生大的改变，但农田表层物质被剥蚀或被灾害物质替换，农田表面灾害物质的堆积厚度较小，整个损毁区灾害物质厚度相对均匀，灾害物质级配基本一致。滑坡泥石流和碎屑流冲刷刮铲破坏见图 6.5。

图 6.5　滑坡泥石流和碎屑流冲刷刮铲破坏

6.2　滑坡损毁农田类型的划分依据

以上分析明确了滑坡损毁农田的几个现象特征，从而为滑坡损毁农田类型的划分奠定了基础。造成这些现象特征的成因仍未明确，其原因就是滑坡损毁农田类型划分的根本依据。从根本上讲，滑坡机制决定了滑坡损毁农田的现象及其原因。下面，我们就基于滑坡机制从滑坡应力和滑坡物质两方面来分析现象成因，并结合现象所在位置关系对滑坡体进行区域划分。

6.2.1　滑坡应力对农田的损毁及其位置关系

滑坡对农田的损毁其本质是在滑动过程中，滑坡体上部土体在内外动力作用下发生变形破坏，从而造成农田的损毁。而在滑动过程中，滑坡体上不同部位的岩土体所遭受到的内外动力作用的类型及程度都不相同，因而表面农田也将表现出不同的损毁类型。下面，我们就结合典型滑坡的要素分区，对不同部位岩土体可能产生的破坏类型进行分析。典型滑坡要素及破坏分区特征如图 6.6 所示。

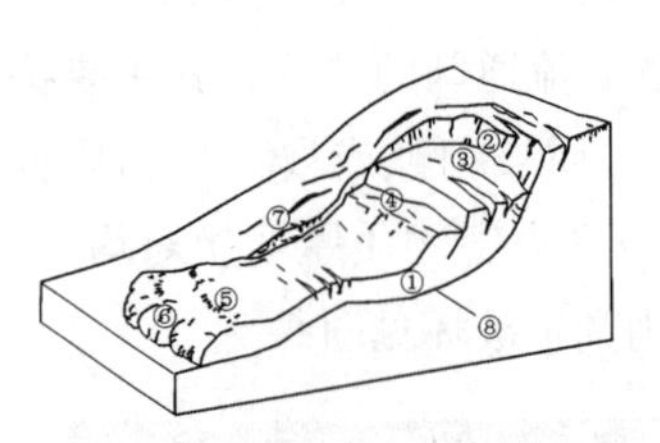

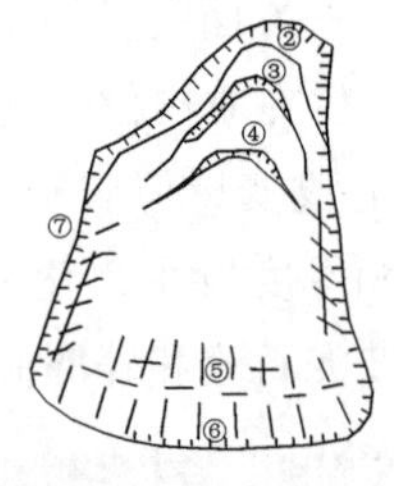

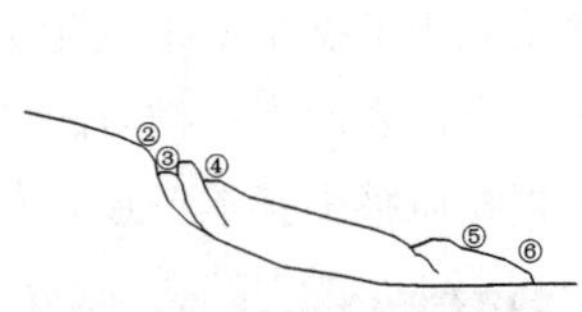

①滑坡体 ②滑坡壁 ③滑坡后缘洼地 ④滑坡台阶 ⑤滑坡舌 ⑥滑坡趾 ⑦滑坡侧壁 ⑧滑动面

图 6.6 典型滑坡要素及破坏分区特征

资料来源：根据刘春原（2000）的研究内容整理。

图 6.6 为典型滑坡的要素分布图，当滑坡发生时，我们可按照滑坡要素将整个滑坡体从上到下划分为如下三个区域：

（1）滑坡后缘封闭洼地区（滑坡湖）。其主要是指滑体与滑坡壁之间或由次一级滑块沉陷而形成的四周高、中间低的封闭型洼地，主要分布于滑坡壁之前一定范围内。本区域在滑坡滑动过程中主要遭受强烈的张拉应力作用，形成拉裂槽，拉裂槽周边岩土体垮塌填入拉裂槽中从而形成周边陡壁、中间岩土混杂的形状。处于该区域内的土体原有农田的土层层序被完全打乱，生土、熟土以及基岩碎块等完全混杂在一起，土层结构疏松，保水、肥性能差。

（2）滑坡主体区域。其主要是指从滑坡体后缘洼地边缘至滑坡剪出口以上的区域。该区域主要承受滑坡在滑动过程中的张拉、挤压以及剪切力的作用，因而在滑体表层往往表现为台阶和各种张拉、剪切以及挤压鼓胀裂缝等。同时，由于原地形地貌的影响以及各部分滑动速度的差异，局部地区也可以出现土层结构的解体等现象。该区域内滑体整体性保存完好，除局部解体部位外，原有农田的土层层序结构基本未发生大的破坏，但原有地块界限可能会发生改变。

（3）滑坡舌（前缘）区域。其主要是指滑坡体前面延伸至沟堑或河谷中的那部分舌状滑体，也被称为“滑坡前缘”“滑坡头部”或“滑坡鼓丘”。根据滑坡作用力的大小和程度的不同，处于该区域的岩土体在滑动过程中会相互挤压，致使局部产生鼓丘；根据挤压程度的不同，农田表面可能产生挤压裂缝或者发生土层翻转，从而破坏了原有农田表面的平整性和完整性。

6.2.2 滑坡物质对农田的损毁及其位置关系

滑坡应力对农田的损毁主要是从滑坡体本身的角度分析对滑坡在发生过程中上部岩土体以及表面农田的变形破坏情况。事实上，对于一个滑坡灾害而言，其真正的破坏范围除了滑坡体本身以外，往往在滑坡堆积体前端还存在一定范围的影响区。如果地形地貌条件合适，其影响区的范围和破坏程度甚至超过滑坡体本身。如果农田位于滑坡前端影响区范围，则不可避免地会遭到破坏和损毁。这种破坏和损毁主要是通过滑坡体上岩土体的堆积和运动来实现。

（1）滑坡前缘堆积区。其主要位于滑坡剪出口的前端。很多情况下，该区域即图 6.6 中的滑坡舌区域。该区域实际上存在着两类农田的损毁。其一即原滑坡体上的农田本身的破坏，这在上一节中已进行了说明。其二就是本区域原有农田的破坏，这种破坏主要来自后方滑坡体中岩土体的破坏。后方岩土体在向前推移过程中，一方面使本区域农田表土层有刮铲推移，另一方面使后方岩土体在运动过程中逐渐堆积。在这两方面共同作用下，该区域农田的原有耕作层消失，取而代之的是厚厚的生土堆积。

（2）滑坡前端流通区。其主要位于滑坡体的最前端。滑坡在滑动过程中，滑坡趾位置处的岩土体与地面摩擦并受到后部岩土体的冲击，加之该部分土体本身厚度较薄，因而往往在以上内外应力的共同作用下解体成松散颗粒或岩土块铺在滑坡体前端一定范围内。如果滑坡前缘的地形条件合适或者在水的混合下可能沿前方地面发生流动破坏，如果流动区域为农田，则表现为对农田的冲蚀破坏（见图 6.5）。该类型破坏主要对农田耕作层表层造成侵蚀，农田的完整性及表面平整度未发生大的变化。

6.2.3　滑坡损毁农田原因分类及分区特征

当前有关滑坡体部位的分区研究较少，还缺乏完整的划分体系。学者们一般认为滑坡体包含滑坡后缘洼地、滑坡台阶、滑坡舌、滑坡趾等部位（见图6.6），但是这种简单的划分不能满足滑坡损毁土地复垦研究的需要。本书在沿用以上滑坡体部位名称与划分的基础上，分别对滑坡动力和滑坡物质对不同区域的农田损毁特征进行了分析，认为滑坡灾害对农田的影响根据农田所处的位置关系不同可划分为两个方面，即灾害体上农田自身在滑坡应力作用下的损毁以及位于滑坡体前端影响区的农田在滑坡后滑坡物质对农田造成的损毁。在滑坡应力作用下的损毁根据农田所受应力的情况可划分为三个基本区域，即滑坡后缘的拉张区、滑坡中部的复合受力区和滑坡前缘的挤压区。而对于滑坡物质影响而言，根据物质的作用范围及程度，又可将其划分为坡脚的物质堆积影响区和前端物质流通影响区。但对于坡脚物质堆积区而言，由于其与应力破坏下的前缘挤压区位置重合，且堆积破坏后的修复中为了保证坡体的稳定性，我们通常不考虑原有农田的处理，而主要考虑在现有堆积物上重新整理农田，因而该区域可直接与应力破坏中的前缘挤压区合并为前缘堆积挤压区。因此，典型滑坡灾害损毁农田的原因可划分为两种主要因素和四种类型。滑坡损毁农田破坏因素分区示意见图 6.7；滑坡损毁农田因素结构示意见图 6.8。

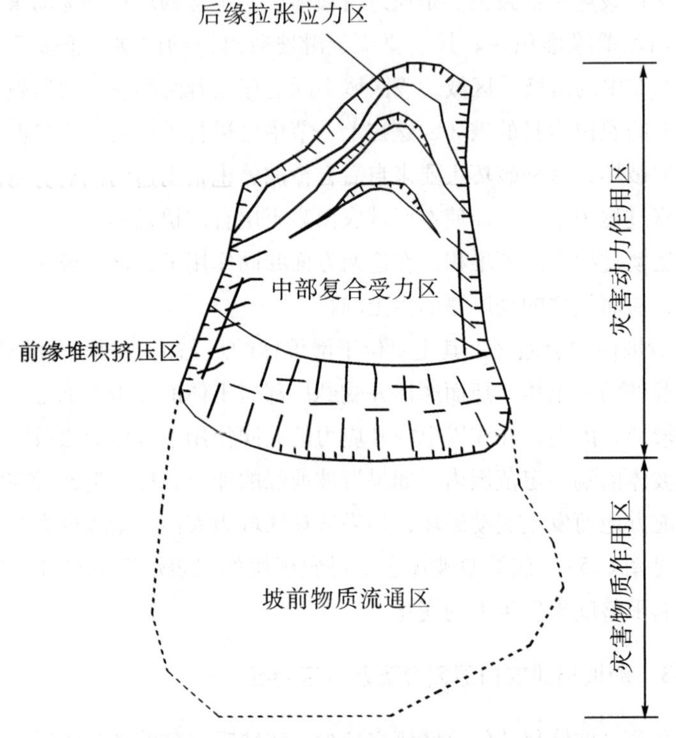

图 6.7　滑坡损毁农田破坏因素分区示意

资料来源：根据刘春原（2000）的研究内容整理。

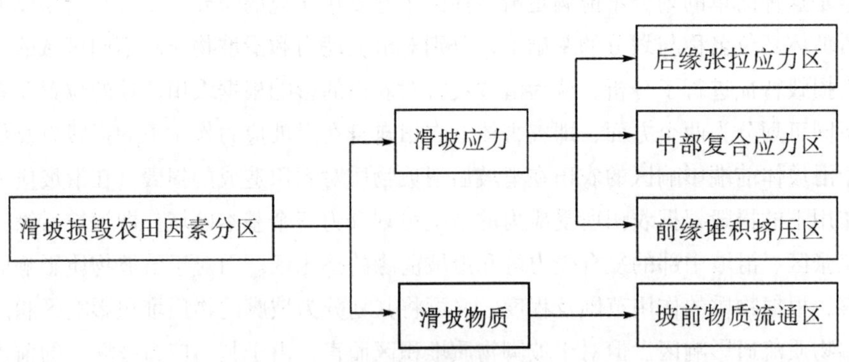

图 6.8　滑坡损毁农田因素结构示意

以上各区特征如下：

（1）后缘张拉应力区主要为滑坡要素中的后缘洼地及周边区域。该区域主要受滑坡过程中张拉应力的作用，通常是滑坡范围内拉张破坏最为严重的区域。该区域与滑坡中部相比，地形相对平缓，但地面起伏较大，岩土混杂情况严重，甚至基岩出露，有效土层厚度较中部区域薄。

（2）中部复合应力区是指位于张拉应力区前端至剪出口之间的滑坡体。该区域内地形坡度较后缘张拉区及前缘堆积挤压区都大，土层厚度一般也较厚，滑坡岩土体存在多种滑坡应力的复合作用，包括周边两侧的剪切应力，中间部位的张拉、剪切和挤压等。总体来讲，该区域总体应力较为复杂，但应力大小及对岩土体的破坏程度较后缘张拉区轻微，农田破坏主要体现在表层破坏。

（3）前缘堆积挤压区即滑坡要素中的滑坡舌区域。由于该区域位于滑坡前缘，且经过滑坡过程中的堆积改造，因此地形坡度较缓，土层主要由原滑坡体上碎裂解体的岩土体构成，基本为生土。与后缘拉张应力区相比，该区域内生土的块石含量及块石粒径往往较小，恢复利用潜力更大。

（4）坡前物质影响区主要是指堆积挤压区以前的灾害物质流通的区域。该区域地形地貌与灾害发生前基本未发生改变，原有农田的完整性及土层结构未遭到破坏，但耕作层表面被滑坡解体后的水土混合物或土石混合物覆盖或取代，覆盖物厚度远低于堆积区，覆盖物粒径级配较为均匀。

需要说明的是，以上区划是在大量滑坡损毁土地调查及归纳总结的基础上得到的，具有较强代表性。由于滑坡灾害类型的不同以及滑坡区域地质环境条件的差异，以上四个区域并不一定在每个滑坡中均存在，在具体的应用中，我们应根据农田损毁区的条件有针对性地划分。

6.3 滑坡损毁农田类型的划分原则

滑坡损毁农田类型的划分是在大量调查总结的基础上，对滑坡机制、损毁农田的现象特征及其原因的综合评判。因此，为了科学准确地对其进行界定，我们必须遵循三个原则，即影响因素相结合原则、相对独立性原则和结果的完全性原则。

6.3.1 影响因素相结合原则

6.2.3 中将滑坡损毁农田进行了后缘张拉应力区、中部复合受力区、前缘堆积挤压区和坡前物质流通区四区划分，已经包含了影响要素中的农田相对位置及损毁原因两大要素；同时，在损毁现象中沿用了土层结构解体、土层表面破坏、生土掩埋和冲蚀破坏四类。在具体的类型划分过程中，我们则必须对上述内容进行综合考虑。

6.3.2 相对独立性原则

滑坡灾害在发生过程中对农田的损毁分类涉及多方面的因素，这些因素在划分过程中本级指标与下一级指标能够独立划分开，本级指标与下一级指标间不存在交叉。如前面分析中的损毁原因与损毁形式中灾害动力损毁分别对应土层结构破坏和土层表面破坏，而灾毁物质损毁对应冲蚀破坏和生土掩埋破坏即属于独立对应。

6.3.3 结果的完全性原则

结果的完全性原则是指各子项的总和必须与母项保持一致。这里说的母项是一定区域内地质灾害损毁农田的模式总和，子项则是各种损毁模式类型。这一原则要求分类系统必须包括地域内客观存在的各种损毁类型，既不能缺失，又不能无中生有。因此，为了正确实施完全集合原则，我们必须全面了解调查区域的土地结构和损毁现象特征。

6.4 滑坡损毁农田类型的划分指标体系

滑坡灾害对农田的破坏及损毁是滑坡体运动与农田相互作用的过程，研究地质灾害对农田的损毁类型必须回答三个基本问题：哪些农田遭受破坏或损毁(研究对象问题)？是什么原因造成的损毁？损毁有哪些表现形式？因此，任何表征滑坡灾害损毁农田类型的完整概念都应该包括受损农田的相对位置关系、农田损毁的原因和损毁的表现形式三大基本要素，这就构成了农田划分的指标体系（见表6.1)。

表6.1　滑坡损毁农田类型划分指标体系

一级指标	二级指标	三级指标
农田损毁现象	滑坡区域	耕作层表面破坏
		土层结构解体
		生土覆盖
	滑坡影响区域	冲蚀破坏

表6.1(续)

一级指标	二级指标	三级指标
农田损毁原因	灾害动力破坏	拉张破坏
		复合应力破坏
		堆积挤压破坏
	灾害物质破坏	物质流通破坏
受损农田相对位置	原有土层破坏	后缘农田
		中部农田
	原有土层灭失	前缘农田
		坡前流通区

6.4.1 农田损毁现象

对于农田而言，耕作层是决定农田利用的一个最基本要素，耕作层的性质直接决定了农田的利用效果，因而我们可以直接通过耕作层的破坏来对农田破坏的现象进行分类。本章第1节通过调查分析，已经对地质灾害损毁农田的基本形式进行了总结，但只是对这些现象进行了单纯的罗列，进一步的分析发现，很多现象具有共同的特点，在地质灾害损毁农田的分类中，还需要做进一步的归纳。比如，就前面提到的农田土体开裂、农田土体台阶状下挫、农田分块错断等，虽然在宏观表现上有一定的差异，但它们都有一个共同的特点，即农田的破坏只发生在表层，农田土层层序结构未发生大的改变，土壤的质地级配等基本完全保持原状，因而这几种破坏现象在破坏分类中可归纳为一类，即农田土层表面破坏。又比如，对于后缘的拉裂槽与解体破坏，它们的共同特点是农田土层结构遭到破坏，农田土壤的质地及级配关系发生了变化，岩土混杂程度严重，因此这两种现象可统一划归为农田土层结构的破坏。此外，对于堆积挤压区，由于原农田已被掩埋，而滑体上滑下来的岩土体通常情况下发生了解体，其表层主要为重新翻出的生土，该区域农田可定义为生土覆盖。对于坡前影响区农田，则可直接定义为冲蚀破坏。

6.4.2 农田损毁原因

滑坡体上农田的损毁实际上是滑坡在滑动过程中各种内外动力以及物质运动过程的结果，因而农田损毁的原因可从动力破坏和物质侵占破坏两方面来加以考虑。根据前面的分析结果，在滑体的破坏及运动过程中，灾害动力破坏可划分为拉张破坏、复合应力破坏、堆积挤压破坏三类，而灾害物质的破坏则主要为物质流通破坏。

6.4.3 损毁农田相对位置

就滑坡而言，其灾害区域可划分为两类，即滑坡区域和滑坡影响区域，其中滑坡区域主要是指滑体区域，即图 6.6 中滑坡后缘洼地至滑坡趾的位置，而滑坡影响区域则包括滑坡后缘、两侧影响区域以及滑坡前端的影响区域（滑坡前端影响区域是滑坡影响区域的主要方面）。从前面的分析可知，位于滑体上的农田与位于滑坡体前端影响区域范围内的农田遭受破坏的类型及原因是不一样的。位于滑体上的农田，在灾害发生过程中与下部岩土体一起发生运动，因而是在内部动力作用下发生的，主要表现为原农田结构上的破坏及损毁；而位于滑坡体前端的农田，在滑坡滑动过程中其本身并不产生运动，其破坏主要是遭受了滑坡后形成的岩土体的覆盖及冲蚀破坏。对于一个滑坡灾害而言，即使在同一位置，如果考虑原农田的范围不一样，其损毁模式也会不同。比如，对于滑坡舌区域的农田，如果以该区域滑坡发生前的农田为考察对象，则该区域农田主要遭受上部滑坡舌物质的压占和淤埋破坏；如果以滑坡舌上原有农田为考察对象，则该部分的破坏可能主要表现为解体和鼓胀开裂等。因此，在进行地质灾害损毁农田的模式分类中，我们必须先对所研究的目标给出明确的说明，即研究农田的相对位置关系。按照前一节的研究成果，农田与滑坡的相对位置关系可划分为后缘农田、中部农田、前缘农田和坡前流通区农田四类。

6.5 滑坡损毁农田类型的划分及命名

根据以上的分析，滑坡体在发生发展过程中，其对农田的损毁从后至前可划分为四种现象：土层结构解体 → 土层表层破坏 → 生土覆盖 → 表层冲蚀。而农田损毁的位置区划也划分为四种基本部位，即后缘拉张区农田、中部复合应力区农田、前缘堆积挤压区农田和坡前物质流通区农田。根据滑坡体的类型及运动过程的不同，以上四个部位不一定都同时存在。此外，不管什么情况下，滑坡破坏的部位关系始终包含在以上四种之内，不会超出，因此在实际的划分过程中，我们需根据现场的情况进行适当的取舍。

6.5.1 滑坡损毁农田类型命名

在对灾毁农田命名的过程中，借鉴土地资源学土地类型“三名法”的命名方法，我们采用直接将农田损毁现象、受损原因与农田损毁相对位置关系相结合的方法命名，如后缘拉张应力区农田土层结构解体、坡前物质流通区农田冲蚀破坏等。在类型命名方式中，农田损毁类型辨识与三大要素对应关系如图 6.9 所示。

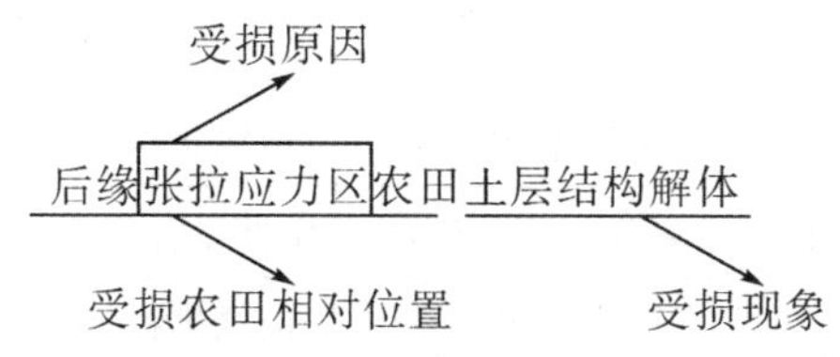

图 6.9 农田损毁类型辨识与三大要素对应关系

6.5.2 滑坡损毁农田类型划分

根据分类原则，本书借鉴土地资源学中地块分类的直角坐标系法建立滑坡损毁农田的直角坐标系，构建滑坡灾害农田类型分类系统。直角坐标系的纵轴表示滑坡损毁农田的现象类型，自下而上反映成灾过程中农田损毁的发展过程，横轴表示农田损毁的区划关系，从左至右反映从坡后向坡前的逐步发展过程。那么，在这一直角坐标系内，纵横坐标交叉后构成若干网格，每个网格就表示一种损毁类型。滑坡损毁农田分类直角坐标系如图 6.10 所示。

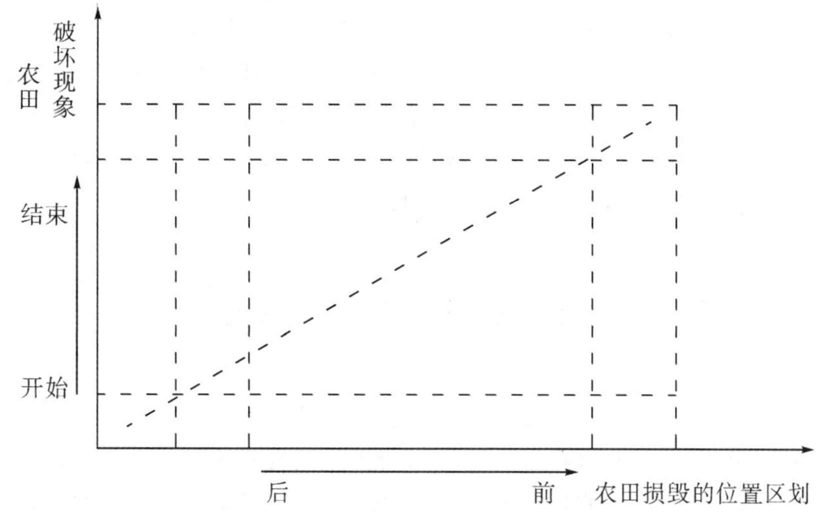

图 6.10 滑坡损毁农田分类直角坐标系

由于滑坡灾害发生后，滑坡体各部位及其周边受损农田因受力和物质影响差异较大，影响因素复杂，本书仅从滑坡损毁农田的岩土层破坏现象和基本性状等来判定各种损毁类型及其边界。结合前面的研究成果，我们将典型地质灾害损毁农田分类体系及分类结果总结归纳。滑坡损毁农田类型与分区见表6.2。

表6.2　滑坡损毁农田类型与分区

	农田位置及损毁原因区划	损毁现象	具体损毁类型
滑坡损毁农田分类体系	后缘拉张应力区	土层结构解体	后缘张拉应力区农田土层结构解体
	中部复合应力区	耕作层表面破坏	中部复合应力区农田耕作层表面破坏
	前缘堆积挤压区	生土覆盖	前缘堆积挤压区农田生土覆盖破坏
		耕作层表面破坏	前缘堆积挤压区农田耕作层表面破坏
	坡前物质流通区	冲蚀破坏	坡前物质流通区农田冲蚀破坏

6.6　荆竹屋基滑坡损毁农田类型分区

根据滑坡损毁农田类型划分指标体系，本书首先通过现场调查确定受损农田相对位置，初步划分后缘农田、中部农田、前缘农田和坡前流通区四个部分；其次分析滑坡体损毁现象特征，滑坡区域按照耕作层表面破坏、土层结构解体、生土覆盖三种情况划分具体边界，滑坡影响区域按照冲蚀破坏情况划分具体边界；最后再根据现象分析农田土体受力原因情况，将整个滑坡分为后缘拉张应力区、中部复合应力区、前缘堆积挤压区、坡前物质流通区四个分区。荆竹屋基滑坡损毁农田类型分区见图6.11。

6.7　不同损毁类型农田修复的障碍及重点

基于本章的分析，滑坡损毁农田可划分为5类。不同的农田损毁类型，其对修复利用的主要障碍及控制因素也各不相同，在修复利用过程中只有抓住了这些主要障碍因素，并有针对性地进行处理，才能以最小的投入达到最佳的修复利用效果。以下就结合土地整理技术和滑坡稳定性两方面的要求，对农田不同损毁类型下的修复利用控制因素进行分析说明。

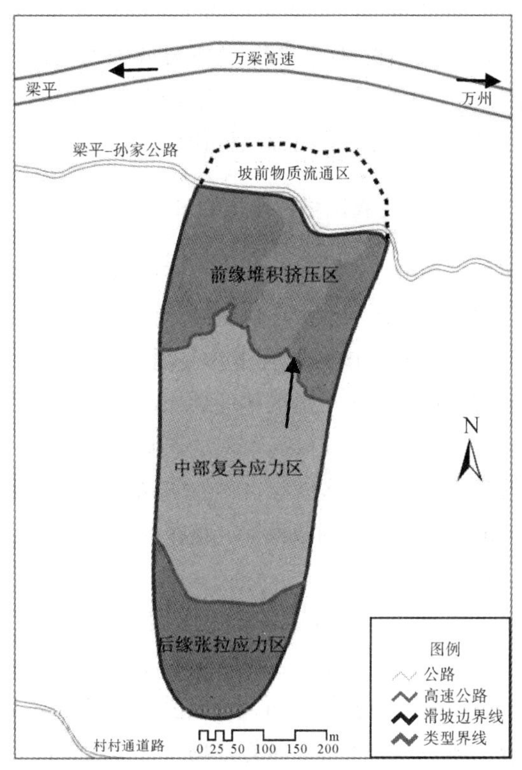

图 6.11　荆竹屋基滑坡损毁农田类型分区

6.7.1　后缘拉张应力区农田土层结构解体

位于本区域的灾害损毁农田主要有几个方面的特征。首先，从区域位置上讲，该区域位于滑坡体的后缘，这往往是滑坡过程中动力作用过程最为严重的区域，因而通常也是农田损毁最彻底最严重的区域。从滑坡稳定角度上考虑，该区域是滑坡区地下水补给的重要来源区。由于滑坡滑动过程中造成了巨大拉裂槽，拉裂槽底部往往就是滑动面；上部覆盖的土层多成解体松散堆积，隔水能力差。此外，该区域在滑坡移动的影响下，往往地形较为平坦，甚至形成凹陷的洼地，因而容易产生雨水的汇集，且地表水很容易入渗滑动面进而影响到坡体稳定性。因此，在农田修复利用过程中，该区域要先解决好地表水和地下水的疏排问题。

其次，从农田土地整理角度上讲，该区域地形坡度较缓，但地面起伏度较大，因而整理工程措施主要应以田面平整为主。同时由于该区域处于滑坡后缘，破坏较为严重，土层级配关系也很不均匀（尤其是当滑动面为基岩面时），则土石混杂的情况甚至有较多的大型石块或基岩出露，因而在土地修复利用的过程中该区域还应针对具体情况对耕作层进行处理。

6.7.2 中部复合应力区农田耕作层表面破坏

从滑坡稳定性角度来看，该区域位于滑坡体中部，在通常情况下的地形坡度上，该区域较滑坡后缘洼地和滑坡前缘要陡，同时土层厚度往往也是整个滑坡中较厚的区域。此外，尽管该区域岩土体受滑动过程中的动力作用较为复杂，但动力作用的破坏程度远小于滑坡体的后缘，其岩土体受破坏程度较后缘更轻，滑体的整体性保存较好，受降雨入渗的影响相对较小，因而对关系坡体稳定性的排水无特殊要求。但如果在该区域修筑梯田，地形地貌发生变化，且梯田拦蓄地表水的能力明显增强的条件下，该区域可考虑采用梯田地下排水的方式处理多余地表水入渗量。

从农田土地复垦角度来看，该区域土层厚度较厚，且地表坡度也相对较大，而土层结构、土壤级配等基本未发生较大的改变。在滑动过程中，滑坡体由于不同部位的滑速、受力情况等不同，区域上原农田的地块界限可能已经被打乱，因而本区域土地整理的关键是做好整理过程中的梯田设计。其一方面要尽量利用滑动后的地形特征，合理设计田面形式及田面；另一方面又要尽量不使现有地形发生较大变化，从而使降雨入渗量发生较大变化，进而影响到坡体的稳定性。

6.7.3 前缘堆积挤压区农田生土覆盖及耕作层表面破坏

本区域位于滑坡体的前缘，从滑坡体的稳定角度上讲，该区域是滑坡体的阻滑段，因此在进行农田复垦的过程中应放弃堆积物清理的方法，而应该首选在现有堆积物上进行耕作层恢复的方法。在排水方面，因该区域位于坡脚，往往地下水位较高，此时则可考虑排除地下水保证坡体稳定性。如果已进行滑坡治理且有相应的排水设施，则无须再考虑排水问题。

从农田修复利用角度上看，该区域往往地形平缓，无论是原耕作层的覆盖还是由上部坡体上农田在滑动过程中挤压产生的表土土层破坏，在农田修复利用过程中都应在现有的堆积物上进行，因此其修复的关键在于耕作层的修复及改造。

6.7.4 坡前物质流通区农田冲蚀破坏

严格来讲，该区域已经超出了滑坡体的范畴，因而对其进行修复利用无须再考虑滑坡稳定性问题。

根据该区域农田受损的特点，主要是松散细碎岩土体铺设在原有农田表面，而原农田的形态以及田块边界基本未发生变动。因此，该区域农田修复利用的主要措施应为清淤，针对农田修复后的利用方向对覆盖物质进行清理，使之能够达到耕作利用的条件，此外还要对被破坏或损坏的农田设施进行修复。

6.8 本章小结

本章首先分析了滑坡损毁农田的现象特征；其次指出滑坡损毁农田类型划分的依据和原则，明确其划分方法、命名，用以辨识滑坡损毁农田类型并分区；最后分析指出各类型农田复垦的修复障碍和修复重点。

本章在资料分析、现场调研和滑坡机制分析的基础上，将滑坡损毁农田现象分为土体开裂、土体台阶状下挫、农田结构溃散和农田表面冲蚀四种类型，从滑坡应力和滑坡物质两方面深入研究，将典型滑坡分为后缘拉张应力区、中部复合应力区、前缘堆积挤压区和坡前物质影响区四个部分。本章对三大基本要素进行分析，即受损农田相对位置关系、农田损毁现象和农田损毁原因；对滑坡地质灾害损毁农田模式分类，分别命名后缘张拉应力区农田土层结构解体、中部复合应力区农田耕作层表面破坏、前缘堆积挤压区农田生土覆盖破坏、前缘堆积挤压区农田耕作层表面破坏、坡前物质流通区农田冲蚀破坏，并进一步分析提出各种模式下损毁农田的修复障碍及修复重点。

7 滑坡损毁农田复垦适宜性分区评价

7.1 滑坡损毁农田评价单元的划分

评价单元是评价对象的最小单位，是由对农田质量具有重要影响的各要素组成的地域空间实体。同一评价单元内农田的自然基本条件、利用特征和内在属性应该基本一致。合理确定评价单元关系到工作量的大小、评价结果的科学性和成果的应用等。在传统的土地适宜性评价中，评价单元的确定主要有四种方法：①以土壤类型作为评价单元；②以土地利用类型作为评价单元；③以土体地块作为评价单元；④以一定大小的栅格作为评价单元。以上各类单元的划分方法均有自己的优缺点和适用条件。其中，对于以土壤类型和以土地利用类型作为评价单元的方法，主要适用于大范围以及比例尺寸相对较小的大区域的土地利用评价；以一定大小的栅格作为评价单元的方法，在调整栅格大小的情况下，既可以用于大区域的土地利用评价，又可以用于小范围内的土地利用评价；以土地利用类型作为评价单元的方法，则相对于土壤类型和土地利用类型而言，更能适应较小范围内的土地利用评价。

对于一个典型的滑坡灾害而言，尽管根据滑坡规模的不同，其作用范围也有不同，但与行政区划相比，其涉及的范围是很小的。在同一个滑坡范围内，土壤类型和土地利用类型可能不会有太大差异，因而从通用角度上讲，以土壤类型和土地利用类型作为评价单元并不合适。此外，滑坡在发生过程中，其地形地貌一般发生了较大的改变，原有的地块界限大多已经损毁，因而如果采用地块作为单元划分的依据，那么将很难找到单元边界，因此也不适合。而以栅格作为评价单元尽管从表面上看可以作为滑坡灾害中土体修复适宜性评价的基本单元，但是在划分过程中不能很好地体现滑坡所造成的农田损毁类型和程度上的差异，显然对于不同的损毁类型，其评价指标及方法也存在差异，因而采用栅格进行单元划分也不适合。

鉴于当前土地适宜性评价中所采用的单元划分方法均不适用于滑坡损毁农田的评价，我们必须结合滑坡体农田自身的特点，提出新的单元确定方法。前面对于地质灾害损毁农田类型及空间关系的研究已经指出，在滑坡灾害发生后，位于滑坡体上或滑坡体周边的农田损毁程度及损毁类型与滑坡的不同部位有着较强的对应关系。同时调查发现，对于一个滑坡而言，在滑坡灾害发生以前，滑坡体上的土地利用类型在坡体的不同区域也往往存在着明显的分区特征。基于以上两点，本书经仔细分析研究，提出了在滑坡灾害损毁农田评价中采用损毁类型为主的评价单元划分方法。其具体划分过程如下：

首先根据现场调查，大致地划分研究区域农田的主要损毁类型，并进一步确定不同损毁类型在研究区域的相对位置关系；其次参考滑坡体土地利用类型等因素，根据不同破坏现象以及现象的发展区域对不同类型下的区域进行评价单元细化，确定界限。

7.2 滑坡灾害作用下农田损毁程度评价

截至目前，针对滑坡灾害对农田的损毁程度的研究尚属少见，更多的研究集中于滑坡灾害的发生机制[①②]、易损度[③④]、危险度[⑤⑥]、风险区划[⑦⑧]及其灾

---

① 乔建平，吴彩燕．滑坡本底因子贡献率与权重转换研究［J］．中国地质灾害与防治学报，2008，19（3）：13-16.

② 唐川．德国波恩地区滑坡特征与危险性评价［J］．水土保持学报，2000，14（1）：48-53.

③ ZÊZERE J L，GAVCIA R A C，OLIVEIRA S C. Landslide risk analysis in the north of lisbon (Protugal)：evaluation of direct and inderect costs resulting from a motorway disruption by slope movements [J]. Landslides，2007（4）：123-136.

④ 金江军．区域滑坡灾害风险评价方法研究［J］．山地学报，2007，25（2）：197-201.

⑤ 乔建平．不稳定斜坡危险度的差别［J］．山地研究，1999，9（2）：15-19.

⑥ 李志斌，郑成德．滑坡泥石流危险度评判的灰色模式识别理论与模型［J］．系统工程理论与实践，2000（5）：128-132.

⑦ 金江军．区域滑坡灾害风险评价方法研究［J］．山地学报，2007，25（2）：197-201.

⑧ 乔建平，石莉莉，王萌．基于贡献权重迭加法的滑坡风险区划［J］．地质通报，2008，27（11）：1787-1794.

害预警①②、采矿对矿区土地的损毁程度评价③④⑤⑥⑦和地震灾害对土地的损毁程度研究等领域⑧⑨。滑坡灾害发生后，通常导致土地系统结构、功能的毁坏和瓦解。有些土地灾后处于不可逆的变化状态，而有些是可逆的，存在再次利用的价值⑩⑪。为了持续利用滑坡灾变后的土地，我们就需要对其进行修复和重建⑫⑬⑭。

7.2.1 评价因子选择原则

由于滑坡灾害损毁农田的相关研究暂无公认的评价指标体系，而且滑坡对农田的损毁影响现象很多，信息彼此重叠，故进行滑坡灾害损毁农田评价时不一定非要考虑所有现象或因子，评价指标应选择与农田被损毁现状直接相关、切实反映农田被毁内涵及影响其修复利用的因子。评价指标选择时应该遵循以下原则：

---

① 文海家，张永兴，柳源. 滑坡预报国内外研究动态及发展趋势［J］. 中国地质灾害与防治学报，2004，15（1）：1-4.

② 殷坤龙，陈丽霞，张桂荣. 区域滑坡灾害预警与风险评价［J］. 地学前缘，2007，14（6）：885-895.

③ 贺荣恒，张川，刘畅，等. 西南部矿区耕地损毁程度评价指标体系的构建［J］. 安徽农业科学，2013，41（11）：5053-5054，5073.

④ 蒋知栋，李晶，高杨，等. 基于改进灰色聚类模型的矿区耕地损毁程度评价［J］. 中国生态农业学报，2013，21（6）：765-771.

⑤ 喻红林，李晓青，邓楚雄，等. 五峰山煤矿区复垦土地适宜性评价及复垦模式研究［J］. 农学学报，2012，2（6）：59-64.

⑥ 文学菊，周家云，朱创业. 矿山土地破坏程度评价［J］. 山地学报，2006，24（3）：378-384.

⑦ 李发斌，李何超，周家云. 矿山土地破坏程度评价方法研究［J］. 采矿技术，2006，6（2）：25-28.

⑧ 常睿春，何政伟. 汶川县地震灾区农田土壤损毁研究［J］. 土壤通报，2011，42（1）：13-15.

⑨ 蔡柯柯，何政伟，倪忠云，等. 基于 RS 和 GIS 的彭州市震毁土地信息提取及分析［J］. 水土保持研究，2010，17（4）：43-45，51.

⑩ 刘彦随. 山地土地结构格局与土地利用优化配置［J］. 地理科学，1999，19（6）：504-509.

⑪ 章家恩. 灾害生态学：生态学的一个重要发展方向［J］. 地球科学进展，2002，17（3）：452-456.

⑫ 刘彦随，方创琳. 区域土地利用类型的胁迫转换与优化配置：以三峡库区为例［J］. 自然资源学报，2001，16（4）：334-340.

⑬ 刘彦随，冯德显. 三峡库区土地持续利用潜力与途径模式［J］. 地理研究，2001，20（2）：139-145.

⑭ 龙花楼. 区域土地利用转型与土地整理［J］. 地理科学进展，2003，22（2）：133-140.

7.2.1.1　主导性原则

在选取评价指标时，我们应根据滑坡灾害对农田损毁的现象和现状差异，重点分析滑坡对农田质量和可续耕性的破坏起控制及主导作用的因子。选定因子的性质应相对稳定，因子之间的相关性小、差异性大，不应是其他指标的延伸，更不应出现实质上相重复的指标。

7.2.1.2　针对性原则

滑坡对农田的损毁程度主要表现在滑坡发生后农田数量和质量的变化。要迅速有效地得出滑坡对农田损毁程度的评价结果，我们就应该选择滑坡灾害现场直接影响破坏程度且能迅速快捷地评估或者测量出的因子，更有针对性地评价滑坡对农田的损毁程度。

7.2.1.3　可操作性原则

指标应该尽量简单、明了。我们应选取“一目了然”且有可比性的指标，能较粗略地加以划分的指标，同时也便于收集、测定或提取的指标。

7.2.2　评价因子选择及依据

滑坡灾害损毁农田的受损程度大小受诸多因素的影响，本书综合整理已有研究成果①②③④⑤⑥，结合专家知识和专家经验，选择滑坡现场较容易观测到的砾石含量、地表岩石露头状况、滑坡裂缝、基础设施受损状况、地表台阶状况、地表鼓丘状况、地表起伏度作为评价因子。下面，我们主要介绍各指标的选择及依据。

7.2.2.1　砾石含量

土壤中砾石根据其尺寸、外形在不同的分类系统中具有不同的定义，人们通常认为直径大于1厘米、相对独立且不易破碎的矿物质颗粒为砾石⑦。土壤

---

① 彭轩明，李会中，林晓，等. 三峡库区基于滑坡治理的土地整理模式探讨［J］. 人民长江，2006，37（4）：89-93.

② 周佳松. 当前南方丘陵山区土地整理误区与对策探析［D］. 重庆：西南农业大学，2005.

③ 熊敏，王敬，张川，等. 西南部矿区压占耕地损毁程度评价［J］. 资源与产业，2013，15（4）：112-117.

④ 陈佑德，卿三惠. 茅台滑坡治理反思及生态环境综合治理分析［J］. 贵州地质，2001，18（3）：191-195.

⑤ 陈立伟. 地裂缝扩展机理研究［D］. 西安：长安大学，2007.

⑥ 闫斐，杨尽. 汶川地震滑坡损毁土地复垦关键技术：以北川县陈家坝乡灾后土地复垦项目为例［J］. 安徽农业科学，2010，38（6）：2790-2792.

⑦ CERTINI G，CAMPBELL C D，EDWARD A C. Rock fragments in soil support a different microbial community from the fine earth［J］. Soil Biology and Biochemistry，2004，36（7）：1119-1128.

表面和表层中砾石的含量和种类使得土壤的理化特性存在显著差异①②。土壤中砾石的存在会影响土壤温度等物理特性③，因砾石存在所产生的大孔隙会对土壤水分特性发生影响，包括蒸发、入渗和再分布等方面；砾石的存在也会对土壤各种化学特性（如土壤碳、氮等各元素含量及其溶运过程）产生较大影响④⑤；此外，砾石的存在对于土地利用和生产力等的影响也较显著⑥。滑坡灾害发生过程会产生大量砾石，并夹杂于土壤中。针对土壤中的砾石含量，人们一般采用砾石的质量含量，即砾石质量跟石质土壤总质量的比值。它通常运用筛重法测定，即人们首先对土壤样品中的砾石、细土进行筛分，干燥之后分别称重，其次计算得到砾石质量含量⑦。滑坡灾害对农田的破坏等级划分见表 7.1。

表 7.1　滑坡灾害对农田的破坏等级划分

判定因素	破坏等级			
	Ⅰ	Ⅱ	Ⅲ	Ⅳ
砾石质量含量	1%～10%	11%～30%	31%～50%	>50%
地表岩石露头状况（面积比重）	<5%	5%～10%	11%～15%	16%～20%
滑坡裂缝	宽度<0.2 米，间距>1 米	宽度0.2～0.5米，间距 0.3～1 米	宽度 0.6～1 米，间距0.1～0.2米	宽度>1 米或间距<0.1 米
基础设施受损状况	沟、渠等基础设施出现裂缝	沟、渠等基础设施断裂错位	沟、渠等基础设施垮塌	沟、渠等基础设施被掩埋
地表台阶状况	微型台阶，垂直高度<0.3 米	小型台阶，垂直高度0.3～1.0 米	中型台阶，垂直高度1.1～2.0 米	大型台阶，垂直高度>2.0 米

① COUSIN I, NICOULLAUD B, COUTADEUR C. Influence of rock fragments on the water retention and water percolation in a calcareous soil [J]. Catena, 2003, 53 (2): 97-114.

② SAUER T J, LOGSDON S D. Hydraulic and physical properties ofstony soils in a small watershed [J]. Soil Sci Soc Am J, 2002, 66 (6): 1947-1956.

③ JERRY C, MARK A, MARY H, et al. Patterns of soil erosion and redeposition on lucky hills watershed, walnut gulch experimental watershed, Arizona [J]. Catena, 2005, 61 (23): 122-130.

④ ZHOU B B. Effects of rock fragments on water movement and solute transportin a loess plateau soil [J]. Surface Geosciences, 2009 (341): 462-472.

⑤ GIACOMO C, COLIN D C, ANTHONY C. Rock fragments in soil support a different microbial community from the fine earth [J]. Soil Biology & Biochemistry, 2004 (36): 1119-1128.

⑥ 解迎革，李霞. 土壤中砾石含量的测定方法研究进展 [J]. 土壤，2012，44 (1)：17-22.

⑦ 解迎革，李霞，王国栋，等. 基于电阻率断层扫描技术的土壤砾石体积含量评估 [J]. 农用工程学报，2011，27 (7)：326-331.

表7.1(续)

判定因素	破坏等级			
	Ⅰ	Ⅱ	Ⅲ	Ⅳ
地表鼓丘状况	微型鼓丘，高度<0.5米，体积<1立方米	小型鼓丘，高0.5~1米，体积为1~2立方米	中型鼓丘，高1.1~3.0米，体积为2.1~10立方米	大型鼓丘，高度>3.0米，体积>10立方米
地表起伏度	地表起伏较小，0~1米	地表起伏中等，1~2米	地表起伏较大，2~10米	地表起伏很大，>10米

注：①破坏等级划分的Ⅰ、Ⅱ、Ⅲ、Ⅳ级，级别越高，说明破损越严重；

②对滑坡的调查宜符合《滑坡防治工程勘察规范》，对滑坡裂缝和岩土体的调查分析可以参照《工程地质调查规范》《岩土工程勘察规范》及相关规范的要求。

7.2.2.2 地表岩石露头状况

地表岩石露头状况是指滑坡发生后，由于地表土壤的搬移导致岩石出露的状况。我们一般认为，岩石出露面积比重大于20%且取石还土难度大的，不宜进行土地开发整理①，本书根据岩石出露面积与评价单元面积比重来进行分级（运用等差梯度法进行分级），具体见表7.1。

7.2.2.3 滑坡裂缝

滑坡裂缝是指在滑坡发生过程中，在滑动体与不动体之间或滑体内部由于运动方向和速度快慢的差异形成的各种裂缝，是一种由内、外地质营力和人类活动共同作用引发的表生地质灾害现象②③。随着一些裂缝的不断扩展发育，当裂缝长度、宽度、深度达到一定大小形成碗状坑，则为塌陷坑，故本书将滑坡引起的裂缝、塌陷坑合并到滑坡裂缝中进行研究。

当滑坡发生时，地表岩土层发生向下滑动或蠕动，产生拉张作用而导致土层连续性遭到破坏，拉裂形成滑坡裂缝④。滑坡裂缝作为一种地质现象，它的产生与变化对周围的水文地质环境和自然地理必定产生影响。1997年，Scanlon利用电磁感应与示踪的方法研究了得克萨斯州Chihuahuan沙漠地裂缝

---

① 谢广林. 地裂缝［M］. 北京：地震出版社，1988.

② 廖育民. 地质灾害预报预警与应急指挥及综合防治实务全书［M］. 哈尔滨：哈尔滨地图出版社，2003.

③ 武强. 地裂缝灾害发生机理与“三图法”评价方法研究［J］. 地质学报，2005，79（6）：774-783.

④ 陈先勇. 浅析地震滑坡、崩塌及地裂缝性质特征和塔基场地选择原则［J］. 四川地质学报，2010（30）：55-60.

发育区的非饱和流分布情况，认为地裂缝两侧 1~10 米、垂向上 10~20 米的范围内高水头与 Cl-含量较低，说明径流在地裂缝影响区强烈发育。发育于干旱地区的地裂缝起到了导水通路和储水管道的作用，对实现区域可持续发展具有十分重要的意义①②。因此，它作为影响因子进行滑坡灾害损毁农田损毁程度的评价是可行而有意义的。

滑坡裂缝产生的根本原因在于地表受到的拉伸变形超过表层土体抗拉强度，其对农田将产生巨大的影响：首先，滑坡割裂地表，地表水土流失加剧；其次，裂缝使地表水源和地下含水层水源漏失，生态恶化，造成农田缺水和干旱化；最后，土壤肥力下降，土壤贫瘠化、盐渍化和荒漠化。因此，滑坡裂缝应该得到重视，它也应该作为滑坡对农田破坏等级的评价指标因子之一。调查分级参考《工程地质调查规范》《岩土工程勘察规范》和《地质灾害危险性评估技术要求（试行）》等规范标准。

7.2.2.4 基础设施受损状况

基础设施受损状况主要指沟、渠、池、凼等灌排设施以及田间道、生产路、田土坎等被滑坡的损毁状况。基础设施受损越严重，对附近的灾毁农田抢灾救灾减灾难度也越大，农田的损毁程度也越严重③④⑤。基础设施受损状况是滑坡对农田损毁现状和程度的重要表现，且其也较易进行现场观测，故应该选择为滑坡灾害对农田破坏等级的评价因子之一。本书主要根据滑坡灾毁现状，即受损状况对基础设施发挥功效的影响强度进行分级。

7.2.2.5 地表台阶状况

地表台阶状况是受滑坡体张性拉拽产生的多级台阶构造，台阶顶面多与上部坡面平行，内部构造一般未发生变形的一种滑坡灾害损毁土地形式。本书参考《土地整治项目工程量计算规则》的要求，对滑坡发生后形成的台阶进行等级划分（见表 7.1）。

---

① 武强，陈佩佩. 地裂缝灾害研究现状与展望［J］. 中国地质灾害与防治学报，2003（1）：25-30.

② 刘宝琛，张家生. 近地表开挖引起的地表沉降的随机介质方法［J］. 岩石力学与工程学报，1995，12（4）：289-295.

③ 刘伦武. 农业基础设施发展与农村经济增长的动态关系［J］. 财经科学，2006，223（10）：91-98.

④ 史明霞. 农业基础设施投资促进经济增长的有效性分析［J］. 西北农林科技大学学报（社会科学版），2007，7（2）：11-15.

⑤ 谢海军. 辽宁省农业基础设施水平与农村经济增长：基于 Panel Data 模型的实证分析［J］. 农业技术经济，2008（4）：106-111.

7.2.2.6　地表鼓丘状况

地表鼓丘状况是指滑坡发生后地表出现隆起的鼓状土（石）包，它将极大地改变地表径流，造成水土流失和土壤侵蚀，并妨碍农民耕作。本书根据滑坡勘察资料等的整理对它进行分级。

7.2.2.7　地表起伏度

地表起伏度即地表起伏变化状况，是地貌学中描述地貌形态的重要参数之一。本标准中的地表起伏度是指滑坡发生后的地表起伏变化状况，用最基本的评价单元内最高点和最低点海拔高度之差来表示。具体操作可以在 ArcInfo 的 GRID 模块中运用移动窗口分析法来实现。地表起伏度越大，说明损毁越严重①②，其分级见表 7.1。

7.2.3　指标的分级及损毁程度等级确定

根据《土地复垦方案编制规程》《耕地地力调查与质量评价技术规程》《农用地质量分等规程》《地质灾害危险性评估技术要求（试行）》《土地开发整理标准》《土地开发整理规划编制规程》《土地复垦质量控制标准》等标准、规程、规范及 7.2.2 节的分析，结合文献查阅和专家咨询，本书对所选 7 个判定因素进行了破坏等级划分，制定如下破坏等级评判法则：

（1）对破坏等级的确定中，如果判断指标不止一个，只要有 1/2 以上的指标满足，则定为该等级。

（2）滑坡灾害对农田的破坏等级应该由严重向轻度推定。比如，首先判断，砾石含量和地表岩石露头状况两项中任意一项为某较高等级时，破坏等级初判为该等级（等级一）；其次评判滑坡裂缝、基础设施受损状况、地表台阶状况等五项中有三项满足某较高等级时，破坏等级次判为该等级（等级二）；最后，根据从重法则，从等级一和等级二中确定滑坡灾毁农田的单元破坏等级。

（3）通过对各个破坏等级的面积统计及其与上一级评价单元总面积的比重计算，对照表 7.2 获取滑坡灾害对农田的损毁程度（轻度、中度、重度和严重四级）。

---

① 郭芳芳，杨农，孟晖，等. 地形起伏度和坡度分析在区域滑坡灾害评价中的应用［J］. 中国地质，2008，35（1）：131-143.

② 毕晓玲，李小娟，胡卓玮，等. 地形起伏度提取及其在区域滑坡灾害评价中的应用：以四川省为例［J］. 安徽农业科学，2011，39（4）：2413-2416，2441.

表 7.2　滑坡灾毁农田损毁程度分级

破坏等级	不同破坏程度占上一级评价单元的面积比重			
	<10%	10%~30%	31%~50%	>50%
Ⅰ	轻度	轻度	轻度	轻度
Ⅱ	轻度	中度	中度	重度
Ⅲ	中度	重度	重度	严重
Ⅳ	重度	严重	严重	严重

7.3　滑坡灾害损毁农田复垦适宜性评价

一直以来，土地适宜性评价在土地利用规划和决策中起着基础性作用。近年来，随着农业土地紧张、城市用地扩张、旅游用地开发、土地复垦等活动的增加，各类用地的土地适宜性评价日益增多，而且其结果从一般目的转向特定目的。评价结果不仅揭示了土地的生产潜力，更重要的是针对某种土地利用方式，反映了土地特定方向的适宜性程度。但针对滑坡损毁农田复垦适宜性评价的研究却鲜有报道。滑坡灾毁农田复垦适宜性评价是一种综合性的分析评价。本书主要是评价灾毁农田修复利用为耕地适宜性的过程，这是灾毁农田土地资源可持续利用的基础①。

7.3.1　评价方法与步骤

滑坡灾毁农田的复垦适宜性评价由几个步骤组成：首先，将损毁程度分析结果与其他因子一起构建灾毁农田复垦适宜性评价指标体系，运用层次分析法（AHP）对指标因子进行权重赋值；其次，基于 GIS 的空间分析模块运用指数和模型进行灾毁农田复垦适宜性综合指数的计算；再次，运用极限条件法进行敏感因子的“一票否决”判定；最后，给出相应的复垦适宜性等级。

7.3.2　适宜性评价指标体系的提出及筛选

确定灾毁农田适宜性评价指标是评价过程的重要基础。指标是对现象和客观事物的描述和定量化，是对所研究的现象和客观事物的外在条件、状态及其

① 邱道持. 土地资源学［M］. 重庆：西南师范大学出版社，2005.

变化等信息进行度量[①]。

7.3.2.1　适宜性评价指标选择的原则

在灾毁农田的复垦适宜性评价中，影响土地复垦方向的因素很多，但受各种条件限制不可能一一考虑到，评价指标的选取就应该遵循以下六点基本原则：

一是要选取具有典型代表特征，且能区别于各个评价单元的直接影响因素作为评价因子。

二是评价因子应该是在一段时间内保持相对稳定或者不易随外界条件改变的土地要素。

三是评价因子是影响评价目标的主导因素，这是因子选取的主导性原则。

四是评价因子之间既能相互比较又能相对独立，这是因子选取的相对性原则。

五是评价因子选取的直观性、准确性原则。

六是要考虑评价单元的范围和自然条件情况。有的评价因子在调查和量化上受到一定的限制，故可以不做考虑。

7.3.2.2　复垦适宜性参评因子及优化

基于以上原则，根据对灾毁农田实地考察数据的分析，并结合专家知识与经验，本书初步选择了有效土层厚度、边坡高度、土壤质地、土壤容重、土壤pH值、土壤有机质含量、地表坡度、灌溉条件、海拔高程、灾前土地利用方式及与公路（居民点）距离等指标因子。

（1）Delphi法判断筛选。

为了使滑坡灾毁农田复垦适宜性评价指标能更快速、准确地获取，也更容易被推广、普及，本书建立了基于Delphi法的专家征询系统，综合应用多个专家的知识与经验实现评价指标的筛选和优化。

Delphi法是一种客观的综合多数专家意见与主观判断的信息整理方法。本书运用专家打分法对初步拟选的11个评价因子进行打分（强烈建议选取者为5分，强烈建议不选取者为0分，其他中间区域值为建议程度依次减缓），运用Delphi法对评价指标进行筛选。我们筛去评分平均值较小且专家争议较多的指标，具体公式为

$$E = \frac{1}{m}\sum_{i=1}^{m} a_i \tag{7.1}$$

① 谢俊奇．可持续土地利用系统的指标、评价和规划实践系列研究［D］．北京：中国农业大学，1999．

$$\delta^2 = \frac{1}{m-1} \sum_{i=1}^{m} (a_i - E)^2 \tag{7.2}$$

其中：E 为指标评分平均值，m 为专家总人数，a_i 为第 i 位专家的评分值，δ^2 为方差。

我们对专家打分情况进行统计，结果如图 7.1 所示。由图 7.1 可以看出，大多数专家认为海拔高度、边坡高度、土壤质地、土壤 pH 值、土壤有机质含量、灾前土地利用方式 6 项指标不仅平均值相对较小，而且方差相对较大，即这些评价指标重要性程度较低且争议较多。例如，大多数专家认为：海拔高度是农田利用方式的重要因素之一，耕地海拔一般不能高于 1 500 米，但本书中滑坡灾毁农田在受灾前能耕种，因此海拔高度应该不会是其修复利用的限制因素；边坡高度一般不会成为影响修复利用为耕地的因素，即使边坡很高，在修复中也可利用为田坎；土壤质地、土壤 pH 值、土壤有机质含量等土壤理化性质在滑坡小区域范围内变化一般不会太大，通过重庆万州区孙家镇荆竹屋基滑坡土样数据的分析也能得到例证（见图 7.2 至图 7.4）；不管灾前土地是哪种利用方式，只要通过一定的修复技术后能作为耕地使用就行。因此，在滑坡灾害对农田的损毁程度评价中，我们筛去这 6 项指标。基于 Delphi 法的灾毁农田修复利用适宜性评价指标平均值与方差见图 7.1。

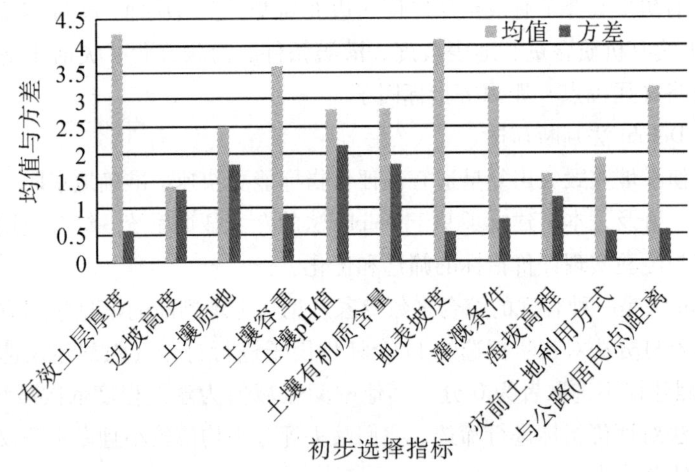

图 7.1　基于 Delphi 法的灾毁农田修复利用适宜性评价指标平均值与方差

（2）实验测定筛选。

为了对上述评价参数优化结果的适用性做进一步的验证，本书选择了新近发生的重庆市万州区孙家镇荆竹屋基滑坡为研究区域（研究区域概况见 2.2.3）进行了土壤样品采样，并选择土壤 pH 值、有机质含量、土壤质地等指标进行了测试，以分析滑坡发生后土壤的上述指标是否对农田的修复适宜性产生影响。验证的基本思路是：通过现场采样结果与我国现有的土地肥力指标标准相对比，如果该指标测试值大多在相应的土地肥力区间范围内，则说明滑坡对该指标恢复为耕地没有产生决定性的影响，则该指标在适宜性评价过程中可以不予以考虑。

本次对比所参考指标区间值的选择依据为中华人民共和国农业行业标准中的《全国耕地类型区、耕地地力等级划分》。标准中根据耕地基础地力不同所构成的生产能力，将全国耕地分为10个地力等级，其粮食单产水平为大于900千克/亩至小于100千克/亩。本书取中间值500千克/亩粮食产量水平的南方稻田耕地地力六级标准，其取值范围pH值为4.5~8.3，有机质为17~44克/千克，土壤质地为砂土—黏土，黏土为主。

研究区域采集土壤样品的pH值测试结果及标准对比如图7.2所示。

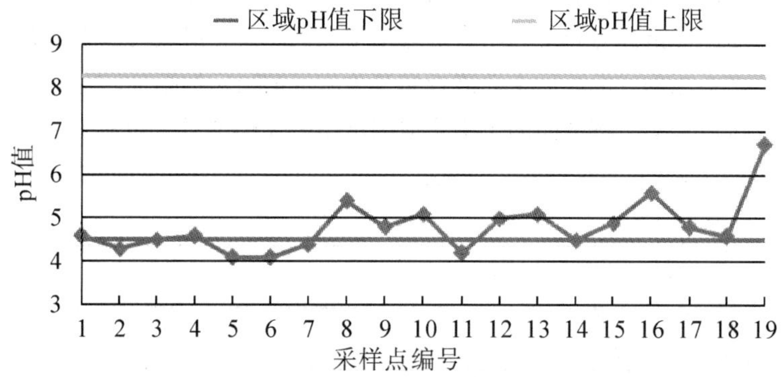

图7.2　荆竹屋基滑坡pH值测试结果及标准对比

研究区域属南方耕地类型区，根据《全国耕地类型区、耕地地力等级划分》，第六级稻田耕地地力等级划分的pH值区间为4.5~8.3。由荆竹屋基滑坡19个采样点土样数据的分析可知，滑坡区内土壤整体偏酸性，采样点pH值都小于7.0，远低于上限指标8.3，与滑坡灾害发生区域之外土壤pH值整体状况基本一致，且未发生重大改变（酸性→碱性），采样点pH值的方差为0.38，说明其整体变化幅度较小。因此可以认为，滑坡后该区域内土壤pH值无明显变化，滑坡前后pH值的改变对耕地的适宜性影响较小。

研究区域采集土壤样品的有机质含量测试结果及标准对比如图7.3所示。

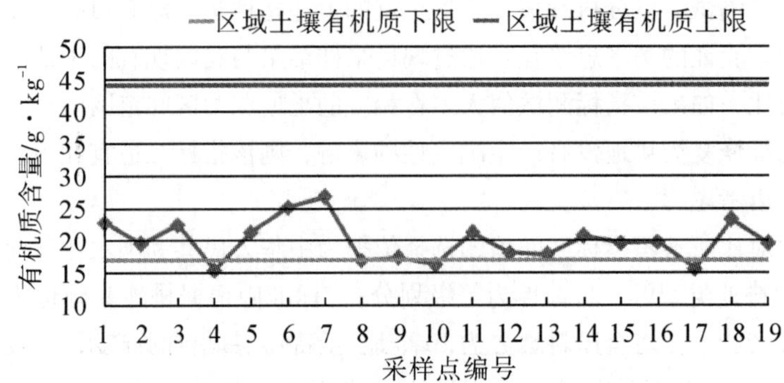

图 7.3 荆竹屋基滑坡土壤有机质含量测试结果及标准对比

根据国家标准《全国耕地类型区、耕地地力等级划分》，我国南方第六级稻田耕地类型区范围内耕地土壤有机质含量普遍位于 17~44 克/千克。据图 7.3 可知，滑坡区域内采样点土壤有机质含量大多高于区域土壤有机质下限，土壤较肥沃，因此该指标对修复利用为耕地基本上无障碍，滑坡前后土壤有机质含量的改变并不能构成滑坡后土地能否修复为耕地的决定性指标。

研究区域采集土壤样品的土壤质地测试结果及标准对比如图 7.4 所示。

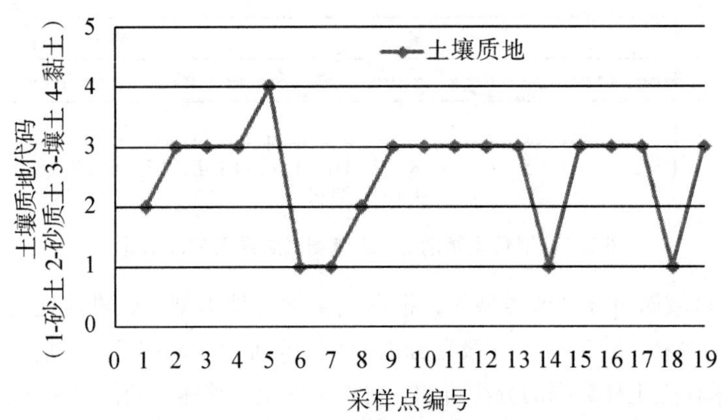

图 7.4 荆竹屋基滑坡土壤质地测试结果及标准对比

根据国家标准《全国耕地类型区、耕地地力等级划分》，我国南方第六级稻田耕地类型区范围内耕地土壤质地囊括几乎所有土壤质地类型，砂土—黏土，且以黏土为主。根据图 7.4 可知，研究区域土壤质地均满足参考标准，其对修复利用为耕地的适宜性没有影响，故可以筛除。

以上从专家判断和实际测试两个方面均以证实，在滑坡灾害发生后土壤的化学指标对修复适宜性的影响较小，而滑坡后农田损毁的物理指标则成为滑坡损毁农田修复的关键因素。结合上述对个别指标的优化筛选，本书在对农田修复适宜性评价过程中选择了有效土层厚度、地表坡度、灌溉条件、土壤容重以及与居民点的距离 5 个指标。

7.3.2.3 适宜性评价指标体系及分级

本书将上述优化得到的指标因子与上一节研究得到的损毁程度一起构建滑坡灾毁农田修复利用适宜性评价指标体系。

（1）有效土层厚度。

有效土层厚度是指障碍层之上，犁底层至耕作层地表的深度，一般该值越大，越有利于农作物生长，而且越有利于作物种类的选种。具有一定厚度的土壤也是作物生长发育的载体，所有的生化反应、物理变化等都在其中完成。根据土壤成土母质发育条件和耕地立地条件，有效土层厚度一般不低于 30 厘米，才能满足水田蓄水种稻和旱地种植玉米的需要。但根据第二次土壤普查资料统计，许多地方的坡地耕作层都在 20 厘米左右，故本书参考《中低产田土类型划分及改造质量标准》等标准规范和相关文献对其进行分级。

根据复垦实践，灾毁地覆土厚度应该不少于 30 厘米，比较合理的为 30~60 厘米，而大部分自然土壤一般土厚 1 米以内都有较好的肥性①，故分级为以下四级：

①一级，即有效土层厚度>100 厘米；

②二级，即有效土层厚度为 60~100 厘米；

③三级，即有效土层厚度为 30~59 厘米；

④四级，即有效土层厚度<30 厘米。

（2）地表坡度。

地表坡度一般是指坡面的铅直高度和水平宽度比值的反正切值。我国规定地表坡度大于 25 度的坡地宜退耕还林，故以 25 度为其极限阈值，参考《中低产田土类型划分及改造质量标》等标准规范和相关文献进行如下分级：

①一级，即 0°~ 2°；

②二级，即 3°~ 6°；

③三级，即 7°~ 15°；

④四级，即 16°~ 25°。

---

① 黄丹. 灾毁土地复垦潜力评价与可行性研究［D］. 抚州：东华理工大学，2012.

（3）灌溉条件。

灌溉条件是指沟渠等基础设施供给满足作物生长所需水分的能力或条件。一般用灌溉保证率来度量。灌溉保证率是指灌溉工程在长期运行中，灌溉用水得到充分满足的年数占总年数的百分比，是灌溉工程设计标准的主要表示方法之一。滑坡灾害发生后，致使大量灌溉设施发生破坏，如渠道开裂、塌陷、错位、掩埋，山坪塘、蓄水池淤积，灌排建筑物失稳塌陷等，都将直接导致耕地质量下降。又因近年来西南地区多次遭受旱季少雨干旱，因此本书选取了灌溉保证率作为评价指标之一，并参考农用地相关分等标准和相关文献对其进行以下分级：

①一级，即充分满足，灌溉保证率>90%；

②二级，即一般满足，灌溉保证率为70%~90%；

③三级，即基本满足，灌溉保证率为50%~69%；

④四级，即偶尔满足，灌溉保证率为30%~49%。

（4）土壤容重。

土壤容重是指一定容积的土壤（包括土粒及粒间的空隙）烘干后的重量与同容积水量的比值。土壤容重是由土壤孔隙和土壤固体的数量来决定的。部分成果认为土壤容重不大于1.3克/立方厘米才适合作物的生长，但也有部分成果认为该值应该不大于1.4克/立方厘米。故本书选择1.4克/立方厘米为土壤容重的极限阈值，并参考《土地复垦质量控制标准》《水毁土地复垦技术标准》等标准规范和相关文献①②③进行以下分级：

①一级，即1.2~1.3克/立方厘米；

②二级，即1.1~1.2克/立方厘米，1.3~1.4克/立方厘米；

③三级，即1.0~1.1克/立方厘米，1.4~1.5克/立方厘米；

④四级，即<1.0克/立方厘米，>1.5克/立方厘米。

（5）与公路（居民点）距离。

滑坡灾毁农田与公路及其居民点的距离直接影响着救灾减灾的效率效果，也较大地影响着修复后农田耕作的便利性和积极性。一般来说，距离越小，越

---

① 甄莉娜，张英俊，白春生，等. 不同种植年限苜蓿地土壤容重及含水量的比较研究［J］. 现代畜牧兽医，2011（7）：58-59.

② 马和平，赵垦田，杨小林，等. 拉萨半干旱河谷人工杨树纯林土壤容重与孔隙度变化的研究［J］. 江苏农业科学，2012，40（3）：328-330.

③ 曹文侠，徐长林，张德罡，等. 杜鹃灌丛草地土壤容重与水分特征对不同休牧模式的响应［J］. 草业科学，2011，20（3）：28-35.

有利于灾毁农田的修复利用。本书参考相关标准规范和文献对其进行以下分级：

①一级，即<1 000 米；

②二级，即 1 000~2 000 米；

③三级，即 2 000~3 000 米；

④四级，即>3 000 米。

（6）损毁程度。

损毁程度即滑坡灾害对农田损毁的程度，通过前述的损毁程度评估可以得到轻度、中度、重度和严重四种损毁等级。损毁程度越高，修复利用难度越大。

7.3.3 评价因子的量化标准化与赋值

我们根据因子分级将参评指标定性或定量，然后再具体标准化后作为其等级分值。其具体办法实行 1~5 评分制。因为各个因子之间的级别不具备可比性，所以各个指标量化后还需进行量化标准化，具体计算公式如下①②：

$$A'_{ij} = \frac{A_{ij}}{\sqrt{\frac{1}{4}\sum_{j=1}^{4}(A_{ij} - \overline{A_{ij}})^2}} \quad (i = 1,2,\cdots,9; j = 1,2,\cdots,4) \tag{7.3}$$

其中：A_{ij} 表示量化值，A'_{ij} 表示量化标准指标，i 表示第 i 个损毁程度参评指标，j 表示第 i 个参评指标的第 j 种级别。

我们运用 Delphi 专家征询系统，经专家打分和式（7.3）计算得出滑坡灾毁农田修复利用的适宜性分区评价因子量化标准化。

本书基于 Delphi 法的专家打分表运用层次分析法对评价因子进行权重计算与赋值。其基本步骤如下：

（1）分析评价指标系统中各因素的相互关系，建立递阶层次结构；

（2）两两比较同一层次的各元素对于上一层次中某一准则或者要素的重要性，构造判断矩阵；

（3）通过判断矩阵明确层次单排序重要性系数，同时进行一致性检验；

（4）综合层次单排序重要性系数，计算得出层次总排序重要性系数，同时进行层次总排序的一致性检验；

（5）依据层次总排序重要性系数将评价系统的方案排序。

---

① 方先知. 土地合理利用及其综合评价研究［D］. 长沙：中南大学，2005.

② 陈龙乾，刘振田，李巨龙，等. 矿区土地破坏与复垦整治研究［M］. 北京：中国大地出版社，2003.

我们将递阶层次结构中各层的元素依次相对于与之有关的上一层元素两两比较，建立一系列判断矩阵。判断矩阵 $A=(a_{ij})n\times n$ 具有以下性质：

$$a_{ij}>0,\ a_{ij}=\frac{1}{a_{ij}},\ a_{ij}=1(i=j),\ (i,\ j=1,\ 2,\ \cdots,\ n)$$

其中，$a_{ij}(i,\ j=1,\ 2,\ \cdots,\ n)$ 代表元素 x_i 与 x_j 相对其上一层元素重要性的比例标度。判断矩阵一般采用1~9 比例标度对重要程度赋值，用以反映人们对各因素相对重要性认识。判断矩阵标度及其含义如表 7.3 所示。

表 7.3　判断矩阵标度及其含义

标度	含义
$a_{ij}=1$	表示 i、j 元素相比重要性相同
$a_{ij}=3$	表示 i 元素相比 j 元素稍微重要
$a_{ij}=5$	表示 i 元素相比 j 元素明显重要
$a_{ij}=7$	表示 i 元素相比 j 元素强烈重要
$a_{ij}=9$	表示 i 元素相比 j 元素极端重要
2，4，6，8	表示上述重要性相邻判断的中间值
倒数	元素 j 与元素 i 重要性之比为 $a_{ji}=1/a_{ij}$

设判断矩阵 A 的最大特征根为 $\lambda\max$，其相应特征向量为 W，则 $AW=\lambda\max W$。因客观事物的复杂性和人们对事物认识的模糊性与多样性，所得到的判断矩阵不可能保持完全一致，必须进行一致性检验。计算一致性指标 CI 为

$$\mathrm{CI}=\frac{\lambda\max-n}{n-1} \tag{7.4}$$

其中，n 是判断矩阵的阶数。如果随机一致性比率 $\mathrm{CR}=\mathrm{CI}/\mathrm{RI}<0.10$，判断矩阵就具有满意的一致性，否则就需要调整判断矩阵元素的取值。随机一致性指标 RI 取值见表 7.4。

表 7.4　随机一致性指标 RI 取值

n	2	3	4	5	6	7	8
RI	0	0.514 9	0.893 1	1.118 5	1.249 4	1.345 0	1.420 0
n	9	10	11	12	13	14	15
RI	1.461 6	1.487 4	1.515 6	1.540 5	1.558 3	1.577 9	1.589 4

资料来源：叶义成，柯丽华，黄德育. 系统综合评价技术及其应用［M］. 北京：冶金工业出版社，2006：80-100.

结合专家打分结果，我们运用上述层次分析法获取滑坡灾毁农田修复利用适宜性评价指标因子的权重。适宜性评价因子量化标准化、分级及其权重赋值如表 7.5 所示。

表 7.5　适宜性评价因子量化标准化、分级及其权重赋值

适宜性参评因子		适宜性等级值、专家赋值及其标准值				权重
		一级	二级	三级	四级	
有效土层厚度	分级值域	>100cm	60~100cm	30~59cm	<30cm	0. 21
	等级分值	4. 47	3. 58	2. 68	1. 79	
地表坡度	分级值域	<2°	2°~6°	7°~15°	16°~25°	0. 13
	等级分值	3. 16	2. 53	1. 26	0. 63	
灌溉保证率	分级值域	>90%	71%~90%	51%~70%	30%~50%	0. 12
	等级分值	3. 38	2. 70	2. 03	0. 68	
土壤容重	分级值域	1. 2~1. 3g/cm³	1. 1~1. 2g/cm³，1. 3~1. 4g/cm³	1. 0~1. 1g/cm³，1. 4~1. 5g/cm³	<1. 0g/cm³，>1. 5g/cm³	0. 11
	等级分值	3. 16	2. 53	1. 26	0. 63	
与公路（居民点）距离	分级值域	<1 000m	1 000~2 000m	2 001~3 000m	>3 000m	0. 06
	等级分值	3. 38	2. 70	2. 03	0. 68	
损毁程度	分级值域	轻度	中度	重度	严重	0. 37
	等级分值	2. 53	1. 26	0. 63	0. 31	

7. 3. 4　复垦适宜性评价

7. 3. 4. 1　评价模型及过程

本书采用指数和法来评价滑坡灾害损毁农田修复为水田的适宜性大小，具体步骤如下：

①将各个评价因子划分为 4 个等级，即一、二、三、四级，根据各个评价因子等级的高低，分别赋以相应的等级分，等级分值分别对应表 7.5 中的标准化值。

②研究区域内灾毁农田复垦适宜性综合指数基于指数和模型[①][②]计算得出，即参评因子的权重值与单元对应等级的等级分值乘积之和，其计算模型为

---

① 吴立新，解景全. 解决开采沉陷造成的矿区土地破坏的未来对策与 MGIS 技术［J］. 中国煤炭，1997（2）：21-23.

② 肖兴田，王志宏. 煤炭资源开发对土地破坏及土地复垦之研究［J］. 露天采煤技术，2001（4）：31-34.

$$D_i = \sum_{j=1}^{n} P_{ij} X_{ij} \quad (j = 1, 2, \cdots, n) \tag{7.5}$$

其中，D_i 为第 i 块灾毁农田土地评价单元修复利用的适宜性综合指数，P_{ij} 为第 i 块灾毁农田土地评价单元第 j 个评价因子的权重，X_{ij} 为第 i 块灾毁农田土地评价单元第 j 个评价因子的等级分值，n 为参评因子的数目。

③敏感因子“一票否决”。当某一因子达到强烈限制值时，会严重影响评价单元对于拟选择修复利用方向的适宜性。因此，本书结合极限条件法进行评定，即只要评价单元的某些敏感因子指标值为不适宜时，不论综合得分多高，都判定为不适宜修复利用的等级。

灾毁农田敏感因子评价不适宜修复利用临界值见表 7.6。

表 7.6　灾毁农田敏感因子评价不适宜修复利用临界值

敏感因子	有效土层厚度 /cm	地表坡度 /°	土壤容重 /g·(cm^3)$^{-1}$	损毁程度	灌溉条件 /%
不适宜临界值	<20	>25	>1.5 或<1	严重	灌溉保证率 <30

7.3.4.2　灾毁农田复垦适宜性评价结果

针对通过敏感因子“一票否决”的评价单元，基于 ArcGIS 的空间分析模块运用式（7.5），我们可得灾毁农田修复为耕地的适宜性综合指数结果。参考《全国第二次土壤普查暂行技术规程》中土地生产力分级与《中国 1∶100 万土地资源图》的分类体系①②，我们针对不同损毁程度等级进行对应修复利用适宜性评价的等级划分，具体划分步骤如下：①计算出各个损毁等级对应的修复利用适宜性综合指数；②最高指数和减去最低指数和再除以等级个数，所得平均差为划分等级的梯度分段值；③根据梯度分段值划分各个损毁等级对应的修复利用适宜性综合指数等级和范围③。

灾毁农田修复利用适宜性综合指数标准见表 7.7。

---

① 孙振宁，谢云，段兴武. 生产力指数模型 PI 在北方土壤生产力评价中的应用［J］. 自然资源学报，2009（4）：15-29.

② 罗霄，李忠武，叶芳毅，等. 基于 PI 指数模型的南方典型红壤丘陵区稻田土壤肥力评价［J］. 地理科学，2011（4）：26-32.

③ 赵亮，韦学成，黄国椅，等. 喀斯特地貌区耕地地力评价与分级［J］. 农业工程学报，2013（8）：56-60.

表 7.7　灾毁农田修复利用适宜性综合指数标准

适宜性等级	适宜	基本适宜	不适宜
综合指数分级区间	3.645~2.992	2.991~2.339	2.339~1.033

我们将修复利用适宜性综合指数根据表 7.7 进行修复利用适宜性等级的划分，并给出各个等级区域的面积等统计数据和相应的图件。在评价过程中，我们采用指数和法与极限条件法相结合，实质上其评价过程是在确定评价指标之后，将这些指标的同一分级标准视作一个标准样本，然后将待评价样本指标的实际值与样本标准值进行分析、比较，判断属于哪一分级标准，从而得到多向适宜性的评价结果。我们采用指数和法与极限条件法相结合的方式对滑坡损毁农田的修复适宜性开展评价，充分考虑每个影响因子的重要性和贡献度，并量化各个参评因子的影响程度，采用层次分析法分配权重，从而最大限度地去除人为主观影响，得到较客观、较符合实际的适宜性评价结果，为后续的修复利用工作的开展提供科学依据。

7.4　荆竹屋基滑坡复垦适宜性评价

7.4.1　案例区概况

为开展工作区域的农田损毁程度评价和复垦适宜性评价，我们于 2013 年 8 月下旬赴天宝村荆竹屋基滑坡采集土壤样品，在其上农田损毁区域选择 19 个点位进行采集。目前，天宝村有人口 4 158 人，全村属平谷地形，自然条件好，土壤土质肥沃，但全村耕地面积仅 2 407 亩，人均耕地面积仅 0.58 亩，而此次滑坡损毁耕地面积约为 200 亩，损毁面积约为全村耕地面积的 8%。如果不及时修复治理，则必然导致很多农户丧失土地或需进行土地调剂，这对于耕地资源本来就缺乏的天宝村来说无异于雪上加霜。因此，该区域有必要进行滑坡灾毁农田的修复治理工作，在修复治理工作开展前则有必要进行滑坡灾毁农田的损毁程度和修复利用适宜性评价工作，为后续的修复技术和措施的选择打下扎实的数据基础。

7.4.2　评价单元的划分

根据现场调查发现，本滑坡区域内农田的各损毁类型与滑坡的部位存在明显的对应关系。其中，在滑坡后缘大型拉裂槽附近，农田主要受张拉应力影响而产生结构解体，如图 7.5a 所示。在滑坡区域中部主要表现为以拉张、挤压等复合应力作用下的农田表面破坏，其表现形式包括张拉裂缝、台阶下挫、鼓丘及鼓胀裂缝等，如图 7.5b 所示。在滑坡体前缘部分，由于前方在滑坡前有采石场开采，在前缘形成了临空面，因而在采石场区域下滑的滑坡体出现碎裂解体，且基岩出露明显；而在采石场以外的区域，虽然农田也以结构解体为主，但其程度明显比采石场低，因而在单元划分过程中我们对其分开进行考虑，如图 7.5c 和图 7.5d 所示。因为滑坡体上很多部分原来并非农田，所以划分评价单元数目多于前面划分的滑坡损毁类型。研究区域不同损毁类型下的破坏特征见图 7.5。

a滑坡后缘拉裂槽农田损毁特征

b滑坡中部农田损毁特征

c滑坡前缘采石场区域土地损毁特征

d前缘采石场以外区域损毁特征

图 7.5　研究区域不同损毁类型下的破坏特征

基于以上分析，我们将研究区域农田损毁程度评价单元划分如图 7.6 所示。

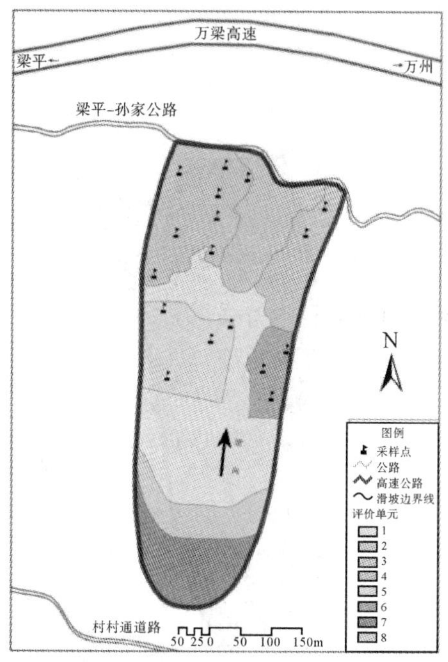

图 7.6 研究区域评价单元划分

7.4.3 案例区农田损毁程度评估

结合现场的实际情况，我们对照农田破坏等级划分表和损毁程度分级表分别对各单元内的土壤砾石含量、地表岩石露头情况、裂缝发育情况、台阶发育情况、地表鼓丘发育情况和地表起伏度 6 个方面的内容进行现场的调查及测量，然后分别根据农田破坏等级划分表确定不同受损单元农田破坏的等级，再根据破坏现象所占单元的比例按照损毁程度分级表计算不同单元内农田的损毁程度，其结果如图 7.7 所示。

从图 7.7 中可以看出，本滑坡区域内，农田损毁程度最为严重的区域主要是前缘区和后缘拉裂槽所在的区域，其中在前缘区域又以原采石场区域附近滑坡后农田损毁最为严重，在滑坡区域中部农田损毁程度最为轻微，尤其在中部两侧区域，损毁程度较为轻微。这与现场实际情况是吻合的。

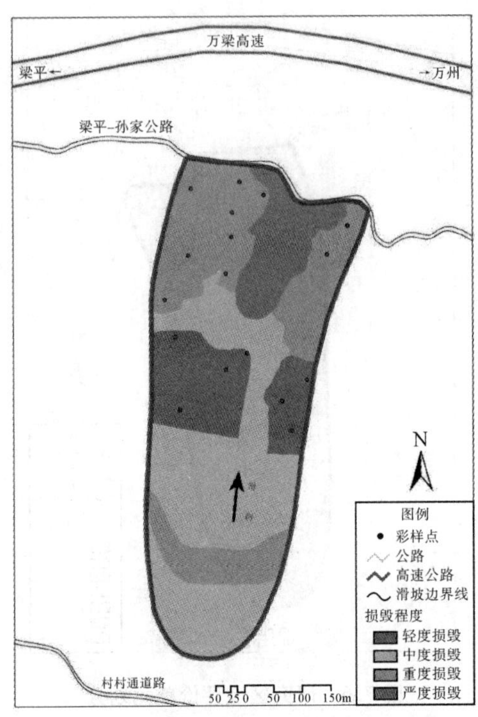

图 7.7　研究区域农田损毁程度评价结果

7.4.4　复垦适宜性评价

我们将前面研究得到的损毁程度与有效土层厚度、地表坡度、灌溉条件、土壤容重、与公路（居民点）距离等多个因子共同构建修复利用适宜性评价指标体系。

7.4.4.1　*有效土层厚度*

综合滑坡应急调查资料、现场调查数据，我们将土壤采样过程中获取的采样点有效土层厚度数据通过 IDW 法插值获取各个评价单元的有效土层厚度（见图 7.8）。

7.4.4.2　*地表坡度*

我们通过应急调查资料中的等高线土层基于 ArcGIS 的空间分析获取研究区域的地表坡度，并将其重分类及其矢量化后得到对应的地表坡度图层（见图 7.9）。

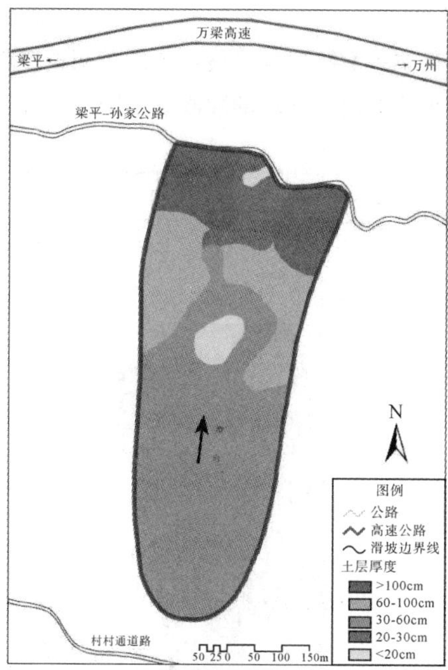

图 7.8 研究区域有效土层厚度

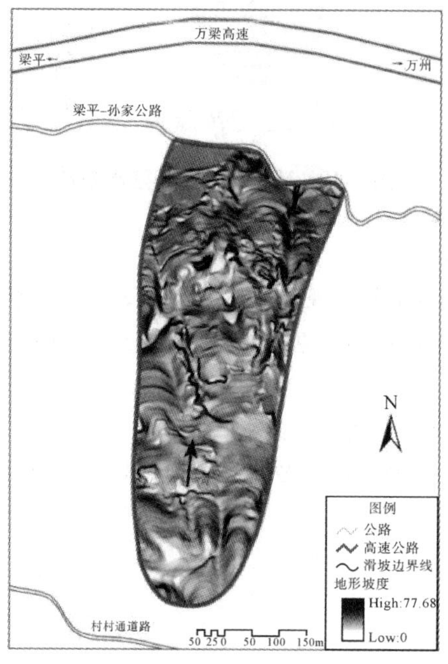

图 7.9 研究区域地表坡度

7.4.4.3 灌溉条件

结合研究区域现场调查数据以及滑坡灾害应急调查资料，我们根据研究区域内地块灌溉保证率来获取研究区域的灌溉条件图层（见图 7.10）。

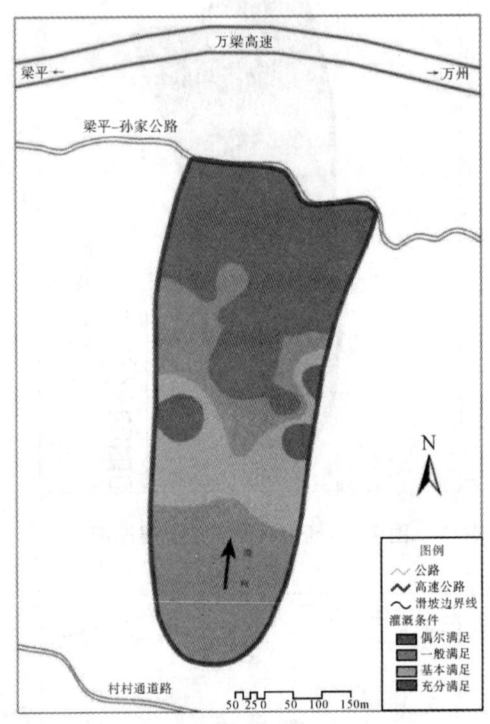

图 7.10 研究区域农田灌溉条件

7.4.4.4 土壤容重

综合滑坡应急调查资料、现场调查数据，我们将土壤采样过程中获取的采样点土壤容重数据通过 IDW 法插值获取各个评价单元的土壤容重（见图 7.11）。

7.4.4.5 与公路（居民点）距离

由于滑坡前缘与后缘都有公路，故研究区域交通条件整体较好，其图层数据见图 7.12。

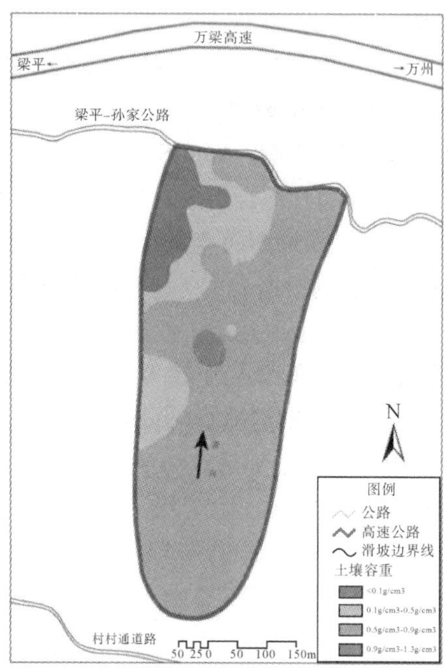

图 7.11　研究区域土壤容重

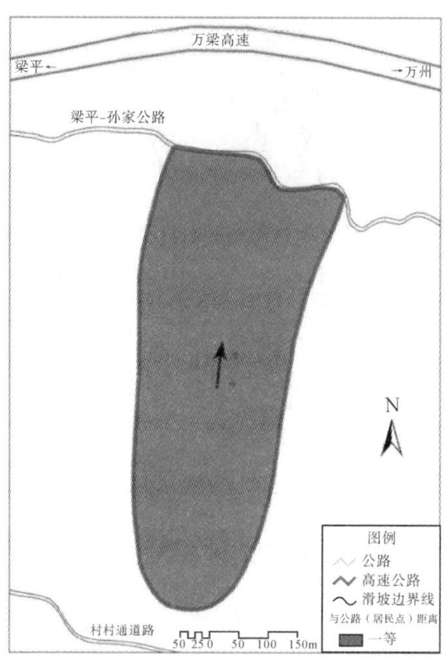

图 7.12　研究区域与公路位置

7.4.4.6　损毁程度

研究区域损毁程度已经在上一节进行了阐述，此处不再赘述。

7.4.4.7　修复利用适宜性评价结果

根据表 7.5，我们将以上数据基于 ArcGIS 的空间分析模块运用指数和模型计算得到研究区域修复利用适宜性综合指数，然后将各个单元根据表 7.6 进行敏感因子“一票否决”评判。如果不符合其中任一个敏感因子的阈值要求，则判定为不适宜修复利用；否则根据表 7.7 进行后续的修复适宜性等级评判。最后，我们得到的研究区域的修复利用适宜性评价结果（见图 7.13 和表 7.8）是：适宜等级区域占研究区域面积比重为 27.81%，主要分布于滑坡中前部土层较厚、地表相对较平缓等有利于作物耕作生长的区域；不适宜等级区域面积比重为 19.34%，主要分布于前缘中部采石场及其后部的拉裂槽区域；其他区域为占研究区域面积比重最大的基本适宜等级。

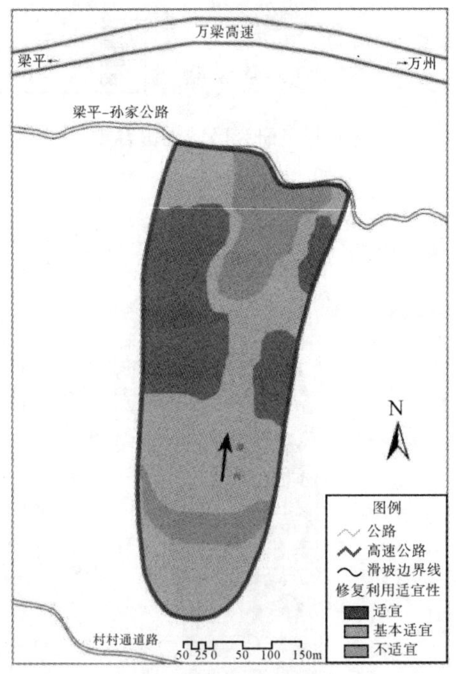

图 7.13　研究区域修复利用适宜性评价结果

表 7.8　荆竹屋基滑坡适宜复垦面积统计

适宜性等级	面积/m^2	占滑坡区比重/%
适宜	22 425.98	27.81
基本适宜	42 618.24	52.85
不适宜	15 595.78	19.34

通过对荆竹屋基滑坡相关数据的整理与分析，我们得到了该滑坡区域基本符合实际的损毁程度评估结果；随后将损毁程度评估结果与有效土层厚度等指标相结合构建了修复利用适宜性评价指标体系，并运用层次分析法对各个指标因子实现了权重赋值；同时，基于指数和模型获取了修复利用适宜性综合指数，然后针对敏感因子进行了“一票否决”评判，最终对通过敏感因子阈值评判的评价单元进行适宜性等级划分，并获取了荆竹屋基滑坡研究区域复垦适宜性评价结果。由评价结果可知，适宜等级区域主要分布于滑坡中前部土层较厚、地表相对较平缓等有利于作物耕作生长的区域，不适宜等级区域主要分布于前缘中央采石场及其后部的拉裂槽区域，基本适宜等级区在整个研究区域均有分布且占研究区域面积比重最大。

7.5　滑坡损毁类型分区与评价结果相关性分析

7.5.1　滑坡损毁类型分区与损毁程度评价

滑坡损毁农田损毁程度的评价单元是以损毁农田类型为基础，参考土地利用类型等进行的细分。因此，评价单元的边界也是以滑坡损毁农田类型边界为基础的。根据荆竹屋基滑坡损毁程度的评价结果可知，各损毁类型分区内部损毁程度相同或相近。滑坡前缘的地块（除原采石场区域为严重损毁外）损毁程度相同，均属重度损毁等级；滑坡中部的地块均属于轻度、中度损毁等级；滑坡后缘地块拉裂槽位置为重度损毁，而拉裂槽以上区域为中度损毁。再分析其原因可知，损毁程度评价的参评指标包括砾石含量、岩石露头、裂缝、基础设施受损状况、地表台阶状况、地表鼓丘和地表起伏度等，因此对于同一损毁类型区域内的临近地块而言，其受损的影响因素也是相同的，相同的滑坡损毁程度也就对应相同的修复方法和措施。

7.5.2 滑坡损毁类型分区与复垦适宜性评价

本书的滑坡损毁农田复垦适宜性评价是以损毁程度评价为基础，结合有效土层厚度、地表坡度、灌溉条件、土壤容重、与公路（居民点）距离共同构成指标体系进行评价。我们基于土壤采样测试数据和现场调查，运用 ArcGIS 空间分析模块的指数和模型计算得到研究区域修复利用适宜性综合指数，再结合敏感因子的“一票否决”评判得到研究区域的复垦利用适宜性评价结果。对照滑坡损毁农田类型分区（见图 7.14）可知，滑坡前缘除 8 528 平方米原采石场区域外，18 011.6 平方米，约 92.2%的面积为适宜和基本适宜的地块；滑坡中部区域 37 695.9 平方米，约 98.6%的面积为适宜和基本适宜的地块；滑坡后缘除拉裂槽部分不适宜修复 5 053.9 平方米，其余部分约有 9 281.1 平方米也是基本适宜区域。究其原因，由于相同的损毁类型区域内的土体受损原因和现象相同，因此复垦条件也一致。

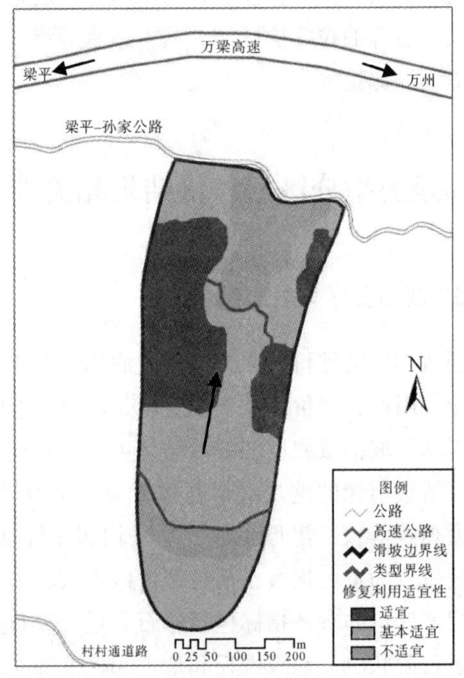

图 7.14 滑坡损毁类型分区与复垦适宜性评价结果对照

因此，滑坡损毁农田的评价结果与滑坡损毁类型分区具有很强的对应关系，这也为下一步复垦模式的分析奠定了基础，即以滑坡损毁农田不同类型的区域为界进行分析，提出各区域不同的复垦模式。

7.6 本章小结

滑坡灾害对农田的损毁程度和复垦适宜性评价是本章的研究重点。本章首先提出了以滑坡损毁农田类型为基础确定滑坡损毁农田评价单元的方法；其次，进行损毁程度评价和复垦适宜性评价，并建立了两个评价的指标体系、评判法则或评价步骤；再次，基于 GIS 的空间分析模块运用指数和模型进行灾毁农田修复利用适宜性综合指数的计算，并运用极限条件法进行敏感因子的“一票否决”判定；最后，以荆竹屋基滑坡为例进行了评价，将评价结果与损毁类型区进行对比分析，给出相应的修复适宜性等级。

8 滑坡体不同位置的农田复垦模式

8.1 滑坡后缘张拉应力区受损农田的复垦

8.1.1 滑坡后缘张拉应力区受损农田的特点

为了更加科学合理地对滑坡损毁土地进行修复和整理，我们必须结合农田损毁的特征。前面的分析和研究表明，滑坡后缘张拉应力区往往是农田破坏最为严重的区域，典型滑坡后缘张拉应力区农田损毁特征如图 8.1 所示。

图 8.1 典型滑坡后缘张拉应力区农田损毁特征

其损毁特征主要有如下五个方面：

(1) 农田的破坏主要以结构溃散为主；

(2) 后缘往往形成洼地，洼地整体坡度较中部更为平缓；

(3) 地面地形起伏较大，土层岩土混杂，级配复杂；

（4）地面裂缝台阶强烈发育，规模大；

（5）洼地周边多有高陡滑坡壁。

以上特征对滑坡稳定性及农田修复的影响主要表现在以下两个方面：

首先，从滑坡稳定性角度考虑，该区域是滑坡区地下水补给的重要来源区。由于滑坡滑动过程中造成了巨大拉裂槽，拉裂槽底部往往就是滑动面；同时上部覆盖的土层多成解体松散堆积，隔水能力差；该区域在滑坡移动的影响下形成凹陷的洼地，因而容易产生雨水的汇集，在大气降雨条件下，地表水很容易入渗滑动面进而影响到坡体稳定性。因此，在农田修复利用过程中，该区域需要先解决好地表水和地下水的疏排问题。此外，由于周边形成了高陡的滑坡壁，存在垮塌或滑移的风险，因而我们必须对其加以处置。

其次，从农田土地整理角度考虑，该区域地形坡度较缓，但地面起伏度较大，因而整理工程措施主要应以田面平整为主。同时，由于该地区处于滑坡后缘，破坏较为严重，因而本区域土层级配关系很不均匀；尤其是当滑动面为基岩面的，则土石混杂的情况甚至有较多的大型石块和基岩出露，因此在土地修复利用的过程中我们还应针对具体情况对耕作层进行处理。

8.1.2 滑坡后缘张拉应力区损毁农田复垦模式

根据上述滑坡后缘农田损毁及修复的基本特征，本书在综合地质灾害防护、土地整理和前面研究的成果基础上，提出了滑坡后缘农田复垦模式，包括“削—填—平—清—排—护”几个方面。其中：“削”即滑坡后壁的削坡减载；“填”即对大型张拉裂缝的封填；“平”即土地平整工程，主要指坡改梯工程；“清”即田面的清理和耕作层修复；“排”即后缘地表水地下水的排泄；“护”即利用生态技术对梯田田坎及削坡后的坡面进行防护。下面，我们就对上述六个方面分别进行说明。

8.1.2.1 削：滑坡后缘张拉应力区农田修复的削坡减载

正如前面所说，滑坡发生后往往在其后缘形成了不同类型、不同规模的滑坡陡壁，对于滑坡后缘高陡滑坡壁的处理，我们同样需要先对滑坡壁的等级进行划分。根据滑坡性质、规模和地形地貌条件的不同，滑坡壁高度、性质等特征也不相同。对于滑坡壁的整治，我们可根据其发育的具体情况，采用上一节的整治方法进行处理。削坡时可以采用挖推法在陡壁上部进行平缓削坡，用挖土机开挖坡面及坡面整形，削方遵循由上至下的顺向开挖，然后用推土机推运土方；通过坡面减载将陡壁上部的土石体削去后填埋于台阶的裂缝中，并稳定堆积于后壁坡脚下，形成不超过斜面坡度 45 度的土石坡体；对需要压实的填土，应控制最优含水量，从下向上分层分段压实，并控制其压实系数达到设计要求。削坡处理后，我们可以在堆积起来的土石坡面上采用生态修复的方法，因地制宜地种植根系发达的速生草本植物、灌木或乔木，通过植物根系的固持土体能力，减少土壤崩滑侵蚀，并美化生态景观。

8.1.2.2　填：滑坡后缘张拉应力区农田修复的裂缝封填

在滑坡区域农田整治过程中对裂缝的处理步骤主要有两个方面：首先，根据上一节中滑坡灾害损毁农田裂缝的分级标准对裂缝进行分级；其次，根据不同裂缝等级采用相应的处理方法进行处理。

调查研究表明，在滑坡区域后缘，坡体受力以张拉应力为主，且在整个过程中其张拉活动最为强烈，因此在滑坡区后缘裂缝多表现为张开度大于1米的重度裂缝，从而滑坡后缘的裂缝整治应着重以重度裂缝整治为主。由于滑坡后缘土地整体性破坏严重，土体以松散碎裂堆积体为主，后缘土体平整工程必须进行得彻底，因而对于重度裂缝需按上一章的修复技术分别灌浆、碾压、平整，以达到既不透水又能耕作的双重要求。中度及轻度裂缝基本表现不出，因而对于中度裂缝和轻微裂缝在土地平整过程中可以直接封堵，无须特殊处理。

8.1.2.3　平：滑坡后缘张拉应力区农田修复的土体平整技术

这里的土地平整主要指后缘的梯田设计，梯田类型的选择是坡改梯工程设计的前提。在对梯田类型进行选择的过程中，除考虑传统坡改梯梯田类型选择的原则和依据外，还考虑滑坡体后缘自身的特性。调查发现，大型滑坡在发生后，其后缘往往表现为两种形式：其一是滑坡后后缘形成了中间略低、四周高的洼地。对于该情况可以在该区域进行梯田设计。由于改动区域地形坡度可能性较小，也为了土体平整工程施工以及整理后土地利用的需要，在梯田类型的选择过程中，我们应该先考虑水平梯田。其二，对于部分滑坡而言，可能后缘并不出现明显的洼地。滑坡后后缘坡体表面坡度与滑坡主体坡度并无明显差别，则在进行梯田设计时可与滑坡体主体部分进行统一考虑。

在滑坡后缘土地整理过程中，对地表水地下水的防治是其中一个重要的方面，因此在梯田设计中必须对该方面予以考虑。由于滑坡发生后，典型的破坏主要为溃散破坏，滑坡体从地表到滑动面之间的岩土体松动破碎，隔水层破坏严重，甚至无隔水层。为了在布置梯田排水系统过程中尽可能最大限度地排除地表水和地下水，在梯田排水暗管的布置中就要进行充分考虑。根据土壤中地下水的渗流特性，暗管的埋设深度越大、埋设距离越小，则排除地表降雨入渗的能力明显越强，因此根据后缘残留土体的厚度和整理过程中施工的难易程度，我们应尽可能地增加暗管的埋设深度。此外，暗管的埋设间距也可以适当加密。

综上所述，由于滑坡区后缘农田的原有田面已经完全损毁，在梯田的设计中不受原有农田大小及形状的限制，因此除本区域内暗管的设计外，其余梯田设计参数完全可以按照传统坡改梯工程的参数进行设计。

8.1.2.4 清：滑坡后缘张拉应力区农田修复田面清理及耕作层的修复

如前所述，滑坡发生后，在滑坡体后缘滑坡物质往往以土石混合为主。研究表明，较高的土壤石砾含量常对土壤物理特征和水文功能产生不可忽视的作用①②③，如石砾粒径与土壤渗透速率及坡面漫流流量呈正相关④⑤⑥，石砾含量对土壤的大孔隙特征、渗透性及蒸发均有重要影响⑦。因此，在进行农田修复时，我们应该及时清除土壤中的不同粒径的石砾。滑坡区后缘不同等级条件下砾石的处理方法如表 8.1 所示。

表 8.1 滑坡区后缘不同等级条件下砾石的处理方法

分级	粒径大小/cm	清除方式
大岩石	>150	保留原地
石块	20~150	机械清除或爆破分解
砾石	>20	清除，有序堆放，为截留沟、排水沟及田坎修筑做准备
	5~20	清除，有序堆放，作为修建道路的基础使用
	<5	不处理
泥沙	—	不处理

在滑坡区后缘，由于滑坡强烈的滑坡作用，后缘区域原有的农田耕作层已经完全消失，因而表面主要是滑坡体下部上翻或滑坡体周边垮落的岩土体，从

---

① 杜阿朋，王彦辉，管伟. 六盘山叠叠沟小流域的土壤石砾含量坡面分布特征［J］. 水土保持学报，2009（5）：76-80，127.

② 李燕，高明，魏朝富，等. 土壤砾石的分布及其对水文过程的影响［J］. 中国农学通报，2006，22（5）：271-276.

③ ITZHAK K，HANOCH L，PARIENTE S. The effect of rock fragment size and position on topsoil moisture on arid and semiarid hillslopes［J］. Catena，2008（72）：49-55.

④ POESEN J，LAVEE H. Rock fragment in top soil：significance and processes［J］. Catena，1994（23）：1-28.

⑤ TORRI D，POESEN J，MONACI F. Rock fragment content and fine soil bulk density［J］. Catena，1994（23）：65-71.

⑥ LI X Y，SERGIO C，ALBERT S B. Spatial distribution of rock fragments in dolines［J］. Catena，2007（70）：366-374.

⑦ 时忠杰，王彦辉，熊伟，等. 六盘山典型植被类型土壤中石砾对大孔隙形成的影响［J］. 山地学报，2007，25（5）：541-547.

而土壤以生土为主，土层贫瘠，需要进行相应的处理。在滑坡后缘土地耕作层的改良中，不宜使用客土移植，原因在于客土移植不可避免的增加坡体后缘的岩土体重量，相当于在已经滑坡的坡体上加载，这对于坡体的整体稳定性而言是不利的，不宜采用客土移植。因此，在后缘土地整耕作层改良中我们建议采用土壤就地改良培肥。例如，通过大量增施有机肥料改良熟化土壤，如秸秆还田和种植绿肥（如紫花苜蓿）等技术，或者采用间作、轮作、套作等农耕农艺措施，增加土壤有机质，恢复和提高耕地肥力。

8.1.2.5　排：滑坡后缘张拉应力区农田修复的排水系统

由于受到滑坡强烈拉张应力的影响，该区域农田基础设施损毁严重，加之原有土层层序被完全打乱，土层结构疏松，基质不稳定，不宜修建大型的农田水利设施。同时，由于该区域后缘常常伴随大型拉裂槽，降水沿拉裂槽下渗进入滑坡体，促使滑坡再次发生，因此滑坡后缘农田基础设施的修建主要考虑防止地表水入渗至滑坡体。由于滑坡后缘地形相对平缓，且在土体平整过程中以水平梯田为主，因而其排水效能相对较弱。为最大限度地排除坡面上的地表水和地下水，滑坡后缘排水系统应采用地面排水与地下排水相结合的方式。

8.1.2.6　护：滑坡后缘张拉应力区土地整理的坡面防护工程

滑坡后缘的生态护坡包括梯田田坎的防护和削坡后坡壁的防护，其防护的原则主要从生态角度出发，利用植物根系对坡面加以保护，防治水土流失，同时形成生态效应。由于滑坡不同部位的生态防护工程技术并无明显差别，因而在后面不同滑坡部位的生态工程将不再单独进行说明。

8.2　滑坡体中部复合应力区受损农田的复垦

8.2.1　滑坡体中部复合应力区受损农田的特点

滑坡中部复合应力区受损农田的修复是滑坡区农田修复的主要部分，滑坡体中部典型农田受损如图 8.2 所示，与滑坡后缘张拉应力区农田受损特征相比，它具有如下三个方面的特征：

首先，与滑坡体后缘相比，由于滑坡体中部土层往往更厚，且所受滑坡作用力也较滑坡后缘小，因而从农田损毁程度上看，滑坡体中部农田损毁程度往往较滑坡后缘轻。

其次，从滑坡农田损毁模式来看，滑坡体中部农田由于其受力形式及地形地貌条件往往较后缘更为复杂，因而滑坡体中部破坏模式往往多种模式并存。

对于厚层土质滑坡而言，其表现形式多以台阶和裂缝为主的表层碎裂破坏；而对于岩质滑坡而言，则多以表层碎裂和结构解体相伴出现的复合损毁为主。

最后，农田土层层序一般不发生大的改变，表层仍以耕作土层为主，土层中夹杂的滑坡碎石较后缘大大减少甚至没有，部分区域原有农田的界限、基础设施等基本保留。

图 8.2 滑坡中部复合应力区农田损毁特征

8.2.2 滑坡体中部复合应力区受损农田复垦模式

针对滑坡区域中部农田受损的特点及农田修复的实际需求，在综合分析已有研究成果的基础上，我们提出了“平—补—排—护”相结合的复垦模式。其中:“平”是指土地平整工程；“补”是指对田面及设施的修补，田面修复主要包括裂缝的封填，而设施的修复主要包括对滑坡过程中受损设施的修复；“排”是指滑坡中部的灌排系统；“护”是指生态防护工程。需要说明的是，尽管在滑坡中部农田修复中的平、排、护三部分内容与滑坡后缘相同，但由于各自损毁特征及需求的不同，在实际的应用中也有较大的差异。下面，我们就针对上述四个方面进行详细阐述。

8.2.2.1 平：滑坡中部复合应力区农田修复中的土地平整

结合滑坡区域中部农田损毁的模式及特征，从土体整理的经济性和土地利用的有效性角度出发，在滑坡区域梯田的设计过程中，我们应遵循如下原则和依据：首先，为最大限度地减少修复工程对坡体现状的扰动，滑坡区域中部农田类型的选择应先贯彻以修复为主、重新设计为辅的基本思路。其次，滑坡区域中部农田的梯田设计应充分结合农田的损毁模式及状况。以表面破坏为主的区域，梯田应尽可能不改变原有的梯田格局，主要是对田面的修复；对发生溃散破坏的区域，梯田在设计时应充分考虑与周边未发生溃散区域原有梯田的有机结合。

（1）梯田田坎方向的布置。

如前所述，在滑坡区中部，土地破坏相对于滑坡后缘较轻，很多原有农田的界限得到保留，仅局部发生破坏，因而在进行田块方向的布置中，在田块长边方向应与等高线平行，垂直于滑坡滑动方向的大原则下，尽量结合本区域在滑坡后保留的田块界限进行规划。

此外，由于滑坡中部区域具有特殊的滑坡台阶构造，在进行田块方向布设时，我们应同时考虑滑坡台阶的发育方向。当台阶高度超过 1 米时，田块方向尽量顺沿着滑坡台阶的方向进行布置。

（2）梯田长宽的确定。

在滑坡区中部梯田田面宽度的设计中，如果该区域原有梯田田面得以保留，则在田面宽度的设计中我们应尽量与保留的田面宽度相适宜。

如果原田面宽度未保留，需要重新设计。根据坡耕地梯田设计的一般要求，结合《水土保持综合治理 技术规范 坡耕地治理技术》的要求，将不同坡度条件下滑坡中部区域修建梯田的田面宽度参数建议值进行归纳，如表 8.2 所示。

表 8.2　滑坡中部复合应力区梯田田面宽度①

坡度	0°~5°	5°~8°	8°~15°	15°~25°
水平梯田	20~30m	15~19m	8~14m	4~7m
坡式梯田	34~50m	25~33m	12~24m	7~11m

田块长度应随滑坡体大小及其地形而定，参照《水土保持综合治理 技术规范 坡耕地治理技术》，丘陵区或山区的坡耕地坡度按陡坡区梯田进行规划，梯田形状呈“长条”形或“带”形，长度宜保持在 100~200 米。

（3）田坎的修筑。

根据《水土保持综合治理 技术规范 坡耕地治理技术》的要求，地面坡度在 15 度以下、土壤黏重的坡地，以及土质丘陵和塬台地区宜修土坎；地面坡度大于 15 度、无黏土或者土质黏性很差的土石山、石质山区坡地，无法实

① 范兴科，蒋定生，赵合理. 陕北黄土丘陵区水平梯田最佳田面宽度的优化设计［J］. 水土保持研究，1996，3（2）：129-135.

施土坎布置，宜采用其他材料筑坎。因此，滑坡地质灾害发生后，在土壤黏重的坡地以及被损毁的水田区域，宜采用土坎；在滑坡体中含有大量石体、取石材方便的地区，可砌石埂。

在靠近河流沿岸，取卵石方便的地方，还可采用卵石浆砌筑坎；个别地段石方量较大时，可采取土石结合埂，即下部砌石材，上部筑土埂。在土质稳定性较差，易造成水土流失的地区，宜采用生物埂坎。

根据《重庆市土地开发整理工程建设标准（试行）》的要求，田坎高度不超过 2 米，因而在易发生滑坡的山地丘陵区，为了防止田坎过高引起梯田垮塌，土坎高度在 0.5~1.5 米为宜；石坎高度在 2.0 米内为宜，可选择顶宽 0.4 米、底宽 0.6~0.8 米。

以上是对于滑坡中部田坎的设计，那么对于以滑坡台阶作为梯田田坎的情况，则采用如下方法进行处理：对于垂直高度为大于 1 米的滑坡台阶，可就势在土体错动面修筑土质田坎。首先，根据坡改梯工程中对土质田坎表面的坡度要求，进行台阶面的削坡；其次，填充裂缝，裂缝充填可按照前面的裂缝封填技术进行处理；最后，为保证田坎对水土的拦蓄，在台阶的顶部应按照田埂的设计要求，需要填筑比田面高出 20~40 厘米。

8.2.2.2 补：滑坡中部复合应力区农田田面修复

滑坡区农田表面破坏程度及破坏形式与农田整体损毁模式密切相关。调查发现，滑坡区中部农田的损毁主要是田面的碎裂破坏和结构的解体破坏两种模式的组合，因而其农田田面的修复则相应的包括两个方面的内容：对于表面碎裂破坏而言，其田面修复主要以裂缝修复以及矮小台阶的处理为主；而对于溃散解体的破坏而言，则主要考虑耕作层的修复。下面，我们就结合前面的研究成果分别进行说明。

在前面灾毁农田裂缝的整治技术中，对裂缝的类型及等级划分了三级，即轻度裂缝、中度裂缝和重度裂缝。调查研究发现，在滑坡区中部而言，其裂缝主要以中度裂缝和轻度裂缝为主。根据前面的研究成果，对于轻度裂缝，不需要进行特殊处理，在自然耕作条件下可以自行修复；对于中度裂缝，则可根据前面的研究成果采用相应的技术方法进行处理。

前面已经指出，对于高度大于 1 米的台阶，可以直接经处理后作为梯田的田坎，因此这里的处理主要指对于高度小于 1 米的台阶处理。对于滑坡台阶可在耕作层修复的过程中直接进行人工平整，在剥离台阶附近的表土层后，将其就近堆放在台阶两侧和平整范围内，然后削掉台阶以上的部分生土并将其就地堆填于台阶下的坡脚部位以及裂缝中，通过切高垫低的方法将台阶部分的土体整平，最后回填表土。

结构解体溃散破坏下耕作层的修复，首先依据地形分布、田块土壤剖面构造的不同，确定田块表土剥离的厚度（20~30 厘米），采用表土逐台下移法、横向中带聚土法、竖向分厢聚土法等工艺剥离表土层，收集堆放于田边，一般堆高不超过 2 米；其次用松土机或犁将挖方处底土进行松土或翻耕，深度为 20~30 厘米，底土平整后的地表高程应比设计高程低 20~30 厘米（清表土层深度）；再次根据田面高程，进行挖高填低、压实，填补滑坡造成的裂缝；最后经基层平整处理后，将剥离的表土送原地分层回填推平，在回填过程中要做到均匀，不打乱土层，使各田块保持良好土壤剖面的构造层次和整体性。

8.2.2.3 排：滑坡中部复合应力区灌排系统

由于受周边两侧的剪切应力以及中间部位的张拉、剪切和挤压力的影响，滑坡中部灌溉排水工程的破坏主要表现为沟渠的失稳、裂缝、坍塌等，部分沟渠受到严重的复合应力影响，发生局部或全部损毁，因此滑坡中部应主要针对沟渠的不同损毁特征做出相应的修复措施。同时，滑坡中部区域是滑坡农田修复的重要部分，滑坡区域经过土地整理后，地表的灌排条件均发生了较大的变化，从滑坡以及梯田田面稳定性的角度出发，该区域土体整理过程中排水工程是其中极其重要的内容。鉴于滑坡区域中部农田灌排系统损坏的特点以及农田整理中对排水的要求，结合滑坡区域的稳定性及治理现状，我们对灌排系统的修复提出如下建议：

（1）滑坡中部复合应力区农田的灌排系统的处理，应先遵循以修复为主、重新设计为辅的指导思想；

（2）为最大限度地减少工程量，同时降低整理工程对原有坡体的扰动，滑坡中部复合应力区灌排系统设计还应遵循以地面排水为主、地下排水为辅的基本思路；

（3）如果滑坡区域进行了地质灾害的防治工程，则该区域内灌排系统的设计必须考虑与现有滑坡防治工程排水系统相结合；

（4）滑坡中部复合应力区农田的灌排系统还应与滑坡后缘以及滑坡前缘农田的灌排系统充分融合，形成一个整体。

8.2.2.4 护：滑坡中部复合应力区农田修复中的生态防护工程

同 8.1.2.6 的内容，此处不再重复。

8.3 滑坡前缘堆积挤压区受损农田的复垦

8.3.1 滑坡前缘堆积挤压区农田受损及修复特点

滑坡前缘堆积挤压区主要指滑坡物质脱离剪出口后的堆积区。典型滑坡前缘农田损毁特征如图 8.3 所示。

图 8.3 典型滑坡前缘农田损毁特征

与滑坡后缘及中部相比，具有如下特征：

首先，从损毁模式来看，农田的损毁主要表现为两个方面：一方面是滑坡物质冲出剪出口，在前缘堆积，造成堆积区原有农田的掩埋；另一方面是堆积物质在强烈的冲击挤压作用下发生溃散解体，坡体上原有农田解体。

其次，从土质结构来看，由于滑移土体整体发生溃散，因而本区域物质多以松散的土石混合物为主，土质条件差。

最后，从坡体稳定性角度来看，在滑坡发生后，前缘区域往往是滑坡再次滑动的阻滑区域，因而该区域土体不宜进行大规模清理，以免影响坡体稳定性。此外，滑坡前缘区域往往是坡体内部地下水蓄积和排泄的主要区域，因而本区域地下水位较高，需要做好排水措施。

8.3.2 滑坡前缘堆积挤压区受损农田复垦模式

鉴于滑坡体前缘的上述特点，研究提出了滑坡前缘堆积挤压区损毁农田的复垦模式，归纳为“清—平—培—排（蓄）”四个步骤。其中：“清”即田面以及原有灌排设施的清理；“平”即土地平整工程；“培”即土壤耕作层的培植；“排”主要指地表和地下排水，同时在该区域进行灌排系统设计时，可考虑排蓄相结合。下面，我们分别对其进行说明。

8.3.2.1 清：滑坡前缘堆积挤压区受损农田田面清理

滑坡前缘区农田常见土壤结构混乱，耕作层被掩埋，耕作层以下土体上翻，甚至夹杂基岩块石。因此，进行耕作层修复时我们应先清除压埋的废弃物以及不同粒径的砾石。压埋土壤的物质如果是石砾等且厚度较小，我们可以简单进行移除；如果厚度较大，我们则应视其粒径大小采取一定措施处理。具体清理方式与滑坡后缘一致。

滑坡体发生滑动后，在条件满足的情况下，部分滑坡物质脱离原坡体继续运动，与地表水系以及雨水等混合形成泥石流或碎屑流，沿坡体上的农田表面流动，一方面对原有农田的耕作层具有一定的剥蚀，另一方面致使灾害物质在滑坡坡前区域发生少量沉积。滑坡坡前区域农田地块上岩土混合崩塌，农田受损的特点主要是松散细碎岩土体铺设在原有农田表面，而原农田的形态以及田块边界基本未发生变动，因此该区域土地平整的主要措施应为清砾、清淤，即针对农田修复后的利用方向对覆盖物质进行清理，使之能够达到耕作利用的条件。

8.3.2.2 平：滑坡前缘堆积挤压区受损农田修复土地平整工程

滑坡体的前缘区往往地形平缓，原耕作层被不同程度地覆盖，致使土地局部被压埋毁坏、土体破碎。对于受滑坡损毁后仍基本保持原有田形的旱地，以及受压埋后无法蓄水应改作旱地的水田，对同一台面相邻的田块进行归并，将田埂裁弯取直，对占地较宽的田埂进行削坎还田，修补垮塌田埂，并对小田块和边角地进行归并；对于集中在山地丘陵区的坡脚、土层深厚、仍可灌水耕种的灾毁水田，不需要做大的调整，只需对相邻两田块间高程差在 0.25 米左右的局部田埂进行修整归并，以合并田块；同时，对原有支离破碎、零星分散的地块进行调整，以增加耕地面积。因此，滑坡前缘区域的土地平整工程应在清除地表石砾、杂物的基础上，根据原有田形以格田形式进行田块的整形归并或重建。

这里，我们讲一下格田的布置。

（1）田块方向的布置。

田块方向选择正确与否，将长期影响灌排条件、日照、机械作业和防风效果①。

① 范兴科，蒋定生，赵合理. 陕北黄土丘陵区水平梯田最佳田面宽度的优化设计［J］. 水土保持研究，1996，3（2）：129-135.

因此，确定滑坡前缘区田块方向时，我们应充分考虑光照、风害的影响，为了保证耕作田块长边方向受光照时间最长、受光热量最大，田块方向可选用南北向[①]；受地形地貌影响大的地区耕作田块方向应顺地形布置，长边沿等高线方向；而在地下水位较高的区域，为了防止过多雨水对田块耕作造成影响，我们应满足排水的需求，田块布置要有利于降低地下水，为此，长边方向应垂直于地下水流动方向。

（2）田坎形态的布置。

耕作田块形状要求外形规整，长边和短边交角以直角和接近直角为好，形状依次为长方形、正方形、梯形等规则几何形状，不能出现三角形，力求长边与长边平行、短边与短边呈线。

（3）田块长宽的确定。

耕作田块的长度需根据耕作机械工作效率、田块平整度、灌溉均匀程度和排水畅通度等因素确定。旱地田块长度宜保持在60~120米，而水田为了满足水稻生育过程中不同阶段排灌水的控制，水田田块长度一般要求不超过100米。耕作田块宽度应考虑田块面积、机械作业要求、灌溉排水和防止风害等要求，同时应考虑地形地貌的限制，田块宽度应在20~40米。在进行平整时，水田田面内部凹凸高差应在±3厘米以内，旱地田面坡度应限在1∶500范围。

滑坡前缘区田块整治后，田块长宽比例以5∶1、4∶1、3∶1为宜，这样既便于控制灌排，及时排除多余的地表水，又不妨碍机械作业。

（4）田埂的修筑。

水田区田块内部以田埂为界，田埂宜采用土质，埂高宜为25~30厘米，埂宽宜为30~40厘米。而旱地田块内部可以毛沟为界，也可砌筑田埂。对受损轻微的土坎进行表土清理，我们可采取用湿生土（耕植土层下面的死土）夯实田坎裂缝的方法维修加固。对受损较严重的土坝进行表土清理，我们可采取清基打埂的方法重建。

8.3.2.3　培：滑坡前缘堆积挤压区损毁农田耕作层培植及修复

对于滑坡前缘损毁农田，在耕作层培植过程中我们可以考虑以下两种方式：

一是在条件满足的条件下，可以采用客土移植耕作层的方法。首先，该方法具有培肥效果好、土壤肥力提升快的特点。其次，从滑坡稳定角度来讲，该

① 鲍海君，吴次芳，叶艳姝. 土地整理中田块设计和“3S”技术应用研究［J］. 农业工程学报，2002，12（1）：169-172.

方法增加了滑坡滑舌部分的重量，相当于在坡脚进行堆载，可增加坡体稳定性具有帮助。对于客土修复，从土地平整区外不远的地方，将能满足耕作需要的土壤运至整理复垦区，覆盖在已平整好的土地上，其覆盖厚度取决于原残留表土厚度，保留多，覆盖就少；反之亦然。根据《土地复垦质量控制标准》的要求，山地丘陵区客土修复的覆盖土层厚度为自然沉实土壤50厘米以上，土壤pH值为5.5~8.0，表层容重小于1.4克/立方厘米，表土层厚度达15厘米以上，以满足土壤农业耕作的需要。

二是在客土移植条件不能满足或移植费用过高的情况下，可采用就地培肥的方法对整理后的农田进行耕作层的培肥。其具体措施与滑坡后缘相同。

8.3.2.4　排：滑坡前缘堆积挤压区受损农田修复的灌排设施

滑坡前缘农田修复的灌排设施是滑坡后缘及中部排水设施的延续，具体设计方法和思路可以参考滑坡中部的排水。

8.4　本章小结

由前面章节分析可知，滑坡体上各区域农田的破坏类型不同，受灾程度、复垦适宜性和难易程度有别。为此，本章针对滑坡体各损毁类型区的特点，分别提出滑坡损毁农田后缘、中部和前缘的农田复垦模式及整治技术体系。

本章依据滑坡机制分析、滑坡损毁农田类型分析和复垦适宜性评价等的研究成果，分别探讨了滑坡后缘张拉应力区、中部复合应力区和前缘堆积挤压区的受损农田土地复垦模式及技术体系。其中，滑坡后缘张拉应力区受损农田复垦模式可以概括为“削—填—平—清—排—护”；滑坡中部复合应力区受损农田复垦模式可以概括为“平—补—排—护”；滑坡前缘堆积挤压区受损农田复垦模式可以概括为“清—平—培—排（蓄）”。

9 滑坡损毁农田复垦技术与工程研究

9.1 滑坡损毁农田复垦的原则

滑坡灾毁农田的复垦涉及土体整理和滑坡稳定性防治两个方面的内容，因此具有两个方面的特征。首先，滑坡灾害损毁农田复垦从本质上讲是坡耕地土地整理的一个方面，因此在滑坡区域农田修复及土体整理过程中必须满足两个方面的要求，即土地整理技术的要求和滑坡稳定性的要求。这也包含了两个层次的含义：一是在农田修复以前，该区域是稳定的；二是在农田修复过程中以及修复以后的使用过程中，不能破坏该区域的稳定性。为了更好地满足以上两个方面的要求，并合理高效地利用土地，本章特结合具体情况，提出滑坡区域土地复垦的原则。

9.1.1 同一滑坡区域整体系统性原则

由前面的分析可知，在同一滑坡区域中滑坡的不同部位和不同破坏模式下，对损毁农田的修复治理具有不同的措施和侧重点。然而，对于同一个滑坡区域，其排水设施、灌溉设施和道路设施等是一个统一的系统，滑坡不同部位的灌排设施必须相互衔接，形成统一的整体。

9.1.2 在整理过程中尽量做到对地形地貌条件改变最小

由于滑坡在滑动过程中，其滑动面已经形成，对表面扰动的敏感性很强。因此，在对滑坡区域土地进行整理的过程中，我们应尽量利用滑坡后的地形地貌、灾后保存的基础设施以及土地地块条件，进行合理的规划设计，在保证农田整理效果的同时，最大限度地减少土石方的运移量，同时减少对滑坡体稳定性的影响。

9.1.3 满足有效排水的要求

众所周知，对滑坡体而言，无论是已经产生大规模滑动的滑坡体还是处于孕育阶段的滑坡体，水都是影响坡体稳定性的一个重要因素。而对于滑坡后土地整理工程而言，在土地整理过程中，不但改变了坡面的形态，同时还对地表水地下水的“补—径—排”产生影响，从而影响到滑坡稳定性。坡面土地整理对地表水地下水“补—径—排”的影响主要体现在对大气降雨的拦蓄上。首先，在滑坡体上修筑梯田，使原有的斜坡面变成一级级的梯级平面，这就大大减少了原有的地形坡度，使大气降雨形成的坡面流流速减缓，地面排水能力下降，从而使地表水的入渗量增加；其次，梯田田面边缘往往要修筑田坎，从而使梯田内部形成四周略高、中间略低的洼地，在降雨时造成了梯田田面地表水的蓄积，进而使地表水入渗量也大为增加，使坡体的稳定性降低。因此，为了保证坡体的稳定性，在滑坡区域进行土地修复过程中，我们必须有效排除因地形地貌的改变而增加的降雨入渗量。

9.2 滑坡损毁农田复垦排灌技术

9.2.1 坡改梯工程排水技术研究思路

坡改梯工程是坡耕地整理过程中的一个重要内容。在滑坡体上进行坡改梯工程会使原来有坡度的田面变得平整，坡度减缓，从而使坡面在降雨条件下入渗强度显著增加，进而直接入渗成为壤中流；同时，梯田埂坎切断坡面径流，减缓径流流速，延长了降雨的入渗时间，使得降雨入渗率大大提高。上述效应会使滑坡体内部岩土体中的孔隙水压力大大增加，从而影响滑坡的稳定性，可能导致已经基本稳定的滑坡在修筑梯田后发生再次滑动。因此，在滑坡区域土地整理过程中，梯田的修筑必须能够有效排除多余的降雨入渗量，从而减缓降雨入渗对坡体稳定性的影响。为了解决上述问题，本书根据传统坡改梯工程设计要求，结合农田排水技术方法，提出了暗管排水梯田的思路，如图 9.1 所示。

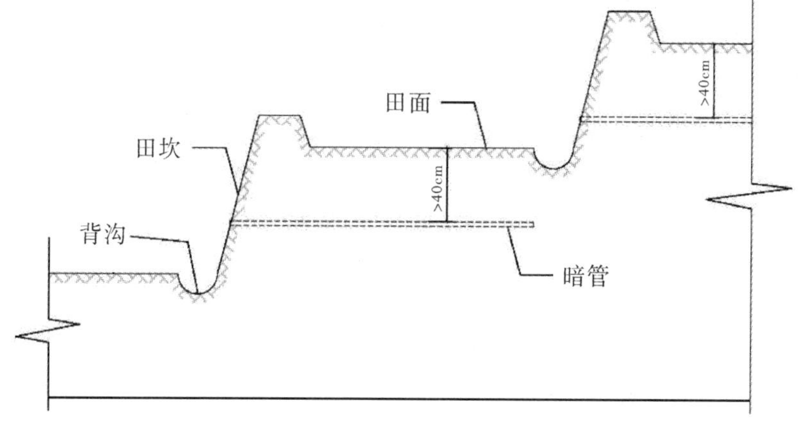

图 9.1　滑坡区域暗管排水梯田示意

暗管排水梯田的主要思路是：首先，按照传统坡耕地整理梯田设计的原则和要求进行梯田坎设计，在此基础上于田块耕作层下方埋设排水暗管，排除梯田田面多余的降雨入渗量，暗管出水口从梯田田坎伸出；其次，在田坎下部下一级梯田修筑背沟，用以收集由暗管排出的地下水以及田坎表面的地表水，背沟分别与梯田两侧的纵向排水沟相连。梯田其他设计指标与传统坡耕地土地整理中的梯田设计相同。

9.2.2　暗管排水实验研究

9.2.2.1　实验目的

本实验主要是通过室内模拟来验证梯田暗管排除降雨入渗水的能力。本书在土地平整过程中针对重庆地区降雨较多的实际情况特别提出了排水需求，梯田设计基于传统梯田设计提出了暗管排除降雨入渗水的梯田设计思路。本实验的目的就是验证这种设计方法排除降雨入渗的效果。

9.2.2.2　实验仪器、装置

（1）实验土槽模型如图 9.2 所示。由图 9.2 可知，土槽设置为钢架玻璃槽，土槽长为 120 厘米、宽为 50 厘米、高为 82 厘米；土槽中间用挡板隔开为两个容积相同的小土槽，分别模拟为暗管梯田和对照梯田；每个土槽左上角距顶端 5 厘米处设置直径为 4 厘米的圆孔，通过塑料管连接水箱，用以收集地表径流；其中，模拟暗管梯田土槽的侧面距底端 20 厘米处（保证模拟土层厚度达到丘陵山区机械耕作要求）设置直径为 6 厘米圆形孔，圆孔中放入直径为

5 厘米的暗管（参考相关文献资料并通过市场调查确定管径），通过塑料管连接水箱，用以收集壤中流；土槽底端用砖块堆砌坡度为 15 度的斜面，并用水泥砂浆抹面形成不透水层；在斜面上分层填土，至距顶端 5 厘米处；填土过程中，在不透水层上，设置微型孔隙水压力计，用以测试不透水层上（模拟画面）孔隙水压力情况；暗管梯田中，在土壤层距斜面 20 厘米处，沿斜面方向放置暗管；暗管采用 PVC 塑料管，直径为 5 厘米，埋设前预先在管壁上钻孔，孔径为 2 毫米，暗管上层覆盖 2~3 毫米碎石。

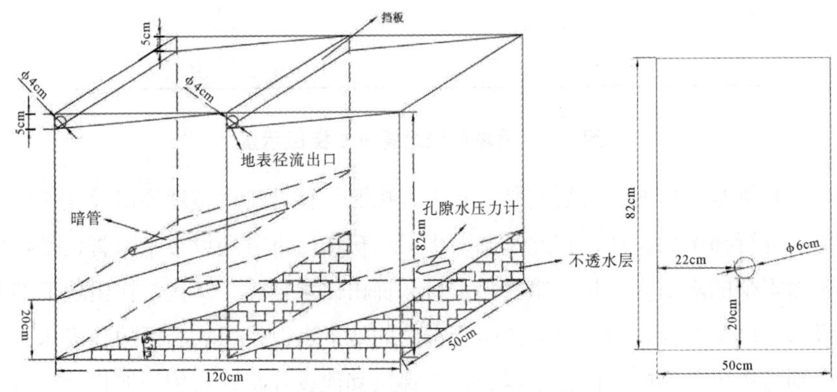

图 9.2　实验土槽模型

（2）孔隙水压力测量仪器如图 9.3 所示。对于模拟滑动面上的孔隙水压力，我们选用南京基泰土木工程仪器有限公司生产的 VP500 系列振弦式孔隙水压力计，具体参数如下：

①尺寸为长 120 毫米，最大外径 30 毫米；

②测量范围为 0~160 千帕；

③分辨力为≤0.05 千帕/法；

④温度范围为 0 摄氏度~40 摄氏度；

⑤温度测量精度为±0.5 摄氏度。

图 9.3　孔隙水压力测量仪器

9.2.2.3　供试土样

由于此实验在西南大学开展，为便于运输，野外采集模拟梯田用土壤样品的采样点选择学校所在地重庆市北碚区。我们筛选五种不同土地利用方式下的土壤样品，先进行土壤容重、田间持水量和机械组成等基本特性测定。土槽供试土样参数见表 9.1。

表 9.1　土槽供试土样参数

土壤性质	土壤容重/$g \cdot (cm^3)^{-1}$	田间持水量/%	机械组成/%			土地利用方式
			2~0.02mm	0.01~0.002mm	<0.002mm	
供试土样 1	1.38	43.1	55.9	27.9	16.2	旱地
备用土样 2	1.56	51.7	59	29.6	14.4	水田
备用土样 3	1.54	44	56	28	16	菜地
备用土样 4	1.25	58.1	42.5	39	18.5	林地
备用土样 5	1.29	36.6	60.3	21.4	18.3	旱地

由表 9.1 可以看出，所选五个备选采样点土壤虽然土地利用方式各异，但三个性状相近。考虑到滑坡损毁农田多复垦为旱地，因此我们选取最终供试土样 1 作为土槽实验用土。

9.2.2.4　实验数据获取

实验主要通过水量和土壤中的孔隙水压力量方面数据的测量来验证暗管排除降雨入渗的能力。其中，水量的测量包括降雨量、地表径流量、降雨入渗量和暗管排水量四个方面的数据。降雨量通过土槽口暴露面积与降雨器标准降雨量的换算得到；地表径流量通过对地表溢出口水量的收集后再采用量筒进行测量；降雨入渗量即相同时间内降雨量与地表径流量的差值；暗管排水量也是通过对排水量的收集后再采用量筒进行测量。降雨器控制系统及实验过程见图 9.4。

图 9.4　降雨器控制系统及实验过程

9.2.2.5　实验步骤

（1）去除石头、杂草根等杂物后，为了保证土壤的初始含水率与密度的均匀，我们先将采集的土壤样品进行风干并过筛（5 毫米孔径）。实验前，我们先将土壤样品润湿，使水分重新分布，从而获得均匀的初始含水率，然后将土样分层装入玻璃箱，层间打毛并夯实土壤，使土层厚度达到 60 厘米并分布均匀。

（2）考虑农业机械翻耕深度、作物根系在土壤中的分布及丘陵山区坡地土层厚度，我们在距土壤表面 40 厘米处埋设暗管，比降为 1∶20。

（3）采用人工降雨器模拟降雨，降雨强度为 100 毫米/小时，累计降雨 10 小时（见图 9.5）。降雨之前测定孔隙水压力，降雨开始以后每 1 小时分别测量降雨总量、地表径流量、降雨入渗量、暗管排水量和滑坡面孔隙水压力值。

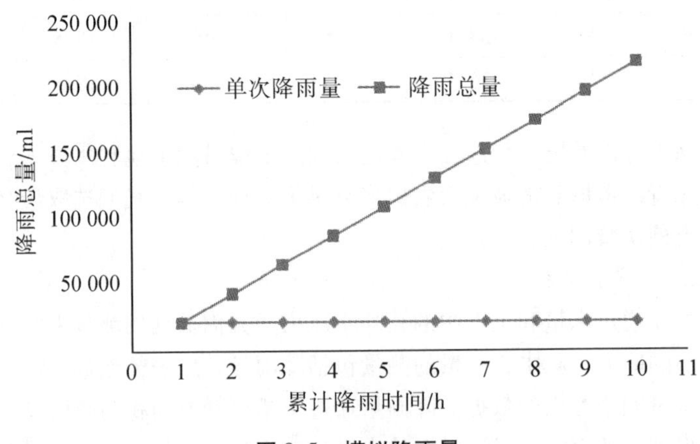

图 9.5　模拟降雨量

9.2.2.6　实验结果分析

（1）暗管对梯田入渗过程的影响分析。

为了分析有暗管的埋设对梯田降雨入渗特性的影响，我们在实验中分别对有暗管梯田和无暗管梯田两种情况下的降雨入渗量进行计算，在计算中设定了降雨器在有暗管梯田和无暗管梯田上方的降雨量为

$$Q' = \frac{Sqt}{1\ 000} - Q \tag{9.1}$$

其中：Q' 表示计算时间内的降雨入渗量（ml），S 表示梯田上方接收降雨的面积（mm^2），q 表示降雨强度（mm/h），t 表示两次测量间隔时间（h），Q 表示地表排水量（ml）。

在实验时间内，有暗管梯田和无暗管梯田各时间段降雨入渗量以及累计降雨入渗量如图 9.6 所示。

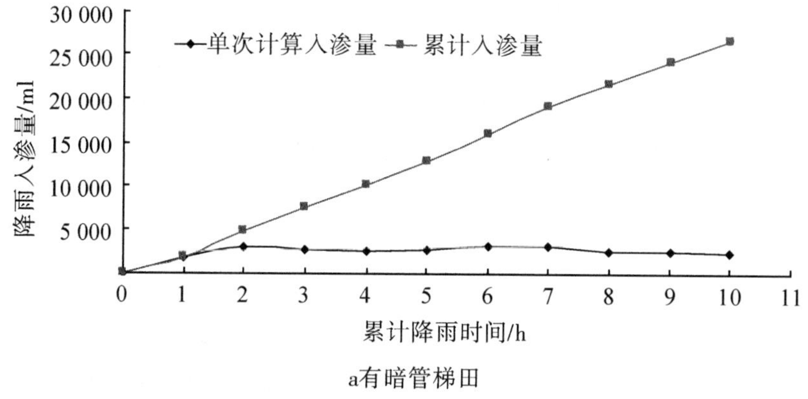

a有暗管梯田

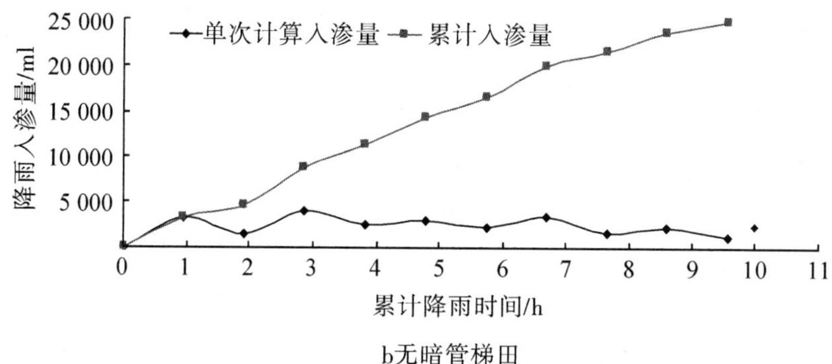

b无暗管梯田

图 9.6　梯田降雨入渗情况对比

从图 9.6 可以看出，有暗管梯田和无暗管梯田在相同的降雨条件下，无论是单次计算入渗量还是累计入渗量均存在一定的差别，说明暗管的埋设对土地

的降雨入渗情况具有一定的影响。具体描述如下：

从单次计算入渗量来看，有暗管梯田实验时间内的平均入渗量为2 671毫升/小时，无暗管梯田实验时间内的平均入渗量为2 098毫升/小时。入渗量数据显示，在梯田内埋设暗管后，在相同的降雨条件下，梯田平均入渗强度会较未埋设暗管梯田有所增加。此外，从单次计算入渗量的变化趋势来看，有暗管梯田和无暗管梯田都随着时间变化均表现出一种先增加后逐渐降低的趋势，且无暗管梯田较有暗管梯田更为明显。

造成以上两种差异的原因可能来自两方面：首先，在实验装土过程中可能存在土槽两端装土量即密实程度的不同，因此出现两者入渗条件的差异。其次，我们认为最重要的原因在于土层是固、液、气三相的混合物。在地表降雨过程中，入渗土壤中的雨水先占用了上部的气相空间，将气体逐渐向下挤压，在此情况下安装了暗管的梯田内气体可以从暗管及虑层的孔隙中向外排出，因此排气条件好，对降雨入渗的阻碍相对较小，因而入渗能力更强；相反，无暗管梯田在降雨入渗过程中，土壤中的气体排除条件较有暗管的梯田差，因而空气对降雨入渗的阻碍能力更强，因此其入渗强度较有暗管梯田低，且随着入渗时间的增加，空气土壤中的空气压缩越严重，其对降雨入渗的阻碍也随之增强，因此出现单位时间入渗量随时间的推移逐渐降低的情况。

从累计入渗量来看，有暗管梯田的累计入渗量随着时间的推移按照近似线性的关系发展，而无暗管梯田累计入渗量随着时间的推移有一个逐渐趋于平缓的过程，按此趋势发展，可以预见在降雨时间达到某一值时，梯田内部的降雨累计入渗量将近似达到一个恒定值，即超过该时间，累计降雨入渗量将不再随时间而增加，产生此现象的原因主要源于单位时间降雨入渗量的变化。这也说明，安装暗管之后土体的排水能力明显强于无暗管的情况。

（2）埋设暗管对地表径流量的影响。

埋设暗管在改变土壤入渗量的同时也改变了地表径流量，这种变化可以从无暗管和有暗管的地表径流量差值中得以体现，如图9.7所示。初始阶段无暗管与有暗管地表径流量之差为负值，无暗管梯田田面地表径流量小于有暗管的梯田，但并不能确定有暗管的梯田水分入渗就差。这可能是由装土过程中压实程度不同造成的。从两者单次地表径流量差来看，虽然差值忽大忽小，呈波状浮动，但自第二小时开始均为正值，无暗管梯田田面地表径流量大于有暗管梯田。随着时间的延长，初始装土压实度的差异影响所起作用逐渐减小，因此可以得出结论：有暗管埋设的梯田水分入渗能力较无暗管梯田强。再从两者累计地表径流量差来看，差值随时间延长呈直线型增长，这也证明埋设暗管增强了梯田土体的降雨入渗能力。

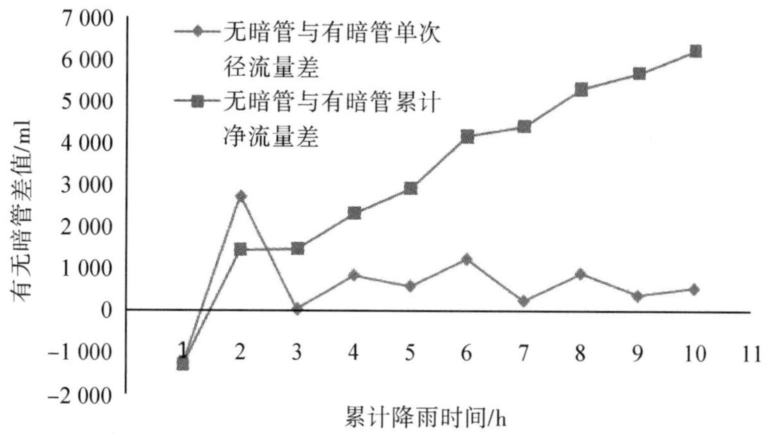

图 9.7　有无暗管地表径流量差值

（3）暗管排水量规律分析。

如图 9.8 所示，降雨入渗是一个渐进的过程，实验开始降雨后经过 6.5 小时暗管中有水排出，降雨结束后 10 多个小时暗管才停止排水。从开始排水到降雨结束，单次暗管排水量呈不断增大的趋势，直到降雨结束达到最大值。之后，由于降雨停止，地表径流迅速排出田面，水分补充来源缺失，促使水分下渗至暗管的作用力逐渐减小，从而造成停止降雨后暗管中所排出水量逐渐减小。虽然单次时间排水量减小，但只要仍有水排出，累计暗管排水量就会一直增大，直到最后无水排出，累计排水量达最大值，排水结束。

（4）暗管对梯田降雨入渗滞留量的影响分析。

前面我们分析了暗管对梯田降雨入渗过程的影响，这里从降雨入渗滞留量角度对梯田暗管的影响进行分析。对于无暗管梯田而言，土壤中的降雨入渗滞留水量即等于总降雨入渗量。对于有暗管梯田而言，土壤中的降雨入渗滞留量按下式计算：

$$Q'_Z = Q' - Q'_P \tag{9.2}$$

其中：Q'_Z 表示土壤中滞留的降雨入渗量，Q'_P 表示经暗管排除的降雨入渗量。

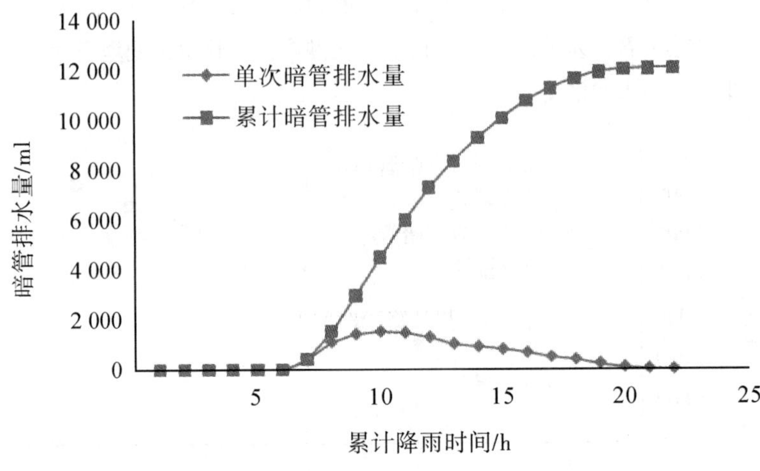

图 9.8　暗管排水量

我们结合式（9.1）、式（9.2）对有暗管和无暗管两种情况下梯田的内滞留雨量计算，如表 9.2 所示。

表 9.2　降雨入渗滞留量计算　　单位：ml

梯田类型	累计接受雨量	地表径流量	入渗量	暗管排水量	滞留量
有暗管	218 400	191 692	26 708	12 060	14 628
无暗管	218 400	197 420	20 980	0	20 980

需要说明的是，表 9.2 中暗管排水量是降雨过程中以及降雨结束后直至暗管内再无水排出这一过程中收集到的总排水量。根据表 9.2 可以看出，尽管在梯田中埋设暗管增大了降雨入渗的强度及总量，但入渗水量大多经暗管排出。从最终土壤中滞留的水量来看，有暗管梯田内滞留的水量明显比无暗管梯田内滞留的水量少。从实验及计算结果来看，暗管排除了梯田中入渗水量的 41%左右，经暗管排水后，有暗管梯田中滞留的水量约为无暗管梯田中滞留水量的 70%。如果忽略实验误差及计算误差的影响，可以认为实验中埋设的暗管减少了梯田中降雨入渗量的 30%。

（5）暗管对孔隙水压力的影响分析。

为了更进一步分析暗管的埋设对降雨入渗及对坡体稳定性的影响，实验中对有暗管和无暗管情况下坡体滑动面上的孔隙水压力进行了测量。两种梯田下滑动面孔隙水压力对比见图 9.9。

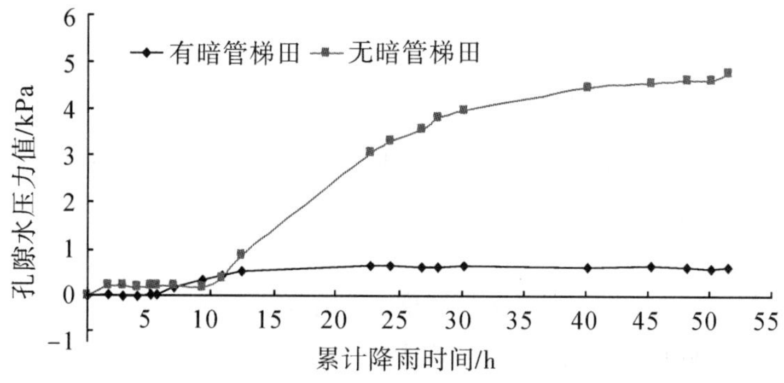

图 9.9　两种梯田下滑动面孔隙水压力对比

图 9.9 是在降雨实验过程中以及实验结束后 48 小时内间断测量得到的有暗管梯田和无暗管梯田下部孔隙水压力的变化结果。从图 9.9 中可以看出，在梯田内安装了排水暗管后，坡体内部的孔隙水压力与无暗管情况有明显的不同，主要表现在两个方面：首先，从孔隙水压力的发展趋势来看，有暗管梯田内部孔隙水压力经历了一个由零逐渐上升，并平稳发展的过程；与之不同的是，无暗管梯田内孔隙水压力在地下水渗透到坡体底部后，随着时间的推移孔隙水压力保持了一个持续增长的趋势，但这种增长并非线性，而是表现出随着时间的推移孔隙水压力增长逐渐减缓的特征。其次，从孔隙水压力值的大小来看，有暗管梯田内最终孔隙水压力值约为 0.89 千帕，而无暗管梯田底部最终的孔隙水压力值为 4.62 千帕，有暗管梯田下部孔隙水压力约为无暗管梯田下部孔隙水压力的 19%，可见暗管对梯田内部孔隙水压力的控制明显。

需要说明的是，实验中孔隙水压力计埋设在梯田暗管的正下方，根据土壤中孔隙水的渗透规律，显然在暗管正下方的孔隙水压力是最小的，而随着离暗管距离的增加，土壤中的孔隙水压力会逐渐增加。当其超出了暗管的作用半径时，孔隙水压力恢复到与无暗管相同的水平。因此，上述 19%的孔隙水压力值并不能代表有暗管整个梯田的孔隙水压力控制量，具体的孔隙水压力控制量还需要根据土体的渗透性能以及暗管的间距等因素进行综合分析。尽管如此，从孔隙水压力的测量上看，本实验设计暗管对于由降雨入渗而产生的土壤中孔隙水压力的控制效果是明显的。

9.2.2.7　实验主要结论

通过上述实验及结果的分析，我们可以得到如下结论：

（1）梯田中暗管的埋设改变了土壤中的透气性能，使降雨在入渗过程中的入渗条件发生了变化，降雨入渗能力增强，相同条件下总入渗量较无暗管梯田增加。

（2）梯田暗管对降雨入渗水量的排泄具有滞后性，根据暗管埋设深度的不同，一般在降雨数小时后开始排水，而要排水结束可能延续数十小时。

（3）从降雨入渗滞留量来看，暗管排水可以最终减少土壤中滞留的降雨入渗总量。本实验结果显示可以减少约为30%的降雨入渗量，但具体情况还需根据降雨强度、土壤性质以及暗管的排水能力等方面进行确定。

（4）从孔隙水压力角度来看，埋设暗管后梯田底部孔隙水压力较未埋设暗管的梯田底部孔隙水压力大幅减少，且暗管的埋设可使梯田底部孔隙水压力保持在一个较为恒定的范围；相反，如果不埋设暗管，梯田底部的孔隙水压力会保持一个持续增加的趋势，但增幅随着时间的推移会逐渐变缓。

通过以上结论可以认为，在滑坡土体整理梯田的设计过程中，在耕作层以下埋设暗管对于降低土壤中降雨入渗的滞留量、减小土壤中的孔隙水压力以及降低梯田修筑对滑坡稳定性的影响具有明显的作用。

因此，在滑坡损毁农田的整治过程中，运用该梯田设计方法排除地表多余的降雨入渗量具有可行性。

9.2.3 滑坡后缘排水技术

为最大限度地排除坡面上的地表水和地下水，滑坡后缘排水系统应采用地面排水与地下排水相结合的方式。

9.2.3.1 *滑坡后缘张拉应力区农田整治中的地面灌排系统*

为防止滑坡体外的地表水顺滑坡体周边流入滑坡体内，需要在滑坡体周边沿滑坡体周围，按照《滑坡防治工程设计与施工技术规范》要求，根据水流汇聚情况及滑坡在可以发展的边界以外不小于5米的稳定斜坡面上，设置环形截水沟。考虑到滑坡后缘农田修复的具体情况，其主要针对已经稳定的滑坡，因此该滑坡可能已经进行了整治，外围已经修筑了截水沟，或者滑坡在自身作用下处于稳定状态，尽管外围可能没有修筑截水沟，但坡体当前的状态能够对外围地表水进行有效的排泄。因而在对滑坡后缘农田整治过程中，我们对排水系统的设计主要考虑农田修复范围内的地表水的排除，即排水系统必须能够有效排除因整治过程中地形地貌的改变而造成的地表水排泄能力的变化量。也就是说，在进行土体整理后，土地整理区的地表水排泄能力不能低于整治前，以免影响坡体的稳定性。基于以上思路，在滑坡后缘土地整理过程中，对整理区进行截水沟的设计可以考虑在土体整理区边缘修筑截水沟，拦截整理区外围的地表水，截水沟可沿整治后的滑坡壁坡脚设置。

对于滑坡区域恢复的农田，水（降雨、融雪、地下水、灌溉水）是影响其稳定的关键因素，合理利用和引导地表及地下水是灾毁农田基础设施建设的重要内容。按照《灌溉与排水工程设计规范》的要求，一般农田的排涝标准设计暴雨重现期为5~10年。该标准下农田排水基础设施的目标为排除一定量的水分以保证农作物的生长，而滑坡区域恢复的排水工程，除保证作物的正常生长之外，还承担着控制滑坡体的整体稳定、不产生危及生命和财产的重大灾害以及达到减灾防灾的目的的作用。因此，由滑坡土地恢复的农田排水设计标准主要根据《滑坡防治工程设计与施工技术规范》，暴雨强度按10~100年的重现期。

截水沟设计流量，计算公式如下：

$$Q_P = 0.278\varphi S_P F/\tau^n \tag{9.3}$$

其中：Q_P 表示设计频率地表水汇流量(m^3/s)；S_P 表示设计降雨强度(mm/h)；τ 表示 流域汇流时间(h)；φ 表示径流系数；n 表示降雨强度衰减系数；F 表示汇水面积。

缺乏必要资料，按经验公式计算，即当 $F\geqslant 3$ 平方千米时，则

$$Q_P = \varphi S_P F^{2/3} \tag{9.4}$$

当 $F<3$ 平方千米时，则

$$Q_P = \varphi S_P F \tag{9.5}$$

截水沟其断面形式，应根据当地所引起的作用及土质等因素而定，多用倒梯形、矩形等形式。

在截水沟的变坡点、出口处以及与其他排水构筑物的接口处应做冲刷验算，如有必要应采取加糙等防冲刷措施。计算公式为

$$Q = WC\sqrt{R_i} \tag{9.6}$$

其中：Q 表示过流量(m^3/s)；R 表示水力半径(m)；i 表示水力坡降；W 表示过流断面面积(m^2)；C 表示流速系数(m/s)。于是，我们宜采用如下公式计算：

$$C = R^{1/6}/n \tag{9.7}$$

其中：R 表示水力半径(m)；n 表示糙率。

刚性材料排水沟，n 的取值，建议采用《溢洪道设计规范》《渠道防渗工程设计技术规范》的推荐数值。

9.2.3.2 滑坡后缘张拉应力区农田整治的暗管排水系统

正如前所述，滑坡后缘是地表水进入滑坡体的主要通道，在滑坡土地整理过程中，整理后的土地对排除地表水和地下水的能力不能弱于整治前。为了达到此目的，我们在梯田中埋设暗管排除多余的降雨入渗量。

在梯田田面以下埋设暗管，收集土壤中的重力水，垂直于田坎并穿过田坎。暗管收集的水流入每台梯田布置的背沟中，背沟与纵向排水沟相连。暗管比降根据梯田田面地形确定，垂直于等高线，与田面倾斜方向平行。

为保证壤中流快速流出，我们在每个田块内纵向排水设计 PVC 管道：①打孔。我们先在暗管表面开孔，孔径为 5 毫米左右，打孔表面面积占总面积的 1/2。②开沟。我们按照 1∶0.3 边坡开沟，用以放置暗管，在沟中放置 PVC 管道，暗管比降根据梯田田面地形确定，垂直于等高线，与田面倾斜方向平行。③铺设碎石。管道上方均匀铺设粒径为 2~3 厘米碎石。④回填。铺设碎石后，我们在上部分层回填并夯实土壤。

暗管布置平面示意见图 9.10；暗管埋设剖面示意见图 9.11。

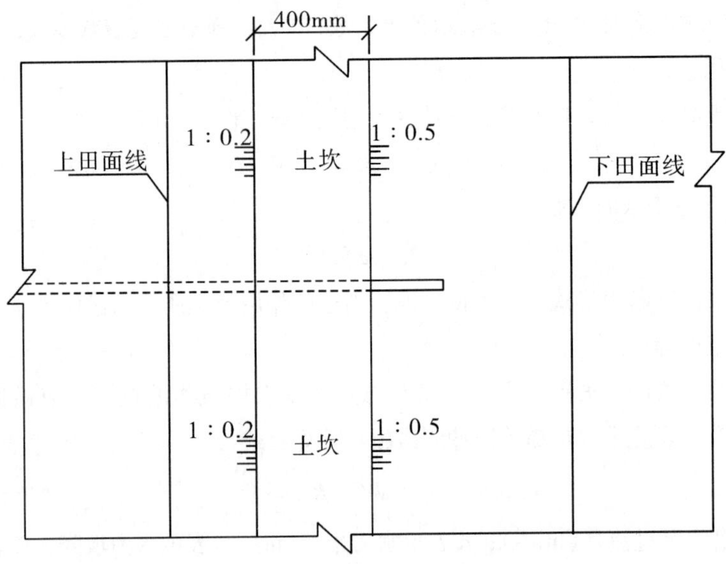

图 9.10 暗管布置平面示意

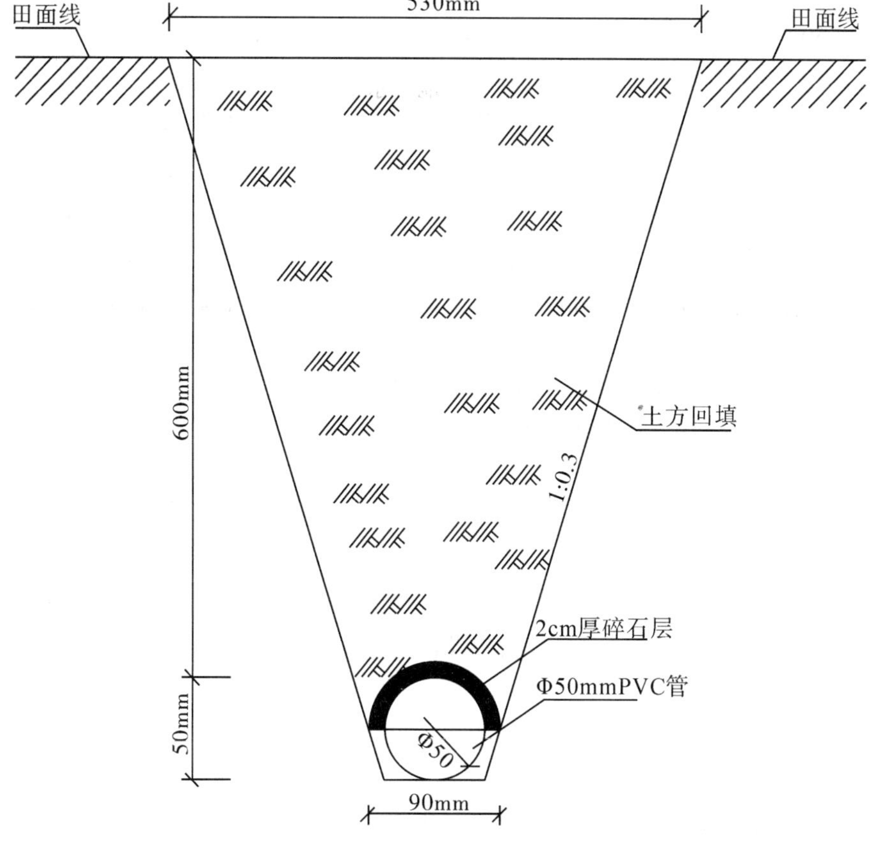

图 9.11　暗管埋设剖面示意

9.2.4　滑坡中部灌排系统设计

由于前面一节已经对灌排系统的修复进行了阐述，本节主要针对灌排系统的设计进行说明。

9.2.4.1　截水沟

为了拦截地表径流、减缓流速，以达到在出现设计暴雨时能保护滑坡区域梯田的安全，同时拦截的径流也可作为蓄水池的水源。在非耕地与耕地、山坡旱地与沟冲田土交界处需布置截水沟，截水沟断面形式、设计流量及水力要素同 9.1.2 节。

9.2.4.2　排水沟

排水系统的布置应以汇集和引离为原则，汇集并旁引坡面水流到滑坡体外排出。滑坡体内的地表排水系统需充分利用山坡地形，结合滑坡条件与地形条件布置，与滑坡一致从上而下布设，主沟最好选择自然沟谷，支沟与滑动方向多以30度~45度斜交，并呈“人”字形或“树枝”形布置。排水沟布置和滑坡裂缝距离应避免太近，招致开裂破坏。若必须经过滑坡裂缝区，可用临时性的折叠式木槽沟或者混凝土板及砂胶沥青柔性混凝土预制块板水沟。排水沟需布置在梯田的背沟两端或者较低的一侧，与蓄水池或天然水道连通。比降应依照梯田的田块分段设计，以每台田面宽为一水平段，每台埂处可修成陡槽跌水，跌水下修建消力沉沙凼。在较小坡面时，为减少排水沟工程占用大量土地资源，可与田间道路并排布设，即在道路两侧修筑小规格的排水沟工程。

9.2.4.3 梯田背沟

在滑坡土地整理过程中，原坡耕地变为梯田，梯田埂坎截断坡面，切断坡面径流，从而拦蓄部分坡面径流。此外，梯田的土层增厚，提高了土壤蓄水能力，相应的土壤拦蓄的降雨增加。为有效排除梯田拦蓄的坡面径流，我们可在每台梯田的背水面设置背沟，背沟的排水一端与排水沟相连。

9.2.4.4 拦山堰

水土流失较严重且坡体较长的滑坡土地整理区域，除布置一般的纵向排水沟、截水沟、背沟之外，还需在坡腰设置一条或多条拦水蓄沙的拦山堰。拦山堰每隔50米应设沉砂池一处，沟底设置一定的比降以便顺利排除截留的地表水。

9.2.4.5 沉沙池

田边沉沙池主要布设在每块耕地的排水沟出口处，就地拦蓄泥沙，方便每年冬季将沉沙池内拦蓄泥沙返回该块耕地；拦山堰沉沙池布设在拦山堰上，每隔50米设置一处，防止泥沙淤积；连珠式沉沙池布设于下山排水沟跌水处，也可连续修建多个沉沙池，即起到拦沙和消力的双重作用。

9.2.4.6 暗管

在滑坡中部区域的暗管排水根据实际情况可以考虑采用不同的暗管方案。对于中部变形破坏相对轻微，且土地平整工程主要在滑坡后保留梯田上做相应的加固及修复的区域，考虑到农田原有的土层结构保存较好，表层以下隔水层含水层破坏不严重，此时可考虑以降低地下水位为主的排水思路，暗管排水可借鉴边坡排水的方法，采用钻孔方法进行暗管的安装。其具体过程包括：①根据设计的暗管位置，采用机械钻具进行钻孔，钻孔孔径较设计排水暗管外径略大；②在松散岩土体内钻孔时，为防止塌孔，应采用套管全程跟进式钻孔；③钻孔到位后，孔内不允许有积水、石粉和石渣；④排水管采用PVC管，管上钻约10毫米的圆孔，间距50毫米，并在管四周均匀排列，排水管外侧采用无纺土工布包裹，端部采用滤网堵塞；⑤排水管靠近出水口内侧 1~3 米的长度范围内不钻小孔，在出口以内 80 厘米长的范围内应用黏土堵塞钻孔与排水管之间的孔隙。

排水管设置的高度可根据梯田田坎的高度合理安排，在梯田田坎高度范围内，满足施工要求的前提下可以尽可能地降低暗管的高度；暗管的长度以梯田的田面坡度和田坎超出田面的高度来确定。滑坡区域中部暗管排水钻孔安装示意如图 9.12 所示。

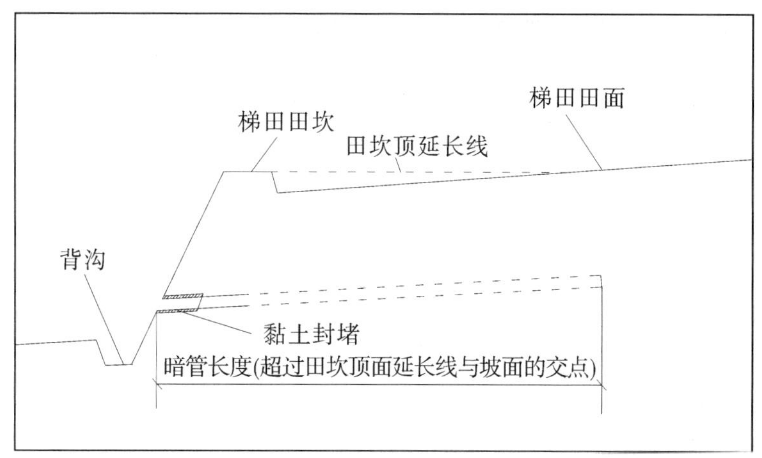

图 9.12　滑坡区域中部暗管排水钻孔安装示意

对于农田破碎较为严重，且土地整理以梯田重新设计为主的区域，则在滑坡过程以及梯田的修筑过程中，农田土层的结构、含水层、隔水层的结构均遭到了破坏，此时暗管排水主要考虑排除地表入渗的水量，因而其暗管的埋设与滑坡后缘梯田中暗管的埋设方法一致。

9.2.5　滑坡前缘灌排工程技术

由于前缘物质堆积区域一般地势较低且冲田坝田较多，针对地下水位较高的冲田、坝田，我们需设置排水沟。沟底离田面 0.8~1.0 米；沟底比降宜为 1∶1 000 或 1∶2 000，也可根据实际地形增加到 1∶200，比降分田块设置，上下田块用跌水链接。

由于滑坡前缘条件较好，土层也相对肥沃，是滑坡农田高效利用的主要区域，因而在满足滑坡排水要求的同时，我们还需考虑修筑相应的灌溉设施。其主要包括蓄水池和沉砂池两个方面。

9.2.5.1 蓄水池

蓄水池位置应尽量选在地面较低处，以利于控制较大集水面积以获得最大汇水量，同时注意与排水沟及梯田背沟相通，依靠梯田截水沟—排水沟—蓄水池汇水。在小股泉水、岩溶水出露的地方，可在其附近选择合适地点修建蓄水池，长蓄短用。蓄水池基础应坚实，不能离沟头、沟边太近，以防渗水引起坍塌，距崖坎应保持至少 5 米的距离，池壁外 4 米之内无根系发达的树木。

蓄水池容积应根据《灌溉与排水工程设计规范》《土地开发整理项目规划设计规范》《节水灌溉工程技术规范》的要求，结合项目区降雨分布、水土资源、作物种植结构、灌区规模及灌水方法等因素，按照需水量和来水量平衡计算。当集雨面来水量不足时，可考虑其他水源补充，宜控制在 50～1 000 立方米，丘陵地区宜控制在 400 立方米以下，山地地区宜控制在 200 立方米以下。属于坡面沟头的小型蓄排饮水工程系统的蓄水池，其容量设计主要依据《水土保持综合治理 技术规范 小型蓄排引水工程》来确定。

由于钢筋混凝土的圆形水池受力结构好、稳定性较好，我们推荐滑坡舌区域采用钢筋混凝土结构水池。各地区根据区域自然及经济状况进行选择，如石料丰富的地区可选择砌石结构水池，同时做好防渗工作。为防止人畜进入以及保护人畜和工程安全，我们需在蓄水池上设置护栏。在护栏实墙部分留溢流口，溢流堰长度以能将多余水量排出工程以外为宜，衬砌材料可采用“U”形砼槽或砌砖。

由于蓄水池地处由滑坡整理而形成的土地，不排除地基可能会发生变形和不均匀沉降的可能性，从而致使蓄水池渗漏。针对由滑坡土地整理而恢复的农田，地表防渗是保持坡体稳定性的重要内容。因此，其对蓄水池的防渗效果具有更高的要求。土工膜防渗性能好、重量轻、施工简便且质量可靠，对不均匀沉陷适应力强，具有投资低、工期短等特点。针对滑坡区域复杂的地质条件，在防渗方案选取上，我们可考虑使用完整的土工膜防渗体系。

9.2.5.2 沉砂池

我们可设置与蓄水池相连的沉砂池。沉砂池一端连接蓄水池，另一端直接与引水沟末端相连。沉砂池进水口和出水口应参照蓄水池进水口尺寸设计，做好石料（或砂浆砌砖，或混凝土板）衬砌。进水口处需设置拦污栅，已拦截杂草、枯枝等。

9.3 滑坡陡坎及滑坡壁整治技术

9.3.1 滑坡壁的基本特征

滑坡壁是滑坡体后缘与不动的山体脱离开后，暴露在外面的形似壁状的分界面。滑坡后壁的坡度一般较陡，为 60 度~80 度，高度可由数十米到上百米(见图 9.13)。通过现场调查发现，滑坡后壁上时常可见擦痕，且在滑坡壁上方未动土石体坡面上常有几条与滑坡壁平行的裂缝，可能造成陡壁的垮塌或滑移，对下部农田再次造成损害。因此，在对滑坡后缘洼地进行土地整理过程中，我们必须对滑坡壁加以处理。

图 9.13 典型滑坡后壁

9.3.2 常用整治方案对滑坡壁整治的适用性分析

在滑坡治理或边坡工程中，对于类似陡壁，人们常采用削坡、锚喷、挡墙等多种方式加以处理。理论上讲，这几种方法均有各自的适用条件，为此，我们特针对农田修复的需求及具体情况，对其进行对比分析，主要对比指标及结果如表 9.3 所示。

表 9.3　高陡岩土边坡整治方法对比

方法	适用条件	荷载量	费用	生态效应
削坡减载	土坡 $H<10$m，岩坡 $H<25$m，安全等级二、三级	在陡壁处削方，削下的岩土体对于坡脚，坡体上总体荷载未增加	约 60 元 /m^3	可在削坡区域种植草木
锚喷支护	岩石边坡 $H<30$m，安全等级一、二、三级	增加了喷层及锚杆的重量，滑坡体上总荷载增加	约 110 元 /m^2	无
钢筋混凝土挡墙	土坡 $H<8$m，岩坡 $H<15$m，安全等级一、二、三级，基础稳定性差区域不宜采用	增加了挡墙的重量，滑坡体上总荷载增加	约 200 元 /m^2	无

表 9.3 是通常情况下高陡岩土边坡整治方法的简单对比，我们现结合土体整理区域滑坡陡壁的特点及要求进行综合分析。

从适用条件上看，锚喷支护的适用坡高范围较广，而钢筋混凝土挡墙适用的坡高范围更小。在安全等级方面，锚喷支护和钢筋混凝土挡墙适用的安全等级更高，而削坡减载使用的安全等级相对较低。除此以外，钢筋混凝土挡墙对基础有较高的要求。对于后缘滑坡壁而言，由于其可能影响的对象只是土地，不属于重要建筑物，对坡体安全等级的要求相对较低，因而从节约投资角度上讲，宜优先考虑削坡减载。同时，滑坡发生后，后缘岩土体发生了明显的移动变形，土质变得异常松散，因而其稳定性差。从这个角度上讲，钢筋混凝土挡墙应该作为最后的考虑方案。

从坡体载荷的变化上看，削坡减载方案不增加坡体上的载荷，而锚喷支护和钢筋混凝土挡墙都会增加坡体上的载荷，这对于滑坡整体的稳定性是不利的。

从费用角度上看，在同一个陡壁下，削坡减载方案显然费用较低。

从生态效应角度上看，削坡减载由于在坡面和坡脚均有土壤存在，因而利于种植草木，形成良好的生态效应，而锚喷支护和钢筋混凝土挡墙由于其表面均为混凝土，不利于生态作物的种植，因而较难形成明显的生态效应。

综合以上分析结果，削坡减载方案为滑坡壁整治的最优方案。下面，我们就结合滑坡壁整治和农田修复的共同特点，对削坡方案进行分析研究。

9.3.3　滑坡壁陡坎削坡减载技术

9.3.3.1　*削坡减载技术原理*

削坡的工程量和削坡后的坡体稳定性与坡体的高度和削坡的坡比具有明显

的相关性。显然，在相同的稳定性要求下，坡体越高，需要的削坡坡比就越大，相应的削方量就越大，同时对滑坡壁上部和下部土地的占用也会越大。根据《建筑边坡工程技术规范》，在建筑边坡工程中，当土质边坡高度大于 8 米、岩质边坡高度大于 10 米时，高度过大，则既不利于土地的开发利用，又造成规模不经济。又因滑坡损毁农田多是土质边坡，故本书以边坡高度 8 米作为界限，即高度小于或等于 8 米为低矮陡坎，高于 8 米则为高陡坎。针对不同的坡体高度，本书提出了三种不同的削坡方案。

一是滑坡壁低矮陡坎削坡减载：对于高度小于 8 米的滑坡陡坎，宜采用一次性削方到坡脚的方案，其削坡示意如图 9.14 所示。由于滑坡发生过程中，陡坎底部往往伴随有张拉裂缝，在土地整理过程中必须对该裂缝进行封堵，而滑坡陡坎削方所产生的岩土体正好可以用于下部裂缝的封堵，从而大大减少了裂缝封堵的岩土运送量。

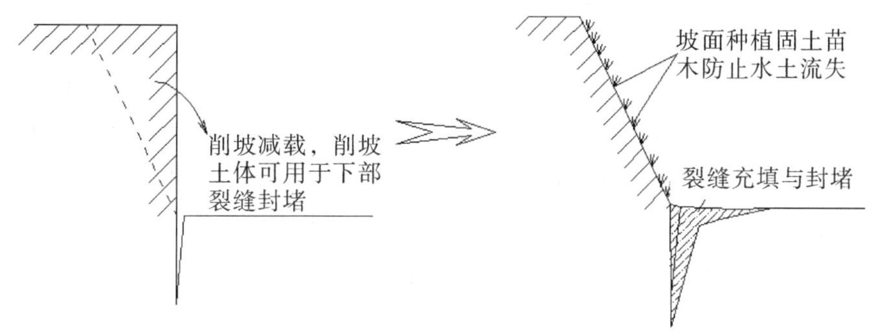

图 9.14　滑坡壁低矮陡坎削坡减载示意

二是滑坡壁高陡坎削坡减载：对于高度大于 8 米的滑坡陡坎，如果继续按照上面的方案进行削坡，则需要有较大的削坡比，削方工程量会大大增加，这一方面造成了对滑坡壁上部土地的大量占用，另一方面也增加了削方工程的难度及费用。为了解决上述矛盾，且同时满足坡体稳定性的要求，本书提出了“削方+堆载”相结合的滑坡陡坎处理方法。其具体方法及过程如图 9.15 所示。

首先，在对削坡进行设计过程中，根据坡体的高度和岩性设计削坡比率，但在削坡范围上并不是从坡顶一直削到坡脚，而是选择坡体的上半部分进行削坡，将上半部分削坡生成的岩土体用于坡脚裂缝的封填和坡脚的堆载，坡脚堆载体的坡面角度与上部削方区一致。边坡的整个高度可按同一坡率进行放坡，也可根据边坡岩土的变化情况按不同的坡率放坡。其次，为了形成良好的生态效应以及增加坡脚堆载体的稳定性，可在堆载体上部覆土种植相应的生态苗木。

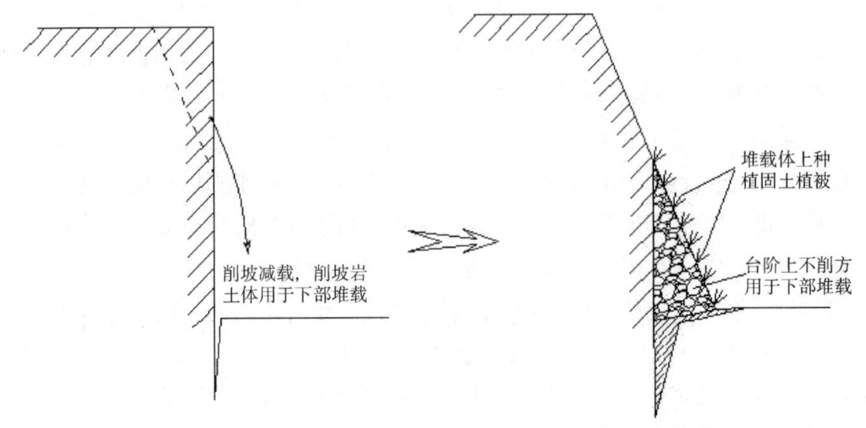

图 9.15　滑坡壁高陡坎的削坡整治示意

三是陡壁放坡允许值的确定：在对滑坡壁陡坎进行削坡的设计过程中，削坡宽高比的设计是关键，宽高比过大则削方工程量增大，且对上部土地的占用量大，而削坡宽高比过小则又不能满足坡体稳定性的要求。对于高陡边坡的放坡允许值（宽高比），重庆市住房和城乡建设委员会主编的《建筑边坡工程技术规范》给出了相应的建议值，但其主要是针对人工建筑边坡而言的，防护要求较高，而在对农田修复后的陡壁进行整治过程中，可以适当放低防护要求。因此，本书认为，滑坡损毁农田复垦中的陡坎放坡允许值可以借鉴《建筑边坡工程技术规范》的相关要求，得到土质坡体和岩质坡体的放坡允许值。不同岩土性质不同坡高的陡坎放坡坡率允许值见表 9.4。

表 9.4　不同岩土性质不同坡高的陡坎放坡坡率允许值

a 土质坡体

台阶类型	状态	坡率允许值（宽高比）	
		坡高<5m	5m<坡高<10m
碎石土	密实	1∶0.35~1∶0.5	1∶0.5~1∶0.75
	中密	1∶0.5~1∶0.75	1∶0.75~1∶1.0
	稍密	1∶0.75~1∶1.0	1∶1.0~1∶1.25
黏性土	坚硬	1∶0.75~1∶1.0	1∶1.0~1∶1.25
	硬塑	1∶1.0~1∶1.25	1∶1.25~1∶1.50

注：①表中碎石土的充填物为坚硬或硬塑状态的黏性土；

②对于砂土或充填物为砂土的碎石土，其边坡坡率允许值应按自然休止角确定。

表9.4(续)

b 岩质坡体

台阶类型	风化程度	坡率允许值（宽高比）		
		坡高<8m	8m<坡高<15m	15m<坡高<25m
Ⅰ类	微风化	1∶0~1∶0.1	1∶0.1~1∶0.15	1∶0.15~1∶0.25
	中风化	1∶0.1~1∶0.15	1∶0.15~1∶0.25	1∶0.25~1∶0.35
Ⅱ类	微风化	1∶0.1~1∶0.15	1∶0.15~1∶0.25	1∶0.25~1∶0.35
	中风化	1∶0.15~1∶0.25	1∶0.25~1∶0.35	1∶0.35~1∶0.5
Ⅲ类	微风化	1∶0.25~1∶0.35	1∶0.35~1∶0.5	—
	中风化	1∶0.35~1∶0.5	1∶0.5~1∶0.75	—
Ⅳ类	中风化	1∶0.5~1∶0.75	1∶0.75~1∶1.0	—
	强风化	1∶0.75~1∶1.0	—	—

注：Ⅳ类强风化包括各类风化程度的极软岩。

9.3.3.2 滑坡壁削坡减载技术实地应用

（1）施工对象：双新村滑坡后缘滑坡壁陡坎。工程区左侧主要为土质陡坎，高度为2~3米；右侧陡坎高度从1米至数米不等，陡坎性质由土质陡坎向岩质陡坎渐变，且高度也逐渐增大。

（2）施工方法：工程中采用的滑坡壁处置技术主要按照相应的坡率要求对不同高度、不同性质的陡坎进行了放坡处理。其中对于土质低矮陡坎，由于其高度不大，采用削坡至坡脚的方案；对于较高的岩质陡坎，则采用“削坡+堆载”相结合的处理方法。土方开挖采用机械与人工相结合的方法施工，削坡机械采用反铲与推土机、装载机开挖，推土机及装载机运输至指定弃渣场；脚槽、导滤沟、排水沟、截流沟等采用人工开挖①。工程共削坡长度约为200米，总削坡方量约为800立方米。滑坡壁陡坎削坡减载施工流程如图9.16所示。

（3）削坡减载效果：原来坡度极大且高低不同的滑坡壁陡坎，经过削坡减载工程后，转变为坡度平缓、规整稳定的坡面。该工程的实施达到了增加滑坡后缘滑坡壁稳定性的预期目标，且坡面景观也得到了改善和提升，为进一步开展生态护坡技术的实施奠定基础。

① 周奎，何永东．浅析削坡减载在滑坡应急抢险中的应用［J］．科技信息，2014（2）：217，219.

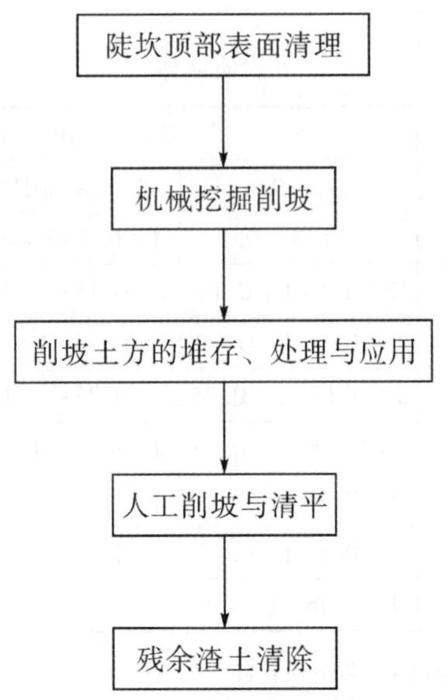

图 9.16　滑坡壁陡坎削坡减载施工流程

9.4　滑坡区域受损农田裂缝封填技术

在滑坡的形成和发展过程中，滑坡裂缝是一种重要的伴生现象。作为滑坡主要要素之一，滑坡裂缝是滑坡运动过程中在滑体表层的一种变形形迹①。滑坡裂缝的发育特点在空间分布上与地形地貌、地质构造等地质条件有关，在时间分布上与降雨和农田灌溉密切相关②。在滑坡体中，农田裂缝一方面使滑坡体表层土地局部拉裂、撕开、陷落等土地拉裂破坏，导致原有农田作物减产，造成严重的土地闲置或者废弃；另一方面，地表水经过地裂缝渗入滑坡体，并到达滑动面（带），造成滑面（带）岩土强度的降低，促使和加剧滑坡形成及滑动。因此，针对滑坡上裂缝要进行适当处理，在保证滑坡稳定性的同时，加快灾毁农田的修复，恢复其生产能力，确保灾区农业生产恢复。我们现依据滑坡裂缝特征、现场调查裂缝情况等制定滑坡损毁农田的地裂缝恢复技术。

---

① 冯连昌，郎秀清．滑坡裂缝产生机理的实验研究［J］．兰州大学学报（自然科学版），1980（1）：120-130.

② 岳明，冉广庆．泾阳北部地裂缝发育特征及防治［J］．中国煤田地质，2004，16（4）：42-47.

9.4.1 滑坡区域农田田面裂缝的调查和分类

滑坡裂缝主要出现在斜坡上，其力学性质以张性和剪切裂缝多见，偶见挤压裂缝。土质滑坡的张性裂缝走向多与斜坡走向平行，具有明显弧形特征；剪切裂缝走向则多与斜坡走向直交，多数情况下则较平直。岩质滑坡的裂缝产状和性质则受结构面控制。

滑坡后缘裂缝平、剖面均呈弧形，显张性。有些情况下，滑坡后缘发育多条裂缝、平面上呈近似同心弧状排列，向坡下呈阶状递降，最终收敛于主滑面上。根据滑坡损毁农田调查，已经形成滑坡的滑坡体后缘张裂缝成贯通性，宽度最大可达数米，并且常常伴随台阶状下挫，局部水循环路径发生改变，土壤理化性质发生改变，土壤质量总体呈现下降趋势，裂缝周边农田多呈溃散破坏。滑坡体中间一般位移区地裂缝较滑坡后缘裂缝台阶状下挫高度小，裂缝宽度小，裂缝两侧落差不大，农田土体从上到下分层结构基本保持。两翼裂缝相对比较顺直，多水平剪切特征，左翼裂缝左旋、右翼裂缝右旋。复杂滑坡两翼可以各有多条剪裂缝且裂缝的数目也不对等，而左、右两翼裂缝各自累积位移量应该大致相等；简单滑坡两翼仅各有一条剪裂缝。

滑坡裂缝的不同发育状况对农田利用以及坡体稳定性的影响不同。通过对滑坡灾害损毁农田裂缝的调查以及资料的收集及整理分析（见表 9.5）发现，典型滑坡发生后，坡体上农田裂缝宽度一般在 10 厘米~1 米，少数大型滑坡后缘裂缝发育宽度可超过 1m。受滑坡体宽度的限制，滑坡区域农田裂缝发育长度多在 5~200 米。绝大部分裂缝上宽下窄呈楔形，两壁近于直立且壁面凹凸不平，最大可量深度达滑动面。调查资料表明，裂缝的发育长度和发育深度与裂缝宽度存在明显的相关性，裂缝发育宽度越大，则裂缝延伸的长度也相对更长，发育的深度也就越深。滑坡裂缝调查与收集数据见表 9.5。

表 9.5 滑坡裂缝调查与收集数据

滑坡名称	裂缝/m		
	长度	宽度	深度
重庆奉节黄连树滑坡中部	5	0.15	3
重庆万州荆竹屋基滑坡中部	8	0.1~0.18	5
重庆潼南五桂镇倒狮村黄家湾滑坡中部	3	0.05	3
重庆潼南新胜镇盘山村滑坡中部	10	0.15~0.2	10
四川达州青宁乡岩门村滑坡后缘	500	0.5~0.8	28

表9.5(续)

滑坡名称	裂缝/m		
	长度	宽度	深度
重庆綦江石豪镇罗李村石笋滑坡中部	300	0.3~0.5	>100
重庆江津夏坝镇双新村滑坡中部	40	0.7	18
重庆奉节安坪乡新铺村滑坡	300	0.8~1.0	21
重庆万州荆竹屋基滑坡后缘	80	15	18
重庆万州大包梁滑坡后缘	30	2.5	25
重庆綦江石豪镇皂泥村垭口滑坡后缘	10	10	20
重庆万州陈家坝塘角村1号滑坡后缘	500	10~15	15

显然，不同的裂缝发育程度对农田和坡体稳定性的影响不同。为在滑坡土地复垦工程中更好地对裂缝进行处理，既保证坡体的稳定性，又达到土体的合理利用，减少工程投入，本部分参照第4章内容，按照裂缝的发育程度对农田以及坡体影响程度对裂缝进行了分级。因表7.1中的Ⅱ和Ⅲ在这两方面影响相近，故本部分将两者合并为中度裂缝，分级主要从裂缝宽度角度加以考虑，具体如表9.6所示。

表9.6 滑坡区域农田表面裂缝分级

裂缝分类等级	对应裂缝宽度/m	对农田的影响	对坡体稳定性的影响
轻度裂缝	<0.2	发育深度较浅，破坏农田表面的完整性，对农田的保水保肥能力基本不产生大的负面影响	主要在表面，未贯穿隔水层，对地表水进入坡体内的影响不大，对坡体稳定性影响轻微
中度裂缝	0.2~1	发育深度较深，不改变农田的土层结构，但会造成土壤的水分和肥力的流失，影响农作物生长	成为地表水进入坡体内的通道，影响坡体稳定性，在治理过程中需作一定防渗处理
重度裂缝	>1	裂缝发育深度长，影响范围广，往往造成裂缝周边农田土层结构的变化，保水保肥能力和水土保持能力下降，甚至可能造成裂缝壁的垮塌	是地下水进入坡体内的主要通道，对坡体稳定性起着重要的控制作用，在裂缝的处理过程中，防渗工作是其中的主要内容

9.4.2 轻度裂缝修复

如前所述，轻度裂缝对农田耕作的影响以及坡体稳定性的影响较小，此类裂缝规模较小，一般未贯穿土层（见图9.17），土体结构整体未发生较大变化，地表轻微变形，耕作层保存较好，一般不影响农作物的生长，不会引发水土流失，不需要采取工程措施。裂缝充填主要靠农民在土地耕作过程中逐步自然填实。对于一些规模相对较大的裂缝，我们可用细沙壤土从细小裂缝缝口灌入，用板条填塞捣实，或者将缝口土料翻松，重新压实，以防雨水侵入，最后就近选择耕作层土壤覆盖，进行人工平土。滑坡区域农田轻度裂缝见图 9.17。

a b

c d

图 9.17　滑坡区域农田轻度裂缝

9.4.3　中度裂缝修复

滑坡区域农田中度裂缝典型照片如图 9.18 所示。该类裂缝多发生在滑坡体的中后部，由于其已经影响到作物的生长和坡体的稳定性，因此必须进行充填。

对于该类裂缝需按反滤层的原理去填堵裂缝：首先，剥离表层土壤，剥离宽度为裂缝两侧各 0.5 米，表土剥离深度为 30 厘米，剥离耕作土就近堆放在裂缝两侧和平整范围内；其次，将裂缝开挖出槽型体，开挖长度应超过裂缝两端 1 米，开挖深度应超过裂缝深度 0.3~0.5 米，开挖槽底部宽度至少为 0.5 米，清除软化土体或稀泥；再次，在槽型体底部铺一层到数层防隔水材料夯实，在从下往上依次采用大于 10 毫米、2~10 毫米、0.1~1.9 毫米的破碎岩石分层进行裂缝充填，或者直接采用砾石、沙和黏土级配而成的人工土层进行充填，每填充0.4米左右应用木杠或夯石分层捣实，保证压实度不小于90%，阻止地表水从裂缝下渗；最后，在充填治理裂缝后，立即回铺表土，并进行人工平土，留存相当于填土厚20%的虚高，以保证填土沉实后田面与地表齐平。

图9.18　滑坡区域农田中度裂缝

采用人工级配土层充填裂缝平整后的田块，应先种植豆科植物，或者采用在土层中添加粉碎秸秆、粪肥等土壤改良措施，尽快地恢复并提升田块土壤的生产力。

滑坡区域农田中度裂缝的修复工艺流程见图9.19；滑坡区域农田中度裂缝修复示意见图9.20。

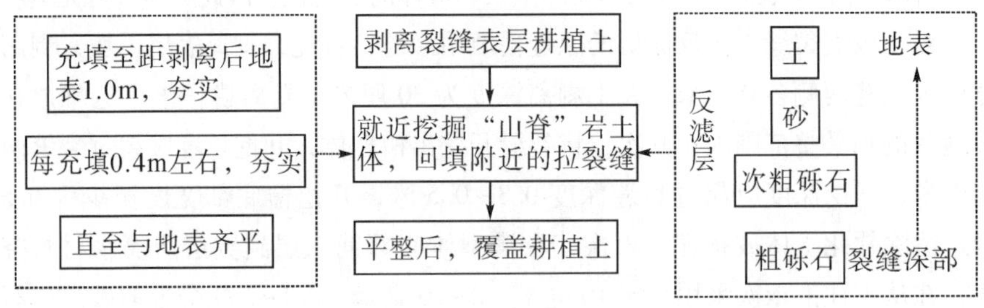

图9.19　滑坡区域农田中度裂缝的修复工艺流程

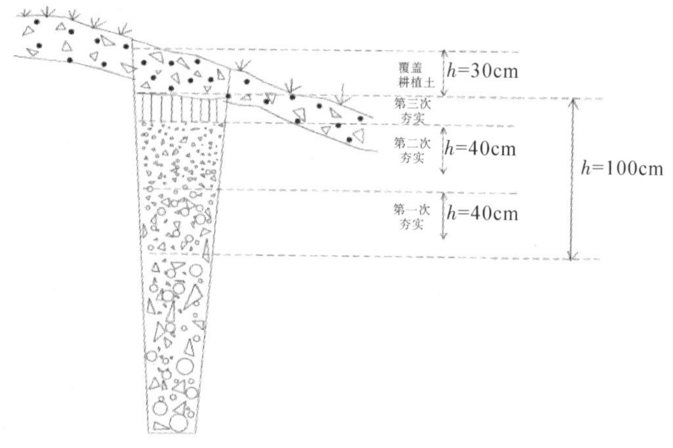

图 9.20　滑坡区域农田中度裂缝修复示意

9.4.4　重度裂缝修复

滑坡区域农田重度裂缝多发育于滑坡体的后缘，如图 9.21 所示。该类裂缝往往直达滑坡滑动面，且裂缝两壁在滑坡张拉应力作用下壁面裂隙发育，透水性好，因而往往成为地表水进入滑坡体内部甚至是滑动面的主要通道。因此，从滑坡稳定性角度考虑，必须对其进行封堵，此外对裂缝的封堵也是进行本区域土地整理的前提。

图 9.21　滑坡区域农田重度裂缝

滑坡区域农田重度裂缝封填施工工艺流程见图 9. 22；滑坡区域农田重度裂缝封堵层结构示意见图 9. 23。

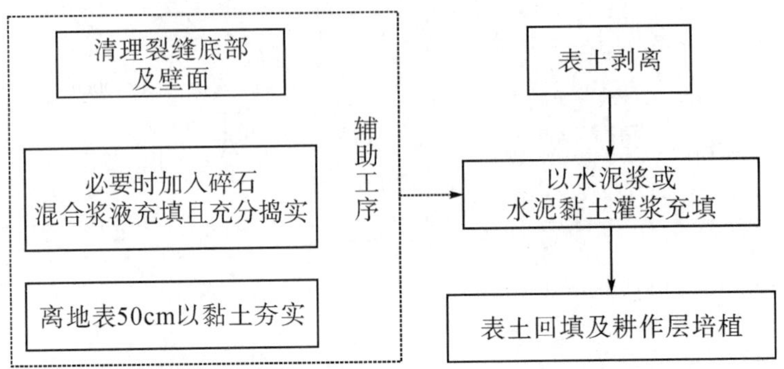

图 9. 22　滑坡区域农田重度裂缝封填施工工艺流程

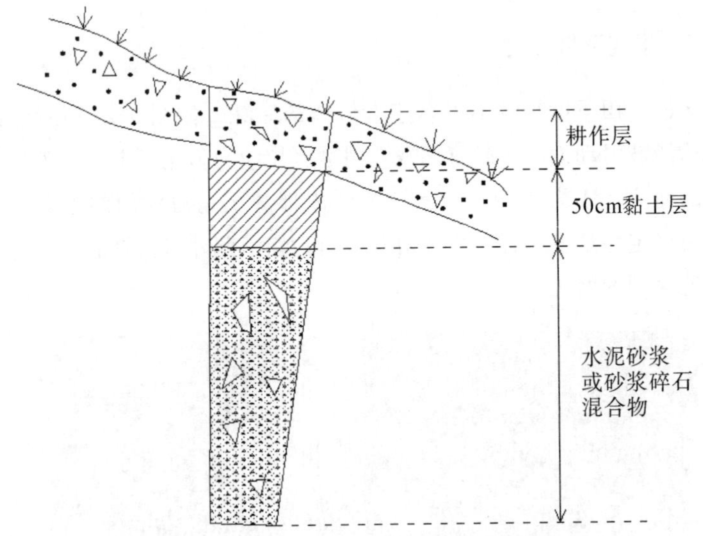

图 9. 23　滑坡区域农田重度裂缝封堵层结构示意

9.5　滑坡区域受损农田生态工程修复技术

滑坡灾害发生以后，对于土层结构变化较小、耕作层基本保留、具有较大复垦潜力的损毁农田区域，在保持继续耕种的前提下，通过采用相应的生态工程技术提高农业产出。而针对不具有复垦条件的损毁农田区域，采取相应的生态工程技术对其进行植被恢复，利用植物保护坡体，防止滑坡等地质灾害的再次发生，保证区域生态环境的稳定。通过方案的实施，形成完整的生态环境恢复、重建、管理技术体系，建立灾毁农田生态环境恢复重建的长效机制。滑坡损毁农田生态工程是利用植物蒸腾滑坡体中大量的水分以降低滑动面土层的含水量，同时利用强大的根系网络固定不稳定土体，恢复、重建灾毁区域生态环境及生态服务功能的综合技术体系。

9.5.1 生物埂坎技术

在滑坡体上运土构造梯田，实际上增大了滑坡体的荷载。梯田建成以后，梯田埂坎占用的土地面积为农田总面积的3%～20%（依坡地坡度、田面宽度和梯田高度等因子而变化）。由于埂坎外侧坡坡度较大，相对稳定性差，在滑坡体上很容易因为自身重力和水流等其他外力的影响而出现坍塌现象，毁坏梯田田面。为了防止埂坎坍塌，保持梯田的稳定性，在实施行之有效的坡改梯工程措施的同时，我们还应采取生物措施与工程措施相结合的生物埂坎技术对滑坡灾毁农田进行综合整治，增强梯田抗御自然灾害的能力，有效地防止滑坡的发生与发展，改善区域的生态环境。研究表明①②，植被对固定易发生浅层滑坡的边坡表面作用巨大。在植被护坡过程中，根系对稳固坡体、防止滑坡和崩塌起重要作用，同时对提高坡面表土抗侵蚀性也起着举足轻重的作用③。

9.5.1.1 生物埂坎植物物种的选择

按照《水土保持综合治理技术规范》的要求，以坚固地埂、保护梯田、防止水土流失，并能充分利用埂坎养分、水分、光热资源的原则，筛选适宜在生物埂坎上种植的植物种。在滑坡损毁农田后结合坡改梯工程修建的生物埂坎宜选用具有深根性、能够固持土体、保护梯田以及增加农民收益的牧草或灌木，而不宜选用串根萌蘖性过强或植株过高的树种、大型乔木，以此保证梯田埂坎的稳定。因此，在进行生物埂坎的植物物种选择时，按照植物学、生态学、土壤学等学科原理，我们应遵循以下原则：

（1）适地适树；

---

① DANJON，BARKER D H，DREXHAGE M，et al. Using three－dimensional plant root architecture in models of shallow－slope stability［J］. Annals of Botany，2008，101（8）：1281－1293.

② MURIELLE G，ROY C S，ALEXIA S. The influence of plant root systems on subsurface flow：implications for slope stability［J］. Bioscience，2011，61（11）：869－879.

③ 熊燕梅，夏汉平，李志安，等. 植物根系固坡抗蚀的效应与机理研究进展［J］. 应用生态学报，2007，18（4）：895－904.

（2）适应性强，耐旱耐瘠薄；

（3）萌生能力强，速生能力好，成活率高；

（4）遮阴小、串根少、林冠一般不高出田面的直根系植物；

（5）收益快、具有一定的经济价值；

（6）保土能力强，对田面作物生长影响小。

根据以上原则，山地丘陵区梯田生物埂坎的植物物种主要选用百喜草、香根草、黑麦草、紫花苜蓿等草本，黄荆、紫穗槐等灌木，以及经济作物萱草等。

9.5.1.2　生物埂坎植物的配置方式

在修筑生物埂坎时，根据不同的梯田埂坎，我们应采取不同的配置模式。当梯田田坎坡度较缓、田面宽度较大时，生物埂坎的配置模式应采用多植物物种混交；当田坎坡度很陡时，优先选择草本生物埂坎模式。

如表 9.7 所示，在田埂上可只配置草本，也可采用草本与灌木混交的方式，配置 1~2 行灌木，其中一行栽植在田埂上，另一行沿田埂紧靠埂的内缘栽植，栽植位置应距外沿 20~30 厘米，株距一般为 0.2~0.6 米，行距为 0.4 米。在田坎上配置植物时，当梯田田坎高度小于 1.5 米、坎坡长低于 2.0 米、田坎外侧坡度大于 55 度时，田坎上优先配置草本植物；当田坎高度在 1.5~2.5 米、坎坡长 2.0~3.0 米、田坎外侧坡度小于 55 度时，可配置草本植物及一行灌木，灌木的栽种位置距田坎顶部的距离为坎坡长度的 1/2 处为宜，株距在 0.5~1.0 米为宜；当田坎高度在 2.5 米以上、坎坡长 3.0 米以上、田坎外侧坡度小于 45 度时，除了种植草本植物外，还可“品”字形栽植两行灌木，栽植位置在田坎高度的 2/3 处，最上面一行离坎顶 1/3 处，株距为 0.5~1.0 米。生物埂坎植物的配置方式见表 9.7；灌草生物埂坎和草本生物埂坎的配置方式见图 9.24 和图 9.25。

表 9.7　生物埂坎植物的配置方式

部位	高度/m	坡长/m	外侧坡度/°	植物配置方式	
				草本	灌木/行
田埂	—	—	—	△	—
	—	—	—	△	△1~2
田坎	<1.5	<2.0	>55	▲	—
	1.5~2.5	2.0~3.0	<55	△	△ 1
	>2.5	>3.0	<45	△	△ 2

注：△为普通选择；▲为优先选择。

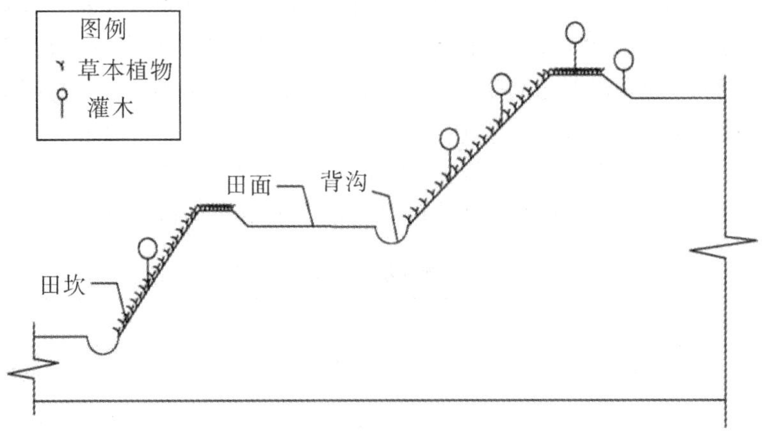

图 9.24 灌草生物埂坎配置方式

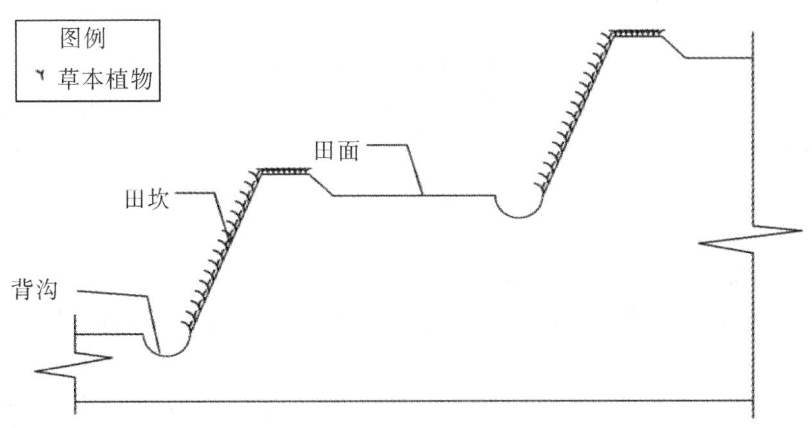

图 9.25 草本生物埂坎配置方式

9.5.1.3 生物埂坎植物的种植方式

在修筑生物埂坎时，我们要根据不同的植物物种及种植位置采取不同的种植方式。在雨季可结合打地埂分层播种，深度以保持在湿土层为宜，对于已打好的地埂可在雨季或秋季挖穴点播、撒播或苗栽。在田埂上种植草本植物可采用撒播和植苗的方式；在田埂上种植灌木可采用苗木栽植的方式。

如表 9.8 所示，在坡度稍缓的田坎梯壁上种植草本植物可采用穴播、条播或横向撒播的方式，每穴点播 3~5 粒种子，覆土 3~5 厘米。在田坎上种植灌木时，对于坡度稍缓的田坎梯壁可采用穴播、穴植或育苗移栽的方式，进行

"品"字形密植；在较陡梯壁上采用扦插种植灌木，立地条件较差的采取客土移植的方法。田坎上栽植1~2行灌木时，栽植位置在田坎高度的1/2或2/3处（田面大约50厘米以下的位置）。灌木丛形成以后，一般地上部分高度1.5米左右，灌木丛和梯田田间尚有50~100厘米的距离，以防止"串根胁地"及灌木丛对作物造成遮阴影响。灌丛应每年或隔年进行平茬，平茬在晚秋进行，以获得优质枝条，且不影响灌丛发育①。生物埂坎植物的种植方式见表9.8。

表9.8　生物埂坎植物的种植方式

田坎梯壁	种植植物类型	种植方式	具体方法
缓坡	草本植物	穴播、条播或横向撒播	3~5粒种子/穴，覆土3~5厘米
缓坡	灌木	穴播、穴植或育苗移栽	"品"字形密植
陡坡	灌木	扦插种植	立地条件较差的采取客土移植

9.5.2　植被恢复技术

地质灾害发生以后，滑坡体的移动导致农田受损，山体原有的地形地貌发生了变化，部分地区出现裸露的坡面、滑坡台阶、滑坡后壁，处于此种条件下的损毁区域基本不具有复垦条件，因此我们要对其进行削坡治理后开展植被恢复工作。植被抗蚀护坡和影响坡面过程的功能可以通过根系和枝干的机械效应与水文效应来实现②③。

9.5.2.1　植物物种的筛选

不同植物具有各自不同的生理特征，对环境条件表现出不同的适应性。根据生态学、植物学、经济学原理，科学地选择适宜的植物种类是实现滑坡山体地质灾害治理和植被恢复的关键。由于滑坡损毁区域坡体稳定性较低，在进行坡体植被恢复时，其物种选择应遵循以下原则：

（1）适应当地气候条件，处于同一气候带的植物种类。

（2）适应当地土壤条件。

（3）抗逆性（包括抗寒性、抗旱性、抗热性以及抗病虫害性、抗贫瘠性、抗风性等）强，适于自然生长。

① 王百田. 林业生态工程学［M］. 北京：中国林业出版社，2010.

② BARKER D H. Vegetation and slopes：stabilization，protectionand ecology［M］. London：Thomas Telford，1995.

③ 周跃. 植被与侵蚀控制：坡面生态工程基本原理探索［J］. 应用生态学报，2000，11（2）：297-300.

（4）根系发达，以起到为表层基质“加筋”和“锚固”的作用；生长迅速，能在短期内覆盖坡面。

（5）多年生和越年生物种结合。

（6）遵循生物多样性原则，强调多种类、多层次、密植、混合，构建乔、灌、草空间分层的植物群落。

（7）以常绿植物为主形成常绿景观，在有条件的地方，可配置一些有花的常绿品种。

（8）优先选择具有固氮能力的物种，适宜粗放管理，成本合理。

乡土物种具有适应性强、选育栽培容易等特性，是山地造林和绿化最经济、最适宜、最有效的种类。我们应根据天然和潜在植被类型来确定造林选用的种类：现有天然植被群落中的先锋种类、建群种类和优势种类等乡土植物物种是人工植被重建的首选物种；现有人工恢复植被群落中结构稳定、生长良好的植物种也是较好的人工植被恢复植物种。同时，引进适用于本地生长条件的外地植物和野生植物，有利于加速植物的演替，建立稳定的植物群落。

草本植物的选择：在草本植物选择时，我们应将冷季型草种和暖季型草种相混合，以保四季常青。为了有效地保护坡面，优先选用的植物物种有紫花苜蓿、百喜草、香根草、狗牙根、结缕草、高羊茅等。

灌木的选择：滑坡损毁后进行植被恢复时，我们宜选用具有保土、改土作用的灌木。可以优先选用的灌木物种主要有紫穗槐、胡枝子、柠条、马棘、沙棘、黄荆、荆条、夹竹桃等。灌木宜与草本植物混合种植，灌木种植可采用播种和苗木栽植两种方式。

藤本植物的选择：藤本植物适宜栽植于靠山一侧的裸露岩石下不易坍方和滑坡的地段，或坡度较缓的土石边坡。可以用于垂直绿化的藤本植物主要有爬山虎、葛藤、五叶地锦、常春藤等。

乔木的选择：植被恢复所选用的乔木物种主要以当地地带性植被中的本土植物为主，将常绿乔木与落叶乔木物种搭配使用。可以优先选用的乔木物种主要有刺槐、香樟、木麻黄、马尾松等。

9.5.2.2 物种的配置

物种选择与定植常常取决于物种对退化环境中的温、湿、光、养分及污染（如 pH 值和重金属毒性）等生境条件的耐受性和适应性，以及对土壤养分的改善作用和对群落组建的作用等，因此在筛选、配置植物种类前，我们先要对滑坡损毁区域的天然及潜在植被类型、生境条件进行调查。

由于滑坡损毁区域坡体稳定性较低，因而植被恢复应采用抗逆性强、根系发达、生长迅速、改土效果好和生态功能明显的种类。禾草与豆科植物往往是首选物种，因为这两类植物大多有顽强的生命力和耐瘠能力，并且生长迅速。然而，禾草与豆科的草本植物大多只是恢复过程的先锋种，根据植物群落学原理，物种多样性是生态系统稳定的基础。因此，在进行植物物种配置时我们要使用混合种，除选择禾本科与豆科植物外，还应将乔、灌、草多层结合起来配置，以此可以为适应环境变化提供更大的生存机会，并能产生物种丰富、稳定性高的生态系统。

因此，滑坡损毁农田区域坡体植被恢复物种配置应遵循以下原则：

（1）以乡土植物和地带性植被为基调；

（2）非豆科植物和豆科植物结合；

（3）深根植物和浅根植物结合；

（4）落叶树种与常绿树种结合；

（5）针叶树种与阔叶树种结合；

（6）阴性树种与阳性树种结合；

（7）乔、灌、草多层结合配置，形成空间立体群落；

（8）与周边的自然植物群落一致或相似，以便尽早发挥最大的生态功能与效益。

9.5.3 基础护坡工程

为了防止滑坡后山坡土砂下滑、分散地表径流而在山坡坡面布设的基础护坡工程，是在坡体坡面根据等高线形状设置的，用以固定堆砌在坡面的坍塌土砂，防止表土流失，为植被恢复提供基础环境条件的工程技术措施。

9.5.3.1 土袋阶梯工程

为了防止坡体土砂的移动，集中地表径流和减小流水侵蚀而实施的土袋阶梯工程，具有分散地表水、防止表面侵蚀和改善植被生长环境等生态功能。土袋阶梯工程是在含有一定土壤的土石堆坡斜面长度大约2米的间隔处沿等高线进行阶梯状水平开沟，然后放置2~3层土袋，并用竹签将放置的每个土袋钉住、压实，以防止砂土下滑，为植被的培育打下基础。此种技术措施适宜在坡度较缓、坡高较低、表层土松动、稳定性尚可的滑坡灾毁地表层实施，其适宜与木（竹）栅栏结合、交错设置。

9.5.3.2 （竹）栅栏工程

为了防止崩塌土砂下滑，分散地表径流，在坡面设置木（竹）栅栏可以减轻地表径流对山体表面的侵蚀，稳固山体表面松动的土壤，其具有防止地表土壤流失和创造栽植基础等生态功能。木（竹）栅栏工程使用的材料包括木桩、木材（竹材）和铁丝。通常在坡体斜面上每相隔 3~5 米层配置木（竹）栅栏工程，布置时应先沿等高线开挖 60 厘米宽基槽，然后在基槽中部打桩，木桩地上部分留 0.3 米，打入地下 0.7 米，间隔桩距 0.7 米，再利用铁丝将木材（竹材）横向扎排，最后回填土砂压实。此种技术措施适宜在土砂堆积比较厚且坡度小于 45 度的边坡实施。

9.5.4 生态修复技术对传统方法的改进

在耕地资源稀缺的山地丘陵区域，按照生物多样性理论和生态学原理，本书对传统坡改梯方法进行了技术改进。通过采取生物措施合理地利用梯田埂坎，在埂坎外侧坡和地埂上栽植适宜的灌木或牧草，建造“生物埂坎”，利用植物保护埂坎使其稳定，是充分开发灾毁坡耕地资源的关键。梯田生物埂坎不仅可以控制梯田水土流失，有效拦蓄地表径流及泥沙，加固埂坎，提高梯田的安全稳定性，改善梯田生态环境，还可以发展埂坎经济，提高单位土地的生物产出，提高群众经济收入①，是灾毁农田修复的一种重要的生态工程技术。

本书的植被恢复工程技术主要运用于受损田块四周裸露的坡面、滑坡台阶、后壁等位置进行削坡后形成的稳定坡体坡面上。通过植被恢复，缩短灾毁区域的自然演替过程，恢复、重建灾区生态系统的结构和功能，防止地质灾害的再次发生，保证区域生态环境的稳定。

除了以上两种技术外，本书还分析研究了滑坡损毁农田基础护坡工程技术。例如，土袋阶梯工程技术和栅栏工程技术都可为坡面提供较厚的种植土层，其突出作用就是使稳定性提高，对大雨冲刷具有很好的抵抗作用。因此，在无土或少土的岩石或者山体滑坡后留下的裸露部位、道路旁的无土砂石斜坡部位、边坡岩面的凹陷处，以及降水较少、土壤极其贫瘠的页岩地区进行护坡时，我们可采用该技术，从而达到长久护坡的目的。

---

① 张正峰，陈百明．土地整理的效益分析［J］．农业工程学报，2003，19（2）：210-213.

9.5.5 滑坡壁土袋阶梯工程技术实地应用

施工对象：本书第7章中，双新村滑坡后缘滑坡壁陡坎进行了削坡减载施工。虽然坡面较之前的陡坎放缓很多，但是由于地处暴雨多发地区，裸露的坡面并不能够一直保持稳定。为进一步增强坡面稳定性，本节以削坡减载工程后的斜坡面为施工对象，开展土袋阶梯工程技术工程。

施工方法：削坡减载后各部位的坡面长度、坡度比较一致，坡长约为5米，坡体总体坡度约为60度。本次土袋阶梯工程选择坡面中部，距坡顶、坡脚均约2.5米处沿等高线呈阶梯状水平开沟约30厘米，于此阶梯上放置两层厚约为10厘米的土袋，并用竹签将放置的每个土袋钉住、压实，以防止砂土下滑；然后将草本植物种子撒播于土袋阶梯及其上下坡面上，草本植物选择黑麦草、狗牙根、紫花苜蓿等，灌木选择黄荆、紫穗槐两种，并以1米为行间距互层栽植于斜坡面上，土袋阶梯上、下部各两行。

土袋阶梯工程施工效果：原来削坡减载后形成的裸露坡面，在经过土袋阶梯工程后转变为遍植草本和灌木的坡面，坡面中间部位开挖的水平沟能截留坡上冲刷的水土。土袋阶梯工程的施工在进一步增强坡面稳定性的同时，还极大地改善了坡面景观状况。土袋阶梯工程立面见图9.26；土袋阶梯工程剖面见图9.27。

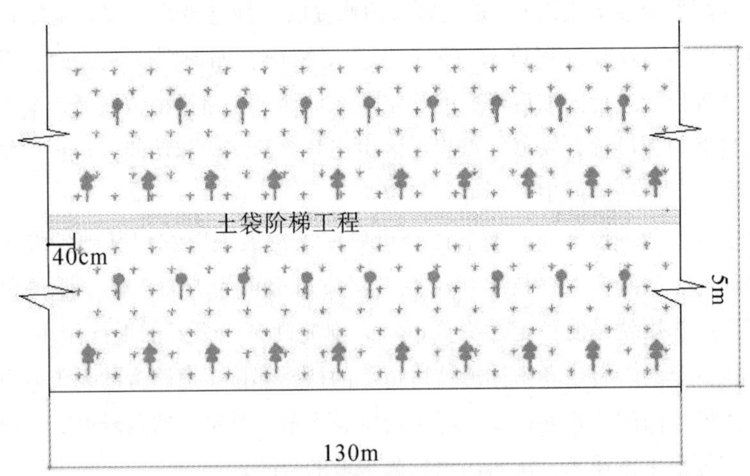

图9.26 土袋阶梯工程立面

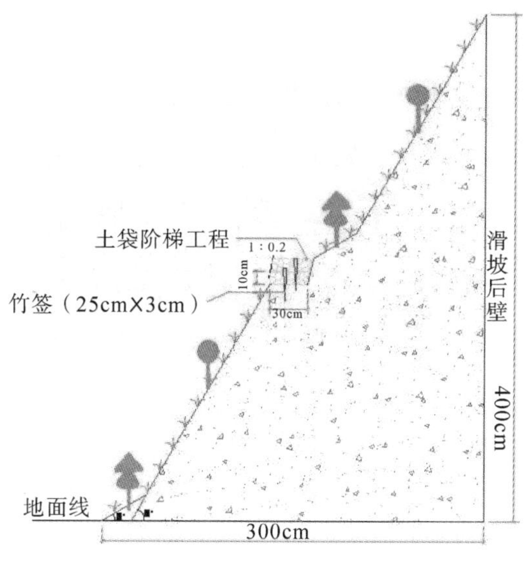

图 9.27　土袋阶梯工程剖面

9.6　典型滑坡损毁农田复垦工程

9.6.1　工程区滑坡农田损毁状况及分区特征

9.6.1.1　滑坡区域农田的损毁状况

滑坡后缘张拉应力区分布大面积拉裂形成拉裂沟（见图 9.28），滑坡后缘地面下沉有 3~6 米，同时在土体上形成数条巨大拉裂沟，拉裂沟最宽达 10 米，延伸长为 100 米，深度为 3~5 米。滑坡体的后缘形成了高度近 10 米的大型滑坡壁（见图 9.29）。

图 9.28　滑坡后缘张拉应力区拉裂沟

图 9.29　滑坡后形成的高陡滑坡壁

滑坡体中上部复合应力区土地整体性遭到破坏，土地在滑坡牵引条件下出现分级错断现象，下挫台阶为 1~2 米，横贯整个滑坡横截面，土体整体结构遭到巨大破坏，但土地从上到下分层结构基本保持。

滑坡中下部复合应力区主要以拉裂缝为主，整体性保存较好，土地结构基本未遭到破坏，但局部坡度较陡部位出现表土层的滑移，但滑移破坏主要以表层土体为主，表层以下土壤母质以及基岩基本没有上翻，松散表层级配均匀，基本不含有碎石及块石成分。

滑坡中部复合应力区农田损毁情况如图 9.30 所示。

图 9.30　滑坡中部复合应力区农田损毁情况

滑坡前缘堆积挤压区部分滑坡物质脱离剪出口并在坡前堆积，掩埋了堆积区原有的水田，滑坡堆积物质主要以土石混合物为主，碎裂石块粒径为 10~30 厘米。滑坡前缘堆积挤压区土地损毁情况见图 9.31。

图 9.31 滑坡前缘堆积挤压区土地损毁情况

9.6.1.2 工程范围的选择

由于时间及经费的限制，本项目对于工程示范点主要选择了滑坡灾害发生后对农田损毁最为严重的滑坡后缘张拉应力区。该滑坡发生近 4 年，目前滑坡整体基本处于稳定状态，后续未见继续变形迹象。调查发现，目前滑坡后缘滑坡壁依然清晰可见，滑坡拉裂槽依旧存在，土地高低不平，虽然当地农民在局部地区进行了一定程度的自行恢复，但土地利用仍然相对凌乱，土地利用率极低。同时，现场调查发现，滑坡前后土地收益明显降低。工程区施工前土地状况见图 9.32。

图 9.32 工程区施工前土地状况

结合滑坡后缘当前的实际情况，工程示范区主要选择从滑坡壁前方至前方公路之间的区域进行示范，整个工程区长为 120 米，宽为 30~100 米，总面积约为 9 000 平方米。工程区地形及三维模型见图 9.33。

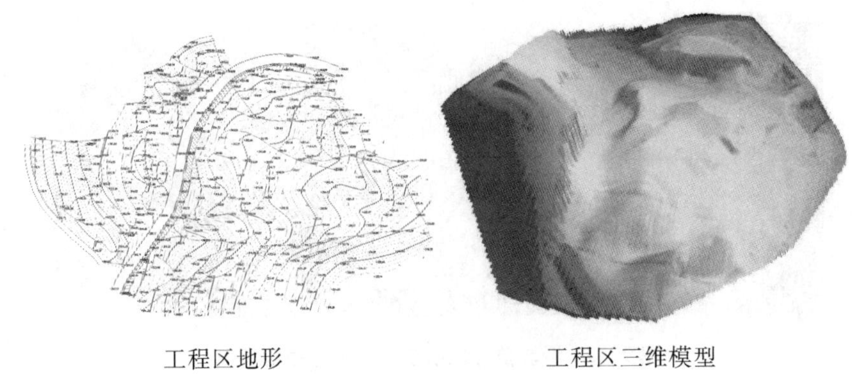

图 9.33　工程区地形及三维模型

9.6.2　损毁农田复垦工程

结合前面的研究成果，我们在滑坡后缘张拉应力区进行损毁农田的复垦，主要包括 6 个方面的内容，即“削—填—平—清—排—护”。工程区施工平面示意见图 9.34。下面，我们就逐一对其进行说明。

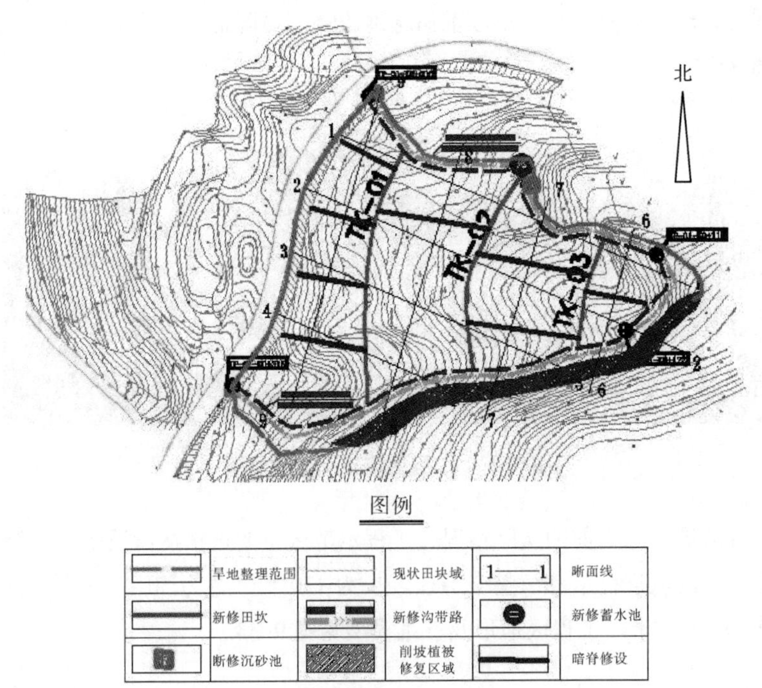

图 9.34　工程区施工平面示意

9.6.2.1 削坡减载

在工程区内，滑坡形成的陡坎主要分布在工程区两侧：工程区左侧主要为土质陡坎，高度为2~3米；工程区右侧的陡坎高度为1米至数米，其中越靠近滑坡后壁陡坎高度越大，且陡坎性质由土质陡坎向岩质陡坎逐渐转变。在示范工程中，我们采用滑坡壁处置技术，按照相应的坡率要求对不同高度、不同性质的陡坎进行了放坡处理。其中，对于土质陡坎，由于其高度不大，我们则采用削坡至坡脚的方案；对于岩质陡坎，我们则采用“削坡+堆载”相结合的处理方法。共削坡长度约为200米，总削坡方量约为800立方米。典型滑坡壁陡坎削坡前后对照见图9.35。

图9.35 典型滑坡壁陡坝削坡前后对照

由于本滑坡在发生后经历了4年的稳定调节期，滑坡壁下部的大型裂缝已经在自然作用下进行了充填封堵。观测表明，目前自然充填封堵裂缝未对滑坡整体稳定性造成影响，因而本示范工程省略了大型拉裂槽的封堵环节。

9.6.2.2 土地平整

根据工程示范区的实际情况，在进行梯田设计时，我们将梯田方向沿等高线方向布置。由于本区域地形坡度在10度左右，因而在梯田设计时，我们根据前面的研究成果，沿垂直于等高线方向共布置4级梯田，单级梯田田面宽度为20~30米，梯田田坎以土质田坎为主，田坎高度为1.5~2.5米，局部可达3米。结合工程区的地形条件，梯田长度从上至下逐渐增加，其中最上一级梯田长度约为60米，最下一级梯田长度约为110米。上部三级梯田布置成水平梯田，最外侧一级梯田由于原始地形坡度较大，因而在梯田设计过程中，我们根据原有坡度的实际情况，布置为坡式梯田。土地平整前后对比如图9.36所示。

图 9.36　土地平整前后对比

9.6.2.3　田面清理

工程区域岩性主要为砂泥岩互层区，其中泥岩所占比重较大。虽然在滑坡发生时，随着滑坡的拉裂以及后缘的垮塌产生了大量的基岩岩块，但主要以泥岩为主。经过 4 年的风化，田面内的泥岩岩块基本都已经风化成土，因而工程区田面清理工作量较小。

9.6.2.4　排水系统

如前所述，滑坡区域后缘损毁农田的整理中，地表水和地下水的疏排是其中一个重要的环节。从土地平整前后的情况来看，整理工程对地表水和地下水补径排的影响主要表现在两个方面：首先，在未进行土体修复以前，工程区两侧及后方陡坎下方已有自然冲沟，可对地表水进行及时排泄，有效降低降雨在地表的滞留时间，减少入渗量。而土地整理后，两侧冲沟被掩埋，对整理区外来水量的排泄能力减弱。其次，在进行工程治理以前，工程区田面多以斜坡面为主，地表排水能力较强；而土地整理后，田面以水平田面为主，且在田面边缘设筑起了高出田面约为 20 厘米的田坎，明显增强了对地表水的拦蓄能力，使降雨入渗量增加。针对以上两方面的影响，我们对工程区的地表及地下排水系统进行了如下设计：

（1）在工程区周边设置地面截水沟。为了对工程区外围进入工程区内部的地表水进行有效拦截，我们在工程区周边设置了环形截水沟（见图 9.37）。根据周边汇水面积，截水沟设计为矩形截面，宽为 40 厘米，高为 40 厘米，底部采用混凝土砂浆铺底，壁面采用沙砖砌筑，内部混凝土抹面。排水沟主要沿治理后的陡坎底部修筑，前方直接与公路排水沟相连，总长约为 300 米。

图 9.37 工程区周边截水沟

（2）设计了暗管排水系统排除多余降雨入渗。为了有效减小降雨入渗对滑坡稳定性的影响，我们在整理后的农田区域设置了暗管排水系统。暗管采用直径为 50 厘米的 PVC 管，管上半部开孔，排水水管连接处采用专用的接头，并用胶水进一步连接，防治管内水渗流。排水管埋设深度为 60 厘米，间距为 10 米（见图 9.38）。

图 9.38 梯田暗管效果

（3）在每级梯田后面修筑背沟。为了有效地将暗管排出的降雨入渗量疏导入左右两侧的排水沟中，同时排除梯田田坎面上的地表水，我们在每级梯田后修筑背沟，背沟宽为 20 厘米，深为 20 厘米，背沟面采用砂砖砌筑，并以水泥砂浆抹面。同时，我们在暗管出水口处也采用砂浆涂抹，防治水流渗入梯田田面。背沟总长度约为 300 米。

9.6.2.5 田坎及削坡面的生态防护

由于本次土地修复过程中各级梯田的田坎多以土质田坎为主，因而为了有效地保护梯田田坎面不发生垮塌，同时形成良好的生态效应，我们在坡面中部开挖的水平沟的土袋上进行了草苗的种植，以形成生物埂坎效应。随后，我们对周边滑坡壁整治后的其他坡面部位也分别种植了相应的草苗和灌木，对坡面进行保护。草本的种植方式主要以播撒为主，主要草本类型有黑麦草、狗牙根、紫花苜蓿等，播种面积总计约为 1 54 平方米；灌木则选择了黄荆、紫穗槐 2 种，分 4 行互层置于坡面上。

9.7 复垦工程效果评价

社会效益：通过滑坡土地复垦，使原来损毁的土地变成可以耕种和收获的农田，变废为宝，村民能拥有更多的劳动场所，有助于促进社会安定。经过本次修复治理，原有的土地变得平整，原来凌乱的地块也变得规整。田间道路以及整治区周边道路的修建使土地的耕作条件大为改观，同时对滑坡后壁的整治，消除了原滑坡壁垮塌的风险，极大地减小了滑坡壁对下部农田耕作的威胁。

经济效益：在整治区域，由于整治前耕作条件较差，因此土地利用率极低。根据整治前的测量，该区域总面积约为 15 亩，在整治前实际利用的土地面积约为 3. 65 亩，土地利用率约为 24%。经过整治后，经测算，该区域有效土地面积约为 11 亩，土地利用率提高到 73%。同时，土地利用条件得到极大改善，土地灌排设施得以合理规划，土壤质地也得到了较大改善，为提高农业产量提供了良好条件。预计在整治区域，每年农业收入可较未整治以前提高 3~4 倍。

生态效益：未整治前，该区域杂草丛生、凌乱不堪，同时区内地形凹凸不平、冲沟交错，水土流失较为严重。本次整治修筑了四级梯田，合理设计田面及田坎，同时科学规划整个坡面农田的排水系统，使降雨条件下地表径流的流向及流速的规律性和可控性得到明显加强，地表水对农田的冲蚀能力以及对表土的携带搬运能力得以明显减弱。此外，我们对于梯田田坎以及削坡后的滑坡陡壁面均进行了生态护坡，一方面加强了壁面的水土保持效果，另一方面从生态景观上也体现出整齐规范的效果。因此，经过整理后，该区域农田生态效益也得到了明显的增强。

9.8 本章小结

本章针对滑坡损毁农田的特点，根据上一章分析的复垦模式开展滑坡损毁农田复垦关键技术研究，主要包括坡改梯暗管排水技术、滑坡壁陡坎削坡减载技术、农田田面裂缝封填技术和滑坡区域损毁农田修复生态工程技术等。同时，本章以重庆市江津区夏坝镇双新村滑坡为工作区，开展滑坡损毁农田复垦工程施工建设，主要工作包括削坡减载、土地平整、田面清理、排水系统和田坎及削坡面的生态防护，并分析修复效果。

本章根据滑坡损毁农田自身特性，探讨了分区复垦技术与工程。在滑坡区域农田修复坡改梯技术中，本章主要研究探讨了在普通梯田基础上于田块耕作层下方埋设排水暗管，排除梯田土体多余的降雨入渗量技术。在滑坡陡坎及滑坡壁整治技术中，本章提出应多选择削坡减载方法，并探讨了滑坡后壁低矮陡坎和高陡坎在处置上的差异，进一步确定了陡壁放坡允许值。在滑坡区域农田裂缝修复封填技术中，本章依据裂缝的宽度临界值 0.2 米和 1 米将其划分为轻度、中度与重度裂缝，并分别提出了相应的封填施工工艺和技术。在农田修复生态工程中，本章对生物埂坎技术、植被恢复技术、护坡工程和植被建植做了归纳总结和深入分析。最后，本章选取重庆市江津区夏坝镇双新村滑坡后缘张拉应力区进行了复垦示范。

10 结论、创新点和展望

10.1 结论

本书在对文献资料查阅、滑坡机制分析和实地调研基础上，总结归纳了蠕动型滑坡的应急治理和快速型滑坡的灾后修复措施。通过分析滑坡损毁农田类型与分区方法，提出了确定滑坡损毁农田评价单元的方法，并进行农田损毁程度评价和复垦适宜性评价。基于各种损毁类型下的修复障碍和特点，本书提出了滑坡后缘、滑坡中部和滑坡前缘农田复垦模式。本书通过室内模拟和现场施工等方法，研究了相应的修复关键技术，其主要研究成果如下：

（1）滑坡应急治理具有较大的经济效益、社会效益和环境效益。玉台村滑坡治理后，既保护了地质环境，防止水土流失，又保障了金佛山南坡景区重要交通要道；既安定了民心，又保持了社会稳定，为民造福，功在千秋；地质环境条件得到有效改善，荒山坡变成了绿森林，滑坡周围环境也得到美化。

（2）基于滑坡机制分析，结合滑坡损毁农田相对位置关系、损毁原因和损毁现象三大基本要素分析，对滑坡地质灾害损毁农田类型进行辨识和分区，分别命名为“后缘张拉应力区农田土层结构解体”“中部复合应力区农田耕作层表面破坏”“前缘堆积挤压区农田生土覆盖破坏”“前缘堆积挤压区农田耕作层表面破坏”“坡前物质流通区农田冲蚀破坏”。

（3）提出了以损毁类型为主确定滑坡损毁农田评价单元的方法和先进行滑坡损毁农田受损程度评价再开展灾毁农田修复利用适宜性评价的方法，并提出了两者的评价指标体系。

（4）滑坡后缘农田复垦模式可以概括为“削—填—平—清—排—护”；滑坡中部受损农田复垦模式概括为“平—补—排—护”；滑坡前缘受损农田复垦模式概括为“清—平—培—排（蓄）”。

（5）通过暗管排除降雨入渗能力的实验，认为暗管的埋设使梯田的降雨入渗能力增强；暗管排水可以减少土壤中滞留的降雨入渗总量；埋设暗管后梯田底部孔隙水压力较未埋设暗管的梯田大幅减少。

10.2 创新点

本书的主要创新点如下：

（1）提出了一种滑坡灾害损毁农田分类系统。基于滑坡机制分析，借鉴土地资源学中的土地分类方法，通过分析农田受损现象、损毁原因和相对位置关系构建滑坡损毁农田分类系统，并运用“三名法”进行了命名，具有较强的实用性和合理性。

（2）提出了以损毁类型为主确定滑坡损毁农田评价单元的方法。基于滑坡损毁农田的特殊性，提出了以损毁类型为主确定滑坡损毁农田评价单元的方法，并进一步提出了先进行滑坡损毁农田的损毁程度评价，再开展复垦适宜性评价的评价方法及指标体系。

（3）提出了在滑坡不同部位采用不同的暗管布置方式对滑坡进行排水的方法。针对滑坡体不同部位地表水、地下水对滑坡体稳定性影响的差异，提出了排水暗管不同的布置方式。滑坡后缘和中部农田破碎严重区域主要排除土壤中的重力水，暗管表面朝上的1/2打孔，开沟放置；滑坡中部变形破坏相对轻微的区域，以降低地下水位为主，暗管四周均匀打孔，采用钻孔方法安装。

10.3 展望

本书注重研究滑坡治理中的滑坡机理、防治技术和修复工程，对应急治理和灾后修复的计划、协调、控制与反馈等环节进行了比较深入的思考，但是在组织、沟通环节的研究上还有待完善。

滑坡体的稳定是滑坡损毁农田复垦利用的基础，而降水入渗会引起滑坡失稳。因此，如何能更有效地排出降水成为滑坡农田能否持续利用的关键。本书针对引排地表水的措施做了较为系统的研究和示范，在不同滑坡部位提出了相应的暗管排水技术。但是，是否还有其他可行的方法，以及所用PVC管寿命对排水效果的影响等问题还值得我们进一步研究。

本书依据损毁农田位置关系、损毁现象特征和损毁原因建立了划分滑坡损毁农田类型的指标体系，并运用“三名法”对滑坡损毁农田类型进行了命名。这种分类依赖于较强的主观判断，导致其实用性不是很高，其通用性仍有待验证，体系中指标的量化还需要进行后续研究。

针对滑坡损毁农田的评价方法是本书的一个创新点，不过在指标的选取和权重的确定上我们采用了专家咨询法。虽然该方法比较接近实际，但由于每个专家的专业背景和偏好不同，也可能造成遗漏和偏差。未来，我们还要更加努力，进一步寻找更适合滑坡损毁农田的评价方法。

参考文献

白中科，李晋川，王文英，2000. 中国山西平朔安太堡大型露天煤矿退化土地生态重建研究［J］. 中国土地科学，14（4）：56–59.

鲍海君，吴次芳，叶艳妹，2002. 土地整理中田块设计和“3S”技术应用研究［J］. 农业工程学报，12（1）：169–172.

毕晓玲，李小娟，胡卓玮，等，2011. 地形起伏度提取及其在区域滑坡灾害评价中的应用：以四川省为例［J］. 安徽农业科学，39（4）：2413–2416，2441.

毕银丽，吴福勇，全文智，2006. 菌根与豆科植物组合在煤矿区废弃物的生态效应［J］. 中国矿业大学学报，35（3）：329–335.

蔡柯柯，何政伟，倪忠云，等，2010. 基于RS和GIS的彭州市震毁土地信息提取及分析［J］. 水土保持研究，17（4）：43–45，51.

曹文侠，徐长林，张德罡，等，2011. 杜鹃灌丛草地土壤容重与水分特征对不同休牧模式的响应［J］. 草业科学，20（3）：28–35.

常睿春，何政伟，2011. 汶川县地震灾区农田土壤损毁研究［J］. 土壤通报，42（1）：13–15.

陈海鹏，2002. 长江三峡库区大河坝滑坡治理工程研究［D］. 重庆：重庆大学.

陈立伟，2007. 地裂缝扩展机理研究［D］. 西安：长安大学.

陈龙乾，等，2003. 矿区土地破坏与复垦整治研究［M］. 北京：中国大地出版社.

陈先勇，2010. 浅析地震滑坡、崩塌及地裂缝性质特征和塔基场地选择原则［J］. 四川地质学报（30）：55–60.

陈佑德，卿三惠，2001. 茅台滑坡治理反思及生态环境综合治理分析［J］. 贵州地质，18（3）：191–195.

陈正华，李妍均，徐洪，2014. 滑坡损毁农田时空分布规律研究［J］. 国土与自然资源研究（2）：47-49.

迟世春，关立军，2004. 基于强度折减的拉格朗日差分方法分析土坡稳定［J］. 岩土工程学报，26（1）：42-46.

杜阿朋，王彦辉，管伟，2009. 六盘山叠叠沟小流域的土壤石砾含量坡面分布特征［J］. 水土保持学报（5）：76-80，127.

范建容，张建强，田兵伟，等，2008. 汶川地震次生灾害毁坏耕地的遥感快速评估方法［J］. 遥感学报，12（6）：917-924.

范兴科，蒋定生，赵合理，1996. 陕北黄土丘陵区水平梯田最佳田面宽度的优化设计［J］. 水土保持研究，3（2）：129-135.

方先知，2005. 土地合理利用及其综合评价研究［D］. 长沙：中南大学.

冯连昌，郎秀清，1980. 滑坡裂缝产生机理的实验研究［J］. 兰州大学学报（自然科学版）（1）：120-130.

高国雄，高保山，周心澄，等，2001. 国外工矿区土地复垦动态研究［J］. 水土保持研究，38（1）：98-102.

葛维琦，2004. 中国煤矿采空区塌陷灾害治理对策［J］. 中国能源，26（10）：27-30.

葛子辉，2001. 树根桩锚固技术在滑坡治理工程中的应用［J］. 西部探矿工程（S1）：87-88.

龚裔芳，2010. 复杂地质条件下滑坡的稳定性分析与综合治理研究［D］. 长沙：中南大学.

郭达志，盛业华，方涛，等，1996. 地貌对矿区环境、灾害的影响与对策［J］. 煤炭技术，11（3）：22-26.

郭芳芳，杨农，孟晖，等，2008. 地形起伏度和坡度分析在区域滑坡灾害评价中的应用［J］. 中国地质，35（1）：131-143.

韩宝平，孙晓菲，2008. 地震后山区农业生态环境恢复与重建的关键问题探析［J］. 农业环境与发展（4）：20-23.

贺荣恒，等，2013. 西南部矿区耕地损毁程度评价指标体系的构建［J］. 安徽农业科学，41（11）：5053-5054，5073.

胡振琪，1996a. 国外土地复垦新进展［J］. 中国土地（10）：41-42.

胡振琪，1996b. 关于土地复垦若干基本问题的探讨［J］. 煤炭环境保护，11（2）：24-29.

胡振琪，1996c. 采煤沉陷地的土地资源管理与复垦［M］. 北京：煤炭工业出版社.

胡振琪，魏忠义，2003. 煤矿区采动与复垦土壤存在的问题与对策［J］. 能源环境保护，17（3）：3-7.

胡振琪，魏忠义，秦萍，2005. 矿山复垦土壤重构的概念与方法［J］. 土壤，37（1）：8-12.

胡振琪，赵艳玲，程玲玲，2004. 中国土地复垦目标与内涵扩展［J］. 中国土地科学，18（3）：3-8.

黄丹，2012. 灾毁土地复垦潜力评价与可行性研究［D］. 抚州：东华理工大学.

黄铭洪，骆永明，2003. 矿区土地修复与生态恢复［J］. 土壤学报，40（2）：161-169.

黄润秋，2003. 中国西部地区典型岩质滑坡机理研究［J］. 第四纪地质，23（6）：640-647.

黄润秋，2008. 中国典型灾难性滑坡［M］. 北京：科学出版社.

蒋知栋，李晶，高杨，等，2013. 基于改进灰色聚类模型的矿区耕地损毁程度评价［J］. 中国生态农业学报，21（6）：765-771.

解迎革，李霞，王国栋，等，2011. 基于电阻率断层扫描技术的土壤砾石体积含量评估［J］. 农用工程学报，27（7）：326-331.

解迎革，李霞，2012. 土壤中砾石含量的测定方法研究进展［J］. 土壤，44（1）：17-22.

金江军，2007. 区域滑坡灾害风险评价方法研究［J］. 山地学报，25（2）：197-201.

黎巍，2008. 基于景观格局变化的小龙潭煤矿生态修复研究［D］. 昆明：昆明理工大学.

李东升，徐小钦，刘东燕，2005. 重庆地质灾害防治分析［J］. 重庆科技学院学报（3）：46-49.

李发斌，李何超，周家云，2006. 矿山土地破坏程度评价方法研究［J］. 采矿技术，6（2）：25-28.

李海英，顾尚义，吴志强，2006. 矿山废弃土地复垦技术研究进展［J］. 贵州地质，23（4）：302-306.

李晋红，许思鸿，2002. 预应力锚索与锚索桩在治理滑坡出山体中的应用［J］. 云南交通科技，18（3）：37-40.

李闽，2003. 美国露天开采控制与复垦法及其启示［J］. 国土资源（11）：52-53.

李秀峰，袁立敏，张伟敏，2010. 浅谈露天煤矿土地复垦技术 [J]. 内蒙古林业科技，36（4）：83-88.

李燕，高明，魏朝富，等，2006. 土壤砾石的分布及其对水文过程的影响 [J]. 中国农学通报，22（5）：271-276.

李志斌，郑成德，2000. 滑坡泥石流危险度评判的灰色模式识别理论与模型 [J]. 系统工程理论与实践（5）：128-132.

廖育民，2003. 地质灾害预报预警与应急指挥及综合防治实务全书 [M]. 哈尔滨：哈尔滨地图出版社.

林宗元，1996. 岩土工程勘察设计手册 [M]. 沈阳：辽宁科学技术出版社.

刘宝琛，张家生，1995. 近地表开挖引起的地表沉降的随机介质方法 [J]. 岩石力学与工程学报，12（4）：289-295.

刘波，韩彦辉，2005. FLAC 原理、实例与应用指南 [M]. 北京：人民交通出版社.

刘国华，舒洪岚，2003. 矿区废弃地生态恢复研究进展 [J]. 江西林业科技（2）：21-25.

刘伦武，2006. 农业基础设施发展与农村经济增长的动态关系 [J]. 财经科学（10）：91-98.

刘西文，2002. 预应力锚索治理滑坡施工技术 [J]. 西部探矿工程，增刊（1）：480-481.

刘彦随，1999. 山地土地结构格局与土地利用优化配置 [J]. 地理科学，19（6）：504-509.

刘彦随，方创琳，2001a. 区域土地利用类型的胁迫转换与优化配置：以三峡库区为例 [J]. 自然资源学报（4）：334-340.

刘彦随，冯德显，2001b. 三峡库区土地持续利用潜力与途径模式 [J]. 地理研究，20（2）：139-145.

龙花楼，2003. 区域土地利用转型与土地整理 [J]. 地理科学进展，22（2）：133-140.

路明，2008. 重建地震损毁农田的建议 [J]. 农业环境与发展（4）：5.

罗霄，等，2011. 基于 PI 指数模型的南方典型红壤丘陵区稻田土壤肥力评价 [J]. 地理科学（4）：26-32.

马和平，赵垦田，杨小林，等，2012. 拉萨半干旱河谷人工杨树纯林土壤容重与孔隙度变化的研究 [J]. 江苏农业科学，40（3）：328-330.

彭轩明，李会中，林晓，等，2006. 三峡库区基于滑坡治理的土地整理模式探讨［J］. 人民长江（4）：89-92，111.

乔建平，1999. 不稳定斜坡危险度的差别［J］. 山地研究，9（2）：15-19.

乔建平，石莉莉，王萌，2008a. 基于贡献权重迭加法的滑坡风险区划［J］. 地质通报，27（11）：1787-1794.

乔建平，吴彩燕，2008b. 滑坡本底因子贡献率与权重转换研究［J］. 中国地质灾害与防治学报，19（3）：1-16.

邱道持，2005. 土地资源学［M］. 重庆：西南师范大学出版社.

沈渭寿，曹学章，金燕，2004. 矿区生态破坏与生态重建［M］. 北京：中国环境科学出版社.

时忠杰，王彦辉，熊伟，等，2007. 六盘山典型植被类型土壤中石砾对大孔隙形成的影响［J］. 山地学报，25（5）：541-547.

史明霞，2007. 农业基础设施投资促进经济增长的有效性分析［J］. 西北农林科技大学学报（社会科学版），7（2）：11-15.

舒斯特，克利泽克，1987. 滑坡的分析与防治［M］. 铁道部科学研究院西北研究所，译. 北京：中国铁道出版社.

孙振宁，谢云，段兴武，2009. 生产力指数模型 PI 在北方土壤生产力评价中的应用［J］. 自然资源学报（4）：5-29.

唐川，2000. 德国波恩地区滑坡特征与危险性评价［J］. 水土保持学报，14（1）：48-53.

王百田，2010. 林业生态工程学［M］. 北京：中国林业出版社.

王丽，2008. 从滑坡地到金土地［J］. 资源与人居环境，3（6）：36-39.

文海家，张永兴，柳源，2004. 滑坡预报国内外研究动态及发展趋势［J］. 中国地质灾害与防治学报，15（1）：1-4.

文学菊，周家云，朱创业，2006. 矿山土地破坏程度评价［J］. 山地学报，24（3）：378-384.

吴立新，解景全，1997. 解决开采沉陷造成的矿区土地破坏的未来对策与 MGIS 技术［J］. 中国煤炭（2）：21-23.

吴树仁，田震远，吴锡浩，等，2002. 四川古蔺县蒿枝湾滑坡灾毁土地整理可行性研究［J］. 水文地质工程地质（4）：21-23.

吴树仁，石菊松，张永双，等，2006. 滑坡宏观机理研究：以长江三峡库区为例［J］，地质通报，25（7）：874-879.

武强，2005. 地裂缝灾害发生机理与“三图法”评价方法研究［J］. 地质学报，79（6）：774-783.

武强，陈佩佩，2003. 地裂缝灾害研究现状与展望［J］. 中国地质灾害与防治学报（1）：25-30.

肖兴田，王志宏，2001. 煤炭资源开发对土地破坏及土地复垦之研究［J］. 露天采煤技术（4）：31-34.

谢广林，1988. 地裂缝［M］. 北京：地震出版社.

谢海军，2008. 辽宁省农业基础设施水平与农村经济增长：基于 Panel Data 模型的实证分析［J］. 农业技术经济（4）：106-111.

谢俊奇，1999. 可持续土地利用系统的指标、评价和规划实践系列研究［D］. 北京：中国农业大学.

熊敏，王敌，张川，等，2013. 西南部矿区压占耕地损毁程度评价［J］. 资源与产业，15（4）：112-117.

熊燕梅，夏汉平，李志安，等，2007. 植物根系固坡抗蚀的效应与机理研究进展［J］. 应用生态学报，18（4）：895-904.

薛爱爱，张磊，2011. 矿区废弃地生态恢复探讨［J］. 山西林业科技，40（2）：47-48.

闫斐，杨尽，2010. 汶川地震滑坡损毁土地复垦关键技术：以北川县陈家坝乡灾后土地复垦项目为例［J］. 安徽农业科学，38（6）：2790-2792.

杨尽，杨继伦，杨波，2009. 汶川地震损毁土地类型及复垦潜力［J］. 安徽农业科学，37（28）：13754-13755，13774.

殷坤龙，陈丽霞，张桂荣，2007. 区域滑坡灾害预警与风险评价［J］. 地学前缘，14（6）：885-895.

余艳玲，余杨，郑宏刚，等，2006. 云南省陇川县章凤镇耕地复垦整理研究［J］. 水土保持研究，13（4）：215-216，219.

喻红林，李晓青，邓楚雄，等，2012. 五峰山煤矿区复垦土地适宜性评价及复垦模式研究［J］. 农学学报，2（6）：59-64.

岳明，冉广庆，2004. 泾阳北部地裂缝发育特征及防治［J］. 中国煤田地质，16（4）：42-47.

张成梁，B LARRY LI，2011. 美国煤矿废弃地的生态修复［J］. 生态学报，31（1）：276-284.

张国良，卞正富，1996. 矿区土地复垦技术现状与展望［J］. 煤矿环境保护，10（4）：21-24.

张俊瑞，2010. 某典型牵引式滑坡形成机制分析及稳定性评价［J］. 土工基础，24（2）：45-48.
张绍良，张国良，1999. 土地复垦的基础研究［J］. 中国矿业大学学报，28（4）：389-392.
张正峰，陈百明，2003. 土地整理的效益分析［J］. 农业工程学报，19（2）：210-213.
章家恩，2002. 灾害生态学：生态学的一个重要发展方向［J］. 地球科学进展，17（3）：452-456.
赵亮，韦学成，黄国椅，等，2013. 喀斯特地貌区耕地地力评价与分级［J］. 农业工程学报（8）：56-60.
赵松江，2011. 三峡库区双堰塘滑坡治理锚拉抗滑桩结构设计及优化［D］. 成都：成都理工大学.
甄莉娜，张英俊，白春生，等，2011. 不同种植年限苜蓿地土壤容重及含水量的比较研究［J］. 现代畜牧兽医（7）：58-59.
周佳松，2005. 当前南方丘陵山区土地整理误区与对策探析［D］. 重庆：西南农业大学.
周奎，何永东，2014. 浅析削坡减载在滑坡应急抢险中的应用［J］. 科技信息（2）：217，219.
周兴东，靳海亮，李博，2002. 徐州市贾汪区煤矿土地复垦经验与规划［J］. 煤炭科学技术，30（7）：31-34.
周跃，2000. 植被与侵蚀控制：坡面生态工程基本原理探索［J］. 应用生态学报，11（2）：297-300.
ANTHONY，BRADSHAW，1997. Restoration of mined lands-using natural proeess［J］. Eeological Engineering（8）：255-269.
BARKER DH，1995. Vegetation and slopes：stabilization，protectionand ecology［M］. London：Thomas Telford.
CERTINI G，CAMPBELL C D，EDWARD A C，2004. Rock fragments in soil support a different microbial community from the fine earth［J］. Soil Biology and Biochemistry，36（7）：1119-1128.
COUSIN I，NICOULLAUD B，COUTADEUR C，2003. Influence of rock fragments on the water retention and water percolation in a calcareous soil［J］. Catena，53（2）：97-114.
DANJON，et al.，2008. Using three-dimensional plant root architecture in models of shallow-slope stability［J］. Annals of Botany，101（8）：1281-1293.

GIACOMO C, COLIN DC, ANTHONY C, 2004. Rock fragments in soil support a different microbial community from the fine earth [J]. Soil Biology & Biochemistry (36): 1119-1128.

ITZHAK K, HANOCH L, PARIENTE S, 2008. The effect of rock fragment size and position on topsoil moisture on arid and semiarid hillslopes [J]. Catena (72): 49-55.

JERRY C, MARK A, MARY H, et al., 2005. Patterns of soil erosion and redeposition on lucky hills watershed, walnut gulch experimental watershed, arizona [J]. Catena, 61 (23): 122-130.

JOHN CAIRNS JR, 2000. Setting ecological restoration goals for technical feasibility and scientific validity [J]. Ecological Engineering (15): 171-180.

LI X Y, SERGIO C, ALBERT S B, 2007. Spatial distribution of rock fragments in dolines [J]. Catena (70): 366-374.

MARK T, BROWN, 2005. Landscape restoration following phosphate mining: 30 years of co-evolution of science, industry and regulation [J]. Ecological Engineering (24): 309-329.

MURIELLE G, ROY C S, ALEXIA S, 2011. The influence of plant root systems on subsurface flow: implications for slope stability [J]. Bioscience, 61 (11): 869-879.

PINTO V, FONT X, SALGOT M, et al., 2002. Using 3-D structures and their representation as a tool for restoring open east mines and quarries [J]. Eng. Geol, 3 (6): 121-129.

POESEN J, LAVEE H, 1994. Rock fragment in top soil: significance and processes [J]. Catena (23): 1-28.

SAUER T J, LOGSDON S D, 2002. Hydraulic and physical properties ofstony soils in a small watershed [J]. Soil Sci Soc Am J, 66 (6): 1947-1956.

STAPLETORU, 2000. soil-forming materials, their uses in land reclamation [J]. Minera (1): 9-11.

TORRI D, POESEN J, MONACI F, 1994. Rock fragment content and fine soil bulk density [J]. Catena, 23: 65-71.

ZHOU BB, 2009. Effects of rock fragments on water movement and solute transportin a Loess Plateau soil [J]. Surface Geosciences, 341: 462-472.

ZÊZERE J L, GAVCIA R A C, OLIVEIRA S C, 2007. Landslide risk analysis in the north of Lisbon (Protugal): evaluation of direct and inderect costs resulting from a motorway disruption by slope movements [J]. Landslides (4): 123-136.

附录1　岩土工程勘察规范（节选）

中华人民共和国国家标准
岩土工程勘察规范
GB 50021-2001
（2009年版）

1　总　　则

1.0.1　为了在岩土工程勘察中贯彻执行国家有关的技术经济政策，做到技术先进，经济合理，确保工程质量，提高投资效益，制定本规范。

1.0.2　本规范适用于除水利工程、铁路、公路和桥隧工程以外的工程建设岩土工程勘察。

1.0.3　各项建设工程在设计和施工之前，必须按基本建设程序进行岩土工程勘察①。

1.0.3A　岩土工程勘察应按工程建设各勘察阶段的要求，正确反映工程地质条件，查明不良地质作用和地质灾害，精心勘察、精心分析，提出资料完整、评价正确的勘察报告。

1.0.4　岩土工程勘察，除应符合本规范的规定外，尚应符合国家现行有关标准、规范的规定。

2　术语和符号

2.1　术　　语

2.1.1　岩土工程勘察　geotechnical investigation

根据建设工程的要求，查明、分析、评价建设场地的地质、环境特征和岩

① 该条规则自2022年4月1日起废止。

土工程条件，编制勘察文件的活动。

2.1.2　工程地质测绘　engineering geological mapping

采用搜集资料、调查访问、地质测量、遥感解译等方法，查明场地的工程地质要素，并绘制相应的工程地质图件。

2.1.3　岩土工程勘探　geotechnical exploration

岩土工程勘察的一种手段，包括钻探、井探、槽探、坑探、洞探以及物探、触探等。

2.1.4　原位测试　in-situ tests

在岩土体所处的位置，基本保持岩土原来的结构、湿度和应力状态，对岩土体进行的测试。

2.1.5　岩土工程勘察报告　geotechnical investigation report

在原始资料的基础上进行整理、统计、归纳、分析、评价，提出工程建议，形成系统的为工程建设服务的勘察技术文件。

2.1.6　现场检验　in-situ inspection

在现场采用一定手段，对勘察成果或设计、施工措施的效果进行核查。

2.1.7　现场监测　in-situ monitoring

在现场对岩土性状和地下水的变化，岩土体和结构物的应力、位移进行系统监视和观测。

用直径为75mm的金刚石钻头和双层岩芯管在岩石中钻进，连续取芯，回次钻进所取岩芯中，长度大于10cm的岩芯段长度之和与该回次进尺的比值，以百分数表示。

2.1.8　岩石质量指标（RQD）　rock quality designation

2.1.9　土试样质量等级　quality classification of soil samples

按土试样受扰动程度不同划分的等级。

2.1.10　不良地质作用　adverse geologic actions

由地球内力或外力产生的对工程可能造成危害的地质作用。

2.1.11　地质灾害　geo1ogical disaster

由不良地质作用引发的，危及人身、财产、工程或环境安全的事件。

2.1.12　地面沉降　ground subsidence，land subsidence

大面积区域性的地面下沉，一般由地下水过量抽吸产生区域性降落漏斗引起。大面积地下采空和黄土自重湿陷也可引起地面沉降。

2.1.13　岩土参数标准值　standard value of a geotechnical parameter

岩土参数的基本代表值，通常取概率分布的0.05分位数。

2.2 符　　号

2.2.1　岩土物理性质和颗粒组成

E——孔隙比；

I_L——液性指数；

I_p——塑性指数；

n——孔隙度，孔隙率；

Sr——饱和度；

W——含水量，含水率；

W_L——液限；

W_P——塑限；

W_u——有机质含量；

R——重力密度（重度）；

ρ——质量密度（密度）；

ρ_d——干密度。

2.2.2　岩土变形参数

a——压缩系数；

C_c——压缩指数；

C_e——再压缩指数；

C_s——回弹指数；

c_h——水平向固结系数；

c_v——垂直向固结系数；

E_0——变形模量；

E_m——侧胀模量；

Em——旁压模量；

E_s——压缩模量；

G——剪切模量；

P_c——先期固结压力。

2.2.3　岩土强度参数

C——黏聚力；

Po——载荷试验比例界限压力，旁压试验初始压力；

P_t——旁压试验临塑压力；

P_L——旁压试验极限压力；

P_u——载荷试验极限压力；

q_u——无侧限抗压强度；

τ——抗剪强度；

φ——内摩擦角。

2.2.4　触探及标准贯入试验指标

R_f——静力触探摩阻比；

f_s——静力触探侧阻力；

N——标准贯入试验锤击数；

N_{10}——轻型圆锥动力触探锤击数；

$N_{63.5}$——重型圆锥动力触探锤击数；

N_{120}——超重型圆锥动力触探锤击数；

P_s——静力触探比贯入阻力；

q_c——静力触探锥头阻力。

2.2.5　水文地质参数

B——越流系数；

k——渗透系数；

Q——流量，涌水量；

R——影响半径；

S——释水系数；

T——导水系数；

u——孔隙水压力。

2.2.6　其他符号

F_s——边坡稳定系数；

I_D——侧胀土性指数；

K_D——侧胀水平应力指数；

P_c——膨胀力；

U_D——侧胀孔压指数；

ΔF_s——附加湿陷量；

S——基础沉降量，载荷试验沉降量；

S_t——灵敏度；

α_w——红黏土的含水比；

υ_p——压缩波波速；

υ_s——剪切波波速；

δ——变异系数；

Δ_s——总湿陷量；

μ——泊松比；

σ——标准差。

3 勘察分级和岩土分类

3.3 土的分类和鉴定

3.3.1 晚更新世 Q_3及其以前沉积的土，应定为老沉积土；第四纪全新世中近期沉积的土，应定为新近沉积土。根据地质成因，可划分为残积土、坡积土、洪积土、冲积土、淤积土、冰积土和风积土等。土根据有机质含量分类，应按本规范附录 A 表 A. 0. 5 执行。

3.3.2 粒径大于 2mm 的颗粒质量超过总质量 50%的土，应定名为碎石土，并按表 3. 3. 2 进一步分类。

表 3.3.2 碎石土分类

土的名称	颗粒形状	颗粒级配
漂石	圆形及亚圆形为主	粒径大于 200mm 的颗粒质量超过总质量 50%
块石	棱角形为主	
卵石	圆形及亚圆形为主	粒径大于 20mm 的颗粒质量超过总质量 50%
碎石	棱角形为主	
圆砾	圆形及亚圆形为主	粒径大于 2mm 的颗粒质量超过总质量 50%
角砾	棱角形为主	

3.3.3 粒径大于 2mm 的颗粒质量不超过总质量的 50%，粒径大于 0. 075mm 的颗粒质量超过总质量 50%的土，应定名为砂土，并按表 3. 3. 3 进一步分类。

表 3.3.3 砂土分类

土的名称	颗粒级配
砾砂	粒径大于 2mm 的颗粒质量占总质量 25%～50%
粗砂	粒径大于 0. 5mm 的颗粒质量超过总质量 50%
中砂	粒径大于 0. 25mm 的颗粒质量超过总质量 50%
细砂	粒径大于 0. 075mm 的颗粒质量超过总质量 85%
粉砂	粒径大于 0. 075mm 的颗粒质量超过总质量 50%

注：定名时应根据颗粒级配由大到小以最先符合者确定。

3.3.4　粒径大于0.075mm的颗粒质量不超过总质量的50%，且塑性指数等于或小于10的土，应定名为粉土。

3.3.5　塑性指数大于10的土应定名为黏性土。

黏性土应根据塑性指数分为粉质黏土和黏土。塑性指数大于10，且小于或等于17的土，应定名为粉质黏土；塑性指数大于17的土应定名为黏土。

注：塑性指数应由相应于76g圆锥仪沉入土中深度为10mm时测定的液限计算而得。

3.3.6　除按颗粒级配或塑性指数定名外，土的综合定名应符合下列规定：

（1）对特殊成因和年代的土类应结合其成因和年代特征定名。

（2）对特殊性土，应结合颗粒级配或塑性指数定名。

（3）对混合土，应冠以主要含有的土类定名。

（4）对同一土层中相间呈韵律沉积，当薄层与厚层的厚度比大于1/3时，宜定为“互层”；厚度比为1/10~1/3时，宜定为“夹层”；厚度比小于1/10的土层，且多次出现时，宜定为“夹薄层”。

（5）当土层厚度大于0.5m时，宜单独分层。

3.3.7　土的鉴定应在现场描述的基础上，结合室内试验的开土记录和试验结果综合确定。土的描述应符合下列规定：

（1）碎石土宜描述颗粒级配、颗粒形状、颗粒排列、母岩成分、风化程度、充填物的性质和充填程度、密实度等；

（2）砂土宜描述颜色、矿物组成、颗粒级配、颗粒形状、细粒含量、湿度、密实度等；

（3）粉土宜描述颜色、包含物、湿度、密实度等；

（4）黏性土宜描述颜色、状态、包含物、土的结构等；

（5）特殊性土除应描述上述相应土类规定的内容外，尚应描述其特殊成分和特殊性质，如对淤泥尚应描述嗅味，对填土尚应描述物质成分、堆积年代、密实度和均匀性等；

（6）对具有互层、夹层、夹薄层特征的土，尚应描述各层的厚度和层理特征；

（7）需要时，可用目力鉴别描述土的光泽反应、摇振反应、干强度和韧性，按表3.3.7区分粉土和黏性土。

表 3.3.7　目力鉴别粉土和黏性土

鉴别项目	摇振反应	光泽反应	干强度	韧性
粉土	迅速、中等	无光泽反应	低	低
黏性土	无	有光泽、稍有光泽	高、中等	高、中等

3.3.8　碎石土的密实度可根据圆锥动力触探锤击数按表 3.3.8-1 或表 3.3.8-2 确定，表中 $N_{63.5}$和 N_{120}应按本规范附录 B 修正。定性描述可按本规范附录 A 表 A.0.6 的规定执行。

表 3.3.8-1　碎石土密实度按 $N_{63.5}$分类

重型动力触探锤击数 $N_{63.5}$	密实度	重型动力触探锤击数 $N_{63.5}$	密实度
$N_{63.5}\leqslant 5$	松散	$10<N_{63.5}\leqslant 20$	中密
$5<N_{63.5}\leqslant 10$	稍密	$N_{63.5}>20$	密实

注：本表适用于平均粒径等于或小于 50mm，且最大粒径小于 100mm 的碎石土。

对于平均粒径大于 50mm，或最大粒径大于 100mm 的碎石土，可用超重型动力触探或用野外观察鉴别。

表 3.3.8-2　碎石土密实度按 N_{120}分类

超重型动力触探锤击数 N_{120}	密实度	超重型动力触探锤击数 N_{120}	密实度
$N_{120}\leqslant 3$	松散	$11<N_{120}<14$	密实
$3<N_{120}\leqslant 6$	稍密	$N_{120}>14$	很密
$6<N_{120}\leqslant 11$	中密	—	—

3.3.9　砂土的密实度应根据标准贯入试验锤击数实测值 N 划分为密实、中密、稍密和松散，并应符合表 3.3.9 的规定。当用静力触探探头阻力划分砂土密实度时，可根据当地经验确定。

表 3.3.9　砂土密实度分类

标准贯入锤击数 N	密实度	标准贯入锤击数 N	密实度
$N\leqslant 10$	松散	$15<N\leqslant 30$	中密
$10<N\leqslant 15$	稍密	$N>30$	密实

3.3.10　粉土的密实度应根据孔隙比 e 划分为密实、中密和稍密；其湿度应根据含水量 ω（%）划分为稍湿、湿、很湿。密实度和湿度的划分应分别符

合表 3.3.10-1 和表 3.3.10-2 的规定。

表 3.3.10-1　粉土密实度分类

孔 隙 比 e	密实度
$e<0.75$	密实
$0.75\leqslant e\leqslant 0.90$	中密
$e>0.9$	稍密

注：当有经验时，也可用原位测试或其他方法划分粉土的密实度。

表 3.3.10-2　粉土湿度分类

含 水 量 w	湿度
$w<20$	稍湿
$20\leqslant w\leqslant 30$	湿
$w>30$	很湿

3.3.11　黏性土的状态应根据液性指数 I_L 划分为坚硬、硬塑、可塑、软塑和流塑，并应符合表 3.3.11 的规定。

表 3.3.11　黏性土状态分类

液性指数	状态	液性指数	状态
$I_L\leqslant 0$	坚硬	$0.75<I_L\leqslant 1$	软塑
$0<I_L\leqslant 0.25$	硬塑		
$0.25<I_L<0.75$	可塑	$I_L>1$	流塑

4　各类工程的勘察基本要求

4.7　边坡工程

4.7.1　边坡工程勘察应查明下列内容：

（1）地貌形态，当存在滑坡、危岩和崩塌、泥石流等不良地质作用时，应符合本规范第 5 章的要求；

（2）岩土的类型、成因、工程特性，覆盖层厚度，基岩面的形态和坡度；

（3）岩体主要结构面的类型、产状、延展情况、闭合程度、充填状况、充水状况、力学属性和组合关系，主要结构面与临空面关系，是否存在外倾结构面；

(4) 地下水的类型、水位、水压、水量、补给和动态变化，岩土的透水性和地下水的出露情况；

(5) 地区气象条件（特别是雨期、暴雨强度），汇水面积、坡面植被，地表水对坡面、坡脚的冲击情况；

(6) 岩土的物理力学性质和软弱结构面的抗剪强度。

4.7.2 大型边坡勘察宜分阶段进行，各阶段应符合下列要求：

(1) 初步勘察应搜集地质资料，进行工程地质测绘和少量的勘探和室内试验，初步评价边坡的稳定性。

(2) 详细勘察应对可能失稳的边坡及相邻地段进行工程地质测绘、勘探、试验、观测和分析计算，做出稳定性评价，对人工边坡提出最优开挖坡角；对可能失稳的边坡提出防护处理措施的建议。

(3) 施工勘察应配合施工开挖进行地质编录，核对、补充前阶段的勘察资料，必要时，进行施工安全预报，提出修改设计的建议。

4.7.3 边坡工程地质测绘除应符合本规范第 8 章的要求外，尚应着重查明天然边坡的形态和坡角，软弱结构面的产状和性质。测绘范围应包括可能对边坡稳定有影响的地段。

4.7.4 勘探线应垂直边坡走向布置，勘探点间距应根据地质条件确定。当遇有软弱夹层或不利结构面时，应适当加密。勘探孔深度应穿过潜在滑动面并深入稳定层 2~5m。除常规钻探外，可根据需要，采用探洞、探槽、探井和斜孔。

4.7.5 主要岩土层和软弱层应采取试样。每层的试样对土层不应少于 6 件，对岩层不应少于 9 件，软弱层宜连续取样。

4.7.6 三轴剪切试验的最高围压和直剪试验的最大法向压力的选择，应与试样在坡体中的实际受力情况相近。对控制边坡稳定的软弱结构面，宜进行原位剪切试验。对大型边坡，必要时可进行岩体应力测试、波速测试，动力测试、孔隙水压力测试和模型试验。

抗剪强度指标，应根据实测结果结合当地经验确定，并宜采用反分析方法验证。对永久性边坡，尚应考虑强度可能随时间降低的效应。

4.7.7 边坡的稳定性评价，应在确定边坡破坏模式的基础上进行，可采用工程地质类比法、图解分析法、极限平衡法、有限单元法进行综合评价。各区段条件不一致时，应分区段分析。

边坡稳定系数 F_s 的取值，对新设计的边坡、重要工程宜取 1.30~1.50，一般工程宜取 1.15~1.30，次要工程宜取 1.05~1.15。采用峰值强度时取大值，采取残余强度时取小值。验算已有边坡稳定时，F_s取 1. 10~1. 25。

4. 7. 8　大型边坡应进行监测，监测内容根据具体情况可包括边坡变形、地下水动态和易风化岩体的风化速度等。

4. 7. 9　边坡岩土工程勘察报告除应符合本规范第 14 章的规定外，还应论述下列内容：

（1）边坡的工程地质条件和岩土工程计算参数；

（2）分析边坡和建在坡顶、坡上建筑物的稳定性，对坡下建筑物的影响；

（3）提出最优坡形和坡角的建议；

（4）提出不稳定边坡整治措施和监测方案的建议。

5　不良地质作用和地质灾害

5. 2　滑　坡

5. 2. 1　拟建工程场地或其附近存在对工程安全有影响的滑坡或有滑坡可能时，应进行专门的滑坡勘察①。

5. 2. 2　滑坡勘察应进行工程地质测绘和调查，调查范围应包括滑坡及其邻近地段。比例尺可选用 1∶200~1∶1 000。用于整治设计时，比例尺应选用 1∶200~1∶500。

5. 2. 3　滑坡区的工程地质测绘和调查，除应遵守本规范第 8 章的规定外，尚应调查下列内容：

（1）搜集地质、水文、气象、地震和人类活动等相关资料；

（2）滑坡的形态要素和演化过程，圈定滑坡周界；

（3）地表水、地下水、泉和湿地等的分布；

（4）树木的异态、工程设施的变形等；

（5）当地治理滑坡的经验。

对滑坡的重点部位应摄影或录像。

5. 2. 4　勘探线和勘探点的布置应根据工程地质条件、地下水情况和滑坡形态确定。除沿主滑方向应布置勘探线外，在其两侧滑坡体外也应布置一定数量勘探线。勘探点间距不宜大于 40m，在滑坡体转折处和预计采取工程措施的地段，也应布置勘探点。

勘探方法除钻探和触探外，应有一定数量的探井。

5. 2. 5　勘探孔的深度应穿过最下一层滑面，进入稳定地层，控制性勘探

---

①　该条规则自 2022 年 4 月 1 日起废止。

孔应深入稳定地层一定深度，满足滑坡治理需要。

5.2.6　滑坡勘察应进行下列工作：

（1）查明各层滑坡面（带）的位置；

（2）查明各层地下水的位置、流向和性质；

（3）在滑坡体、滑坡面（带）和稳定地层中采取土试样进行试验。

5.2.7　滑坡勘察时，土的强度试验宜符合下列要求：

（1）采用室内、野外滑面重合剪，滑带宜作重塑土或原状土多次剪试验，并求出多次剪和残余剪的抗剪强度；

（2）采用与滑动受力条件相似的方法；

（3）采用反分析方法检验滑动面的抗剪强度指标。

5.2.8　滑坡的稳定性计算应符合下列要求：

（1）正确选择有代表性的分析断面，正确划分牵引段、主滑段和抗滑段；

（2）正确选用强度指标，宜根据测试成果、反分析和当地经验综合确定；

（3）有地下水时，应计入浮托力和水压力；

（4）根据滑面（滑带）条件，按平面、圆弧或折线，选用正确的计算模型；

（5）当有局部滑动可能时，除验算整体稳定外，尚应验算局部稳定；

（6）当有地震、冲刷、人类活动等影响因素时，应计及这些因素对稳定的影响。

5.2.9　滑坡稳定性的综合评价，应根据滑坡的规模、主导因素、滑坡前兆、滑坡区的工程地质和水文地质条件，以及稳定性验算结果进行，并应分析发展趋势和危害程度，提出治理方案的建议。

5.2.10　滑坡勘察报告除应符合本规范第 14 章的规定外，还应包括下列内容：

（1）滑坡的地质背景和形成条件；

（2）滑坡的形态要素、性质和演化；

（3）提供滑坡的平面图、剖面图和岩土工程特性指标；

（4）滑坡稳定分析；

（5）滑坡防治和监测的建议。

8　工程地质测绘和调查

8.0.1　岩石出露或地貌、地质条件较复杂的场地应进行工程地质测绘。对地质条件简单的场地，可用调查代替工程地质测绘。

8.0.2　工程地质测绘和调查宜在可行性研究或初步勘察阶段进行。在可行性研究阶段搜集资料时，宜包括航空相片、卫星相片的解译结果。在详细勘察阶段可对某些专门地质问题做补充调查。

8.0.3　工程地质测绘和调查的范围，应包括场地及其附近地段。

测绘的比例尺和精度应符合下列要求：

（1）测绘的比例尺，可行性研究勘察可选用1∶5 000~1∶50 000；初步勘察可选用1∶2 000~1∶10 000；详细勘察可选用1∶500~1∶2 000；条件复杂时，比例尺可适当放大。

（2）对工程有重要影响的地质单元体（滑坡、断层、软弱夹层、洞穴等），可采用扩大比例尺表示。

（3）地质界线和地质观测点的测绘精度，在图上不应低于3mm。

8.0.4　地质观测点的布置、密度和定位应满足下列要求：

（1）在地质构造线、地层接触线、岩性分界线、标准层位和每个地质单元体应有地质观测点。

（2）地质观测点的密度应根据场地的地貌、地质条件、成图比例尺和工程要求等确定，并应具代表性。

（3）地质观测点应充分利用天然和已有的人工露头，当露头少时，应根据具体情况布置一定数量的探坑或探槽。

（4）地质观测点的定位应根据精度要求选用适当方法；地质构造线、地层接触线、岩性分界线、软弱夹层、地下水露头和不良地质作用等特殊地质观测点，宜用仪器定位。

8.0.5　工程地质测绘和调查，宜包括下列内容：

（1）查明地形、地貌特征及其与地层、构造、不良地质作用的关系，划分地貌单元。

（2）岩土的年代、成因、性质、厚度和分布；对岩层应鉴定其风化程度，对土层应区分新近沉积土、各种特殊性土。

（3）查明岩体结构类型，各类结构面（尤其是软弱结构面）的产状和性质，岩、土接触面和软弱夹层的特性等，新构造活动的形迹及其与地震活动的关系。

（4）查明地下水的类型、补给来源、排泄条件，井泉位置，含水层的岩性特征、埋藏深度、水位变化、污染情况及其与地表水体的关系。

（5）搜集气象、水文、植被、土的标准冻结深度等资料；调查最高洪水位及其发生时间、淹没范围。

（6）查明岩溶、土洞、滑坡、崩塌、泥石流、冲沟、地面沉降、断裂、地震震害、地裂缝、岸边冲刷等不良地质作用的形成、分布、形态、规模、发育程度及其对工程建设的影响。

（7）调查人类活动对场地稳定性的影响，包括人工洞穴、地下采空、大挖大填、抽水排水和水库诱发地震等。

（8）建筑物的变形和工程经验。

8.0.6　工程地质测绘和调查的成果资料宜包括实际材料图、综合工程地质图、工程地质分区图、综合地质柱状图、工程地质剖面图以及各种素描图、照片和文字说明等。

8.0.7　利用遥感影像资料解译进行工程地质测绘时，现场检验地质观测点数宜为工程地质测绘点数的30%~50%。野外工作应包括下列内容：

（1）检查解译标志；

（2）检查解译结果；

（3）检查外推结果；

（4）对室内解译难以获得的资料进行野外补充。

附录2 工程测量标准（节选）

中华人民共和国国家标准
工程测量标准
GB 50026-2020

1 总则

1.0.1 为了统一工程测量的技术要求，做到技术先进、经济合理，使工程测量成果满足质量可靠、安全适用的原则，制定本标准。

1.0.2 本标准适用于工程建设领域的通用性测量工作。

1.0.3 工程测量应以中误差作为衡量测绘精度的标准，并应以二倍中误差作为极限误差。对于精度要求较高的工程，可按附录A的方法评定观测精度。

1.0.4 工程测量的区域类型宜划分为一般地区、城镇建筑区、工矿区和水域。

1.0.5 工程测量使用的计量器具，应加强使用管理、制定相应的规章制度、按规定周期进行检定。使用的软件，应通过测试或验证。

1.0.6 对工程中所引用的测量成果资料，应进行检核。

1.0.7 工程测量除应符合本标准外，尚应符合国家现行有关标准的规定。

10 变形监测

10.1 一般规定

10.1.1 本章适用于工业与民用建（构）筑物、建筑场地、地基基础、水工建筑物、地下工程建（构）筑物、桥梁、滑坡、核电厂等的变形监测。

10.1.2 重要的工程建（构）筑物，在工程设计时，应对变形监测的内容和范围做出要求，并应由有关单位制订变形监测技术设计方案。首次观测宜获取监测体初始状态的观测数据。

10.1.3　变形监测的等级划分及精度要求应符合表10.1.3的规定。

表10.1.3　变形监测的等级划分及精度要求　　单位：mm

等级	垂直位移监测		水平位移监测	适用范围
	变形观测点的高程中误差	相邻变形观测点的高差中误差	变形观测点的点位中误差	
一等	0.3	0.1	1.5	变形特别敏感的高层建筑、高耸构筑物、工业建筑、重要古建筑、大型坝体、精密工程设施、特大型桥梁、大型直立岩体、大型坝区地壳变形监测等
二等	0.5	0.3	3.0	变形比较敏感的高层建筑、高耸构筑物、工业建筑、古建筑、特大型和大型桥梁、大中型坝体、直立岩体、高边坡、重要工程设施、重大地下工程、危害性较大的滑坡监测等
三等	1.0	0.5	6.0	一般性的高层建筑、多层建筑、工业建筑、高耸构筑物、直立岩体、高边坡、深基坑、一般地下工程、危害性一般的滑坡监测、大型桥梁等
四等	2.0	1.0	12.0	观测精度要求较低的建（构）筑物、普通滑坡监测、中小型桥梁等

注：①变形观测点的高程中误差和点位中误差是指相对于邻近基准点的中误差；

②特定方向的位移中误差可取表中相应等级点位中误差的$1/\sqrt{2}$作为限值；

③垂直位移监测可根据需要按变形观测点的高程中误差或相邻变形观测点的高差中误差来确定监测精度等级。

10.1.4　变形监测网的点位的构成宜包括基准点、工作基点和变形观测点，点位布设应符合下列规定：

（1）基准点应选在变形影响区域之外稳固的位置；每个工程至少应有3个基准点；大型工程项目，水平位移基准点应采用带有强制归心装置的观测墩，垂直位移基准点宜采用双金属标或钢管标。

（2）工作基点应选在比较稳定且方便使用的位置；设立在大型工程施工区域内的水平位移监测工作基点宜采用带有强制归心装置的观测墩，垂直位移监测工作基点可采用钢管标；对通视条件好的小型工程，可不设立工作基点，可在基准点上直接测定变形观测点。

(3) 变形观测点应设立在能反映监测体变形特征的位置或监测断面上，监测断面应分为关键断面、重要断面和一般断面。需要时，还应埋设应力、应变传感器。

10.1.5 监测基准网应由基准点和部分工作基点构成。监测基准网应每半年复测一次；当对变形监测成果产生怀疑时，应随时检核监测基准网。

10.1.6 变形监测网应由部分基准点、工作基点和变形观测点构成。监测周期应根据监测体的变形特征、变形速率、观测精度和工程地质条件等因素综合确定。监测期间应根据变形量的变化情况调整。

10.1.7 首期监测应进行两次独立测量，之后各期的变形监测宜符合下列规定：

(1) 宜采用相同的图形（观测路线）和观测方法；

(2) 宜使用同一仪器和设备；

(3) 观测人员宜相对固定；

(4) 宜记录工况及相关环境因素，包括荷载、温度、降水、水位等；

(5) 宜采用同一基准处理数据。

10.1.8 变形监测作业前，应收集相关水文地质、岩土工程资料和设计图纸，并应根据岩土工程地质条件、工程类型、工程规模、基础埋深、建筑结构和施工方法等因素，进行变形监测方案设计。方案设计应包括监测的目的、技术依据、精度等级、监测方法、监测基准及基准网精度估算和点位布设、观测周期、项目预警值、使用的仪器设备、数据处理方法和成果质量检验等内容。

10.1.9 观测前，应对所使用的仪器和设备进行检查、校正，并应做好记录。每期观测结束后，应将观测数据转存至计算机，并应进行处理。

10.1.10 变形监测出现下列情况之一时，必须通知建设单位，提高监测频率或增加监测内容①：

(1) 变形量或变形速率达到变形预警值或接近允许值；

(2) 变形量或变形速率变化异常；

(3) 建（构）筑物的裂缝或地表的裂缝快速扩大。

10.1.11 重要的建（构）筑物及其附属设施的变形监测，应结合工程运营管理需要，逐步实现自动化监测或进行自动化监测改造。

10.2 水平位移监测基准网

10.2.1 水平位移监测基准网可采用三角形网、导线网、卫星定位测量控

---

① 该条规则自2022年4月1日起废止。

制网和视准轴线等形式。当采用视准轴线时，轴线上或轴线两端应设立校核点。

10.2.2 水平位移监测基准网宜采用独立坐标系统，并应进行一次布网。专项工程需要时，可与国家坐标系统联测。狭长形建筑物的主轴线或其平行线应纳入网内。大型工程布网时，应兼顾网的精度、可靠性和灵敏度等指标。

10.2.3 基准网点位宜采用有强制归心装置的观测墩。观测墩的制作与埋设应符合本标准附录B的有关规定。

10.2.4 水平位移监测基准网测量的主要技术要求应符合表10.2.4的规定。

表10.2.4 水平位移监测基准网测量的主要技术要求

<table>
<tr><th rowspan="2">等级</th><th rowspan="2">相邻基准点的点位中误差/mm</th><th rowspan="2">平均边长L/m</th><th rowspan="2">测角中误差/″</th><th rowspan="2">测边相对中误差</th><th colspan="3">水平角观测测回数</th></tr>
<tr><th>0.5″级仪器</th><th>1″级仪器</th><th>2″级仪器</th></tr>
<tr><td rowspan="2">一等</td><td rowspan="2">1.5</td><td>≤300</td><td>0.7</td><td>≤1/300 000</td><td>9</td><td>12</td><td>—</td></tr>
<tr><td>≤200</td><td>1.0</td><td>≤1/200 000</td><td>6</td><td>9</td><td>—</td></tr>
<tr><td rowspan="2">二等</td><td rowspan="2">3.0</td><td>≤400</td><td>1.0</td><td>≤1/200 000</td><td>6</td><td>9</td><td>—</td></tr>
<tr><td>≤200</td><td>1.8</td><td>≤1/100 000</td><td>4</td><td>6</td><td>9</td></tr>
<tr><td rowspan="2">三等</td><td rowspan="2">6.0</td><td>≤450</td><td>1.8</td><td>≤1/100 000</td><td>4</td><td>6</td><td>9</td></tr>
<tr><td>≤350</td><td>2.5</td><td>≤1/80 000</td><td>2</td><td>4</td><td>6</td></tr>
<tr><td>四等</td><td>12.0</td><td>≤600</td><td>2.5</td><td>≤1/80 000</td><td>—</td><td>4</td><td>6</td></tr>
</table>

注：①水平位移监测基准网的相关指标，是基于相应等级相邻基准点的点位中误差要求进行确定的；

②具体作业时，也可根据监测项目的特点在满足相邻基准点的点位中误差要求前提下，进行专项设计；

③卫星定位测量基准网不受测角中误差和水平角观测测回数指标的限制。

10.2.5 监测基准网的水平角观测宜采用方向观测法，水平角观测的技术要求应符合本标准第3.4.8条的规定。

10.2.6 监测基准网边长应采用全站仪测距，测距的主要技术要求应符合表10.2.6的规定。

表 10.2.6 测距的主要技术要求

<table>
<tr><th rowspan="2">等级</th><th rowspan="2">仪器精度等级</th><th colspan="2">每边测回数</th><th rowspan="2">一测回读数较差/mm</th><th rowspan="2">单程各测回较差/mm</th><th colspan="2">气象数据测定的最小读数</th><th rowspan="2">往返较差/mm</th></tr>
<tr><th>往</th><th>返</th><th>温度/℃</th><th>气压/hPa</th></tr>
<tr><td>一等</td><td>1mm 级仪器</td><td>4</td><td>4</td><td>1</td><td>1.5</td><td rowspan="4">0.2</td><td rowspan="4">50</td><td rowspan="4">≤2(a+b·D)</td></tr>
<tr><td>二等</td><td>2mm 级仪器</td><td>3</td><td>3</td><td>3</td><td>4</td></tr>
<tr><td>三等</td><td>5mm 级仪器</td><td>2</td><td>2</td><td>5</td><td>7</td></tr>
<tr><td>四等</td><td>10mm 级仪器</td><td>4</td><td>—</td><td>8</td><td>10</td></tr>
</table>

注：①一测回是全站仪盘左、盘右各测量一次的过程；

②根据具体情况，测边可采取不同时间段代替往返观测；

③测量斜距应在经气象改正和仪器的加、乘常数改正后进行水平距离计算；

④测距往返较差应依经加乘常数改正且归化至同一高程面的平距计算，改正计算时，a、b 分别为相应等级所使用仪器标称的固定误差和比例误差系数，D 为测量斜距（km）。

10.2.7 一、二等卫星定位测量基准网应采用精密星历进行数据处理。

10.2.8 水平位移监测基准网测量的其他技术要求应按本标准第 3 章的有关规定执行。一等三角形监测网的三角形闭合差不应超过 2.5″。

10.3 垂直位移监测基准网

10.3.1 垂直位移监测基准网应布设成环形网，并应采用水准测量方法观测。

10.3.2 基准点的埋设应符合下列规定：

（1）应将标石埋设在变形区以外稳定的原状土层内，或将标志镶嵌在裸露基岩上；

（2）应利用稳固的建（构）筑物设立墙水准点；

（3）当受条件限制时，在变形区内也可埋设深层钢管标或双金属标；

（4）大型水工建筑物的基准点可采用平硐标志；

（5）基准点的标石规格，可根据现场条件和工程需要，按本标准附录 C 进行选择。

10.3.3 垂直位移监测基准网的主要技术要求应符合表 10.3.3 的规定。

表 10.3.3　垂直位移监测基准网的主要技术要求　　单位：mm

等级	相邻基准点高差中误差	每站高差中误差	往返较差或环线闭合差	检测已测高差
一等	0.3	0.07	$0.15\sqrt{n}$	$0.2\sqrt{n}$
二等	0.5	0.15	$0.30\sqrt{n}$	$0.4\sqrt{n}$
三等	1.0	0.30	$0.60\sqrt{n}$	$0.8\sqrt{n}$
四等	2.0	0.70	$1.40\sqrt{n}$	$2.0\sqrt{n}$

注：n 为测站数。

10.3.4　数字水准仪观测的主要技术要求应符合表 10.3.4 的规定。

表 10.3.4　数字水准仪观测的主要技术要求

等级	水准仪级别	水准尺类别	视线长度/m	前后视的距离较差/m	前后视的距离较差累积/m	数字水准仪重复测量次数
一等	DS05、DSZ05	条码式因瓦尺	15	0.3	1.0	4
二等	DS05、DSZ05	条码式因瓦尺	30	0.5	1.5	3
三等	DS05、DSZ05	条码式因瓦尺	50	2.0	3	2
	DS1、DSZ1	条码式因瓦尺	50	2.0	3	3
四等	DS1、DSZ1	条码式因瓦尺	75	5.0	8	2
	DS1、DSZ1	条码式因瓦尺	75	5.0	8	3

注：水准观测时若受地面震动影响时，应停止测量。

10.3.5　光学水准仪观测的主要技术要求应符合表 10.3.5 的规定。

表 10.3.5　光学水准仪观测的主要技术要求

等级	水准仪级别	水准尺类别	视线长度/m	前后视的距离较差/m	前后视的距离较差累积/m	视线离地面最低高度/m	基本分划、辅助分划读数较差/mm	基本分划、辅助分划所测高差较差/mm
一等	DS05、DSZ05	线条式因瓦尺	15	0.3	1.0	0.5	0.3	0.4
二等	DS05、DSZ05	线条式因瓦尺	30	0.5	1.5	0.5	0.3	0.4
三等	DS05、DSZ05	线条式因瓦尺	50	2.0	3	0.3	0.5	0.7
	DS1、DSZ1	线条式因瓦尺	50	2.0	3	0.3	0.5	0.7
四等	DS1、DSZ1	线条式因瓦尺	75	5.0	8	0.2	1.0	1.5

注：水准路线跨越江河时，应进行相应等级的跨河水准测量。跨河水准测量的指标应不受本表的限制、应按本标准第 4 章的规定执行。

10.3.6　观测使用的水准仪和水准标尺应符合本标准第 4.2.2 条的规定，DS05、DSZ05 级水准仪视准轴与水准管轴的夹角不得大于 10″。

10.3.7　基准网宜采用测区原有高程系统。重要的监测工程宜与国家水准点联测，一般的监测工程可采用假定高程系统。

10.3.8　水准观测的其他技术要求应符合本标准第 4 章的有关规定。

10.4　基本监测方法与技术要求

10.4.1　变形监测的方法的选择应根据监测项目的特点、精度要求、变形速率以及监测体的安全性等指标按表 10.4.1 选用，也可同时采用多种方法联合监测。

表 10.4.1　变形监测方法的选择

类别	监测方法
水平位移监测	三角形网、极坐标法、交会法、自由设站法、卫星定位测量、地面三维激光扫描法、地基雷达干涉测量法、正倒垂线法、视准线法、引张线法、激光准直法、精密测（量）距、伸缩仪法、多点位移计、倾斜仪等
垂直位移监测	水准测量、液体静力水准测量、电磁波测距三角高程测量、地基雷达干涉测量方法等
三维位移监测	全站仪自动跟踪测量法、卫星定位实时动态测量法、摄影测量法等
主体倾斜	经纬仪投点法、差异沉降法、激光准直法、垂线法、倾斜仪、电垂直梁等
挠度观测	垂线法、差异沉降法、位移计、挠度计等
监测体裂缝	精密测（量）距、伸缩仪、测缝计、位移计、光纤光栅传感器、摄影测量等
应力、应变监测	应力计、应变计

10.4.2　采用三角形网测量时，技术要求应符合本标准第 10.2 节的有关规定。

10.4.3　交会法、极坐标法的主要技术要求应符合下列规定：

（1）用交会法进行水平位移监测时，宜采用三点交会法；角交会法的交会角，应在 60°~120°，边交会法的交会角，宜在 30°~150°。

（2）用极坐标法进行水平位移监测时，宜采用双测站极坐标法。

（3）测站点应采用有强制对中装置的观测墩，变形观测点，可埋设安置反光镜或觇牌的强制对中装置或其他固定照准标志。

10.4.4　自由设站法的主要技术要求应符合下列规定：

（1）控制点的数量不应少于 3 个，宜分布在三角形网的外围或两端；

（2）水平角宜采用方向法观测，若需分组，归零方向应相同，并应至少重复观测一个方向；

（3）自由设站法测量应边角同步观测且测回数应相同，并应符合本标准表 10.2.4 的规定；

（4）水平角观测和距离测量的其他技术要求应符合本标准第 3.5 节的有关规定。

10.4.5　视准线法的主要技术要求应符合下列规定：

（1）视准线两端的延长线外宜设立校核基准点。

（2）视准线应离开障碍物 1m 以上。

（3）各测点偏离视准线的距离不应大于 20mm；采用小角法时，小角角度不应超过 30′。

（4）视准线测量可选用活动觇牌法或小角度法。当采用活动觇牌法观测时，监测精度宜为视准线长度的 1/100 000；当采用小角度法观测时，监测精度应按式（10.4.5）估算，即

$$m_s = m_\beta L/\rho \qquad (10.4.5)$$

式中：m_s——位移中误差（mm）；

m_β——测角中误差（″）；

L——视准线长度（mm）；

ρ——206265"。

（5）基准点、校核基准点和变形观测点应采用有强制对中装置的观测墩。

（6）当采用活动觇牌法观测时，观测前应对觇牌的零位差进行测定。

10.4.6　引张线法的主要技术要求应符合下列规定：

（1）引张线长度大于 200m 时，宜采用浮托式；

（2）引张线两端可设置倒垂线作为校核基准点，也可将校核基准点设置在两端山体的平硐内；

（3）引张线宜采用直径为 ϕ0.8mm～ϕ1.2mm 的不锈钢丝；

（4）观测时，测回较差不应超过 0.2mm。

10.4.7　正、倒垂线法的主要技术要求应符合下列规定：

（1）应根据垂线长度确定重锤重量或浮子的浮力；

（2）垂线宜采用直径为 ϕ0.8mm～ϕ1.2mm 的不锈钢丝或因瓦丝；

（3）单段垂线长度不宜大于 50m；

（4）工程需要时，正倒垂可结合布设；

（5）测站应采用有强制对中装置的观测墩；

（6）垂线观测可采用光学垂线坐标仪，测回较差不应超过 0.2mm。

10.4.8 激光测量的主要技术要求应符合下列规定：

（1）激光器宜安置在变形区影响之外的区域；激光器应采取防尘、防水措施。

（2）安置激光器后，应同时在激光器附近的激光光路上，设立固定的光路检核标志。

（3）整个光路上应无障碍物，并应设立安全警示标志。

（4）激光接收器应稳固设立在变形区域并应与光路垂直，目标板的刻画应均匀对比分明，观测时应将接收到的激光光斑调至最小、最清晰。

10.4.9 地面三维激光扫描可用于沉陷、挠度、高边坡、滑坡、倾斜和隧道收敛等变形监测，主要技术要求应符合下列规定：

（1）扫描仪宜安置在具有强制对中装置的稳定控制点上。

（2）用于基准点的标靶应设置在变形区域外，相邻基准点点位中误差和基准点的高差中误差应满足本标准表 10.2.4 和表 10.3.3 中三、四等的要求。

（3）需要布设标靶时，应将标靶在扫描范围内均匀布设且高低错落，每一扫描站的标靶个数不应少于 4 个，相邻两扫描站的公共标靶个数不应少于 3 个。

（4）扫描作业结束后，应将数据导入电脑，检查点云数据覆盖范围完整性、标靶数据完整性和可用性；对缺失和异常数据应补扫。

（5）监测点的变形量宜采用同一测站激光点云数据与上一期的扫描结果进行比对。

（6）可使用标靶、特征地物点对多站点云数据进行配准，配准次数不宜超过 4 次，扫描线路应闭合。

（7）当需要将点云数据整体转换到地方坐标系时，标靶点的数量不应少于 4 个。

（8）其他技术要求应符合本标准第 5.3.18 条~第 5.3.26 条的有关规定。

10.4.10 当采用水准测量方法进行垂直位移监测时，应符合下列规定：

（1）垂直位移监测网的主要技术要求应符合表 10.4.10 的规定。

表 10.4.10　垂直位移监测网的主要技术要求　　单位：mm

等级	变形观测点的高程中误差	每站高差中误差	往返较差、附合或环线闭合差	检测已测高差较差
一等	0.3	0.07	$0.15\sqrt{n}$	$0.2\sqrt{n}$
二等	0.5	0.15	$0.30\sqrt{n}$	$0.4\sqrt{n}$
三等	1.0	0.30	$0.60\sqrt{n}$	$0.8\sqrt{n}$
四等	2.0	0.70	$1.40\sqrt{n}$	$2.0\sqrt{n}$

注：n 为测站数。

（2）数字水准仪观测的主要技术要求应符合本标准第 10.3.4 条的规定，光学水准仪观测的主要技术要求应符合本标准第 10.3.5 条的规定。

10.4.11　静力水准测量应符合下列规定：

（1）静力水准观测的主要技术要求应符合表 10.4.11 的规定。

表 10.4.11　静力水准观测的主要技术要求　　单位：mm

等级	仪器类型	读数方式	两次观测高差较差	环线及附合路线闭合差
一等	封闭式	接触式	0.15	$0.15\sqrt{n}$
二等	封闭式、敞口式	接触式	0.30	$0.30\sqrt{n}$
三等	敞口式	接触式	0.60	$0.60\sqrt{n}$
四等	敞口式	目视式	1.40	$1.40\sqrt{n}$

注：n 为高差个数。

（2）观测前，应对观测头的零点差进行检验。

（3）应保持连通管路无压折，管内液体无气泡。

（4）观测头的圆气泡应居中。

（5）两端测站的环境温度宜相同。

（6）仪器对中偏差不应大于 2mm，倾斜度不应大于 10′。

（7）宜采用两台仪器对向观测，也可采用一台仪器往返观测。应在液面稳定后再开始测量；每观测一次，应读数三次，并应取平均值作为观测值。

10.4.12　电磁波测距三角高程测量宜采用中点单觇法，也可采用直返觇法。主要技术要求应符合下列规定：

（1）垂直角宜采用 1″级仪器中丝法对向观测各六测回，测回间垂直角较差不应大于 6″；

（2）测距长度宜小于500m，测距中误差不应超过3mm；

（3）觇标（仪器）高应精确量至0.1mm；

（4）测站观测前后应各测量1次气温、气压，计算时加入相应改正。

10.4.13　主体倾斜和挠度观测应符合下列规定：

（1）可采用监测体顶部及相应底部变形观测点的相对水平位移值计算主体倾斜。

（2）可采用基础差异沉降推算主体倾斜值和基础的挠度。

（3）直立监测体的挠度观测，工程需要时可采用正倒垂线法、电垂直梁法。

（4）监测体的主体倾斜率和按差异沉降推算主体倾斜值，应按本标准附录E的公式计算。按差异沉降推算基础相对倾斜值和基础挠度，应按本标准附录F的公式计算。

10.4.14　当监测体出现裂缝时，应根据需要进行裂缝观测，并应符合下列规定：

（1）裂缝观测点，应根据裂缝的走向和长度，分别布设在裂缝的最宽处和裂缝的末端。

（2）裂缝观测标志应跨裂缝安装；标志可选用镶嵌式金属标志、粘贴式金属片标志、钢尺条、坐标格网板或专用量测标志等。

（3）标志安装完成后，应拍摄裂缝观测初期的照片。

（4）裂缝的量测可采用比例尺、小钢尺、游标卡尺或坐标格网板等工具进行，量测应精确至0.1mm。

（5）裂缝的观测周期应根据裂缝变化速度而定。裂缝初期可每半个月观测1次，裂缝变化速度减缓后宜每月观测1次，当发现裂缝加大时，应每周或每3天观测1次，并宜持续观测。

10.4.15　全站仪自动跟踪测量的主要技术要求应符合下列规定：

（1）测站应设立在基准点或工作基点上，并应采用有强制对中装置的观测台或观测墩。测站视野应开阔无遮挡，周围应设立安全警示标志；应同时具有防水、防尘设施。

（2）监测体上的变形观测点宜采用观测棱镜，也可采用反射片。

（3）数据通信宜采用光缆、专用数据电缆通信，也可采用无线网络通信。

（4）作业前，应将自动观测成果与人工测量成果进行比对，应在自动观测成果满足要求后，再进行自动监测。

（5）测站和数据终端设备应备有不间断电源。

（6）数据处理软件应具有观测数据自动检核，超限数据自动处理，不合格数据自动重测，观测目标被遮挡时可自动延时观测以及变形数据自动处理、分析、预报和预警等功能。

10.4.16 当采用摄影测量方法时，应符合下列规定：

（1）应根据监测体的变形特点、监测规模和精度要求选用作业方法，可采用时间基线视差法、立体摄影测量方法或实时数字摄影测量方法等。

（2）监测点标志可采用十字形或同心圆形，标志的颜色应与背景的颜色色差分明，可采用黑、白、黄色或两色相间。

（3）像控点应布设在监测体的四周；当监测体的景深较深时，应在景深范围内均匀布设；像控点的点位精度不宜低于监测体监测精度的1/3；当采用直接线性变换法解算待定点时，一个像对的控制点宜布设6~9个；当采用时间基线视差法时，一个像对宜布设4个以上控制点。

（4）对规模较大的监测项目，宜进行监测方案专门设计；可采用多标志、多摄站、多相片及多量测的方法进行。

（5）摄影站应设置在带有强制归心装置的观测墩上；对于长方形的监测体，摄影站宜布设在与物体长轴相平行的一条直线上，并应使摄影主光轴垂直于被摄物体的主立面；对于圆柱形监测体，摄影站可均匀布设在与物体中轴线等距的周围。

（6）多像对摄影时，应布设像对间起连接作用的标志点。

（7）变形摄影测量的其他技术要求应符合现行国家标准《工程摄影测量规范》GB 50167的有关规定。

10.4.17 当采用卫星定位实时动态测量方法时，主要技术要求应符合下列规定：

（1）应设立永久性参考站作为变形监测的基准点，并应建立实时监控中心。

（2）参考站应设立在变形区之外，对空开阔，无高度角超过10°的障碍物，无反射导航定位卫星信号的大面积水域或大型玻璃幕墙建（构）筑物等，无高压线、电视台、无线电发射站、微波站等干扰源。

（3）流动站的接收天线应永久设置在监测体的变形观测点上，并应采取保护措施；接收天线的周围无高度角超过10°的障碍物；变形观测点的数目应根据具体的监测项目和监测体的结构布设；有效观测卫星数不应少于5颗，并应采用固定解成果。

（4）数据通信可根据工程需要采用光缆或专用数据电缆通信，也可采用无线通信网络传输数据。

10.4.18　应力、应变监测的主要技术要求应符合下列规定：

（1）监测点应根据设计要求和工程需要综合布设。

（2）传感器的强度应满足使用环境的要求，应具有抗腐蚀性、耐久性、抗震和抗冲击性能；传感器的量程宜为设计最大压力的1.2倍，精度应满足工程监控的要求；连接电缆应采用耐酸碱、防水、绝缘的专用电缆。

（3）传感器埋设前，应进行密封性检验、力学性能检验和温度性能检验，应在满足要求后使用。

（4）传感器埋设的回填土应夯实，承压面应与受力方向垂直；连接电缆应进行编号。

（5）传感器埋设达到初始状态后，应测定静态初始值。

（6）应力、应变的数据采集宜自动化，监测周期宜与变形监测周期同步。

10.4.19　地基雷达干涉测量设备用于变形监测，应符合下列规定：

（1）作业前，应分析项目变形特点，预估变形速率，确定监测特性和监测周期，选用具有相应参数的雷达设备，搭建监测平台。

（2）地基雷达干涉测量作业应符合下列规定：

①应以雷达波束中心线为参考设计雷达测量视角，并应将主要监测目标置于雷达波束最优辐射区域内，目标主变形方向和雷达视线夹角不宜超过60°。

②雷达设备启动后应进行预热，并应舍弃初始5景~10景影像。

③应选择雷达波束辐射范围内稳定区域作为主要变形区域变形计算的参考基准。

④测区目标应具有后向散射能力；当回波信号强度整体较弱时，可布设人工角反射器等协作目标，角反射器大小应根据雷达分辨能力综合确定。

⑤连续性准实时变形监测系统设计时，应加快高相干点目标选取和干涉处理的速度。

（3）分析处理影像数据提取变形时应符合下列规定：

①数据处理与变形计算应基于稳定的高相干点目标进行，并应剔除虚假信号像元、低相干点目标像元。

②连续性变形监测数据后处理可采用时域相位差分方式计算变形序列；周期性变形监测数据后处理可将各周期影像之间构成干涉对，采用差分干涉处理或时序分析思路提取变形序列。

③地基雷达变形测量数据应借助外部地形数据进行唯一的地理编码、坐标变换和变形投影，恢复像元的三维位置。

④应分析改正环境因素对雷达影像数据的影响；根据测区横纵跨度大小，可利用参考点采用距离的一元改正模型进行环境改正；也可采用多元改正模型

或结合精细的气象模型进行环境改正；采用多元改正模型时，应在监测过程中同时采集气象参数。

⑤预先确定主变形方向后，可将雷达视线向变形分量成果转换计算至主变形方向上。

（4）地基雷达干涉测量作业还应符合下列规定：

①观测时段应避开雷电、降雨和降雪等恶劣天气及强电磁场干扰，并应防止设备曝晒。

②监测基础平台应避免震动，设备应连续供电，作业过程中应排除人员走动等干扰。

③设备应连续供电，连续性变形监测应确保设备稳定持续的采集影像，因断电、人为调整或故障等原因导致影像采集中断的，中断后应重新开始影像采集。

④对周期性变形监测，在每个监测周期内应连续稳定采集多景影像。

⑤准实时变形监测应搭建能够实时传输和管理数据的网络数据库管理系统，并应配套准实时处理和分析雷达影像数据的软件平台。

10.4.20　光纤光栅传感器技术用于变形监测应符合下列规定：

（1）传感器宜安置在监测体表面变形敏感区域，也可埋设在监测体内部；传感器的量测方向应与监测体的变形方向一致；传感器的量程宜为预计最大变形值的 1.2 倍。

（2）安置光纤光栅解调器应与传感器和计算机连接；光缆连接应满足设计要求，并应采取保护措施，不得折损。

（3）解调器不宜满负荷工作，应预留多个的传感器接口。

（4）宜使用固定 IP 地址网络服务器传输数据。

10.9　滑坡监测

10.9.1　滑坡监测的内容应根据滑坡危害程度或防治工程等级按表 10.9.1 选择。工程需要时，还应监测区域的降雨量和进行人工巡视。

表 10.9.1　滑坡监测内容　　单位：mm

类型	阶段	主要监测内容
滑坡	前期	地表裂缝
	整治期	地表的水平位移和垂直位移、深部钻孔测斜、土体或岩体应力、水位
	整治后	地表的水平位移和垂直位移、探部钻孔测斜、地表倾斜、地表裂缝、土体或岩体应力、水位

10.9.2　滑坡监测的精度要求应符合表 10.9.2 的规定。

表 10.9.2　滑坡监测的精度要求　　单位：mm

类型	水平位移监测的点位中误差	垂直位移监测的高程中误差	地表裂缝的观测中误差
岩质滑坡	±5	±5	±0.5
土质滑坡	±10	±10	±3.0

注：水平位移和垂直位移的监测中误差是相对于基准点或工作基点。

10.9.3　滑坡水平位移观测可采用交会法、极坐标法、卫星定位测量和多摄站摄影测量方法；深层位移观测可采用深部钻孔测斜方法。垂直位移观测可采用水准测量和电磁波测距三角高程测量方法。地表裂缝观测可采用精密测（量）距方法。

10.9.4　滑坡监测变形观测点位的布设应符合下列规定：

（1）对已明确主滑方向和滑动范围的滑坡，监测网可布设成十字形和方格形，纵向应沿主滑方向，横向应垂直于主滑方向；对主滑方向和滑动范围不明确的滑坡，监测网宜布设成放射形。

（2）点位应选在地质、地貌的特征点上。

（3）单个滑坡体的变形观测点不宜少于 3 个点。

（4）地表变形观测点宜采用有强制对中装置的墩标，难以设置墩标地段可设立固定照准标志。

10.9.5　滑坡监测周期，宜每月观测 1 次，并可根据旱、雨季或滑移速度的变化进行调整。邻近江河的滑坡体，还应监测水位变化。水位监测次数不应少于变形观测的次数。

10.9.6　滑坡整治后的监测期限，宜在单元滑坡内所有监测点 3 年内变化不显著并预计若干年内周边环境无重大变化时，可延长监测周期或结束阶段性监测。

10.9.7　工程边坡和高边坡监测的点位布设，可根据边坡的高度，按上中下成排布点。监测方法、监测精度和监测周期宜与滑坡监测的要求一致。

附录3 土地利用现状分类

中华人民共和国国家标准
土地利用现状分类
GB/T 21010—2017

1 范围

本标准规定了土地利用现状的总则、分类与编码。

本标准适用于土地调查、规划、审批、供应、整治、执法、评价、统计、登记及信息化管理等工作。在使用本标准时，也可根据需要，在本分类基础上续分土地利用类型。

2 术语和定义

下列术语和定义适用于本文件。

2.1 覆盖度（盖度）cover degrees；coverage rate

一定面积上植被垂直投影面积占总面积的百分比。

2.2 郁闭度 canopy density；crown density

林冠（树木的枝叶部分称为林冠）垂直投影面积与林地面积之比值。

2.3 土地利用（土地使用）land utlzation；land use

人类通过一定的活动，利用土地的属性来满足自己需要的过程。

3 总则

3.1 实施全国土地和城乡地政统一管理，科学划分土地利用类型，明确土地利用各类型含义，统一土地调查、统计分类标准，合理规划、利用土地。

3.2 维护土地利用分类的科学性、实用性、开放性和继承性，满足制定国民经济和社会发展计划，宏观调控，生态文明建设以及国土资源管理的需要。

3.3 主要依据土地的利用方式、用途、经营特点和覆盖待征等因素，按照

主要用途对土地利用类型进行归纳、划分，保证不重不滑，不设复合用途，反映土地利用的基本现状，但不以此划分部门管理范图，

4 分类与编码方法

4.1 土地利用现状分类来用一级、二级两个层次的分类体系，共分 12 个一级类、73 个二级类。

4.2 土地利用现状分类采用数字编码，一、二级均来用两位阿拉伯数字编码，从左到右依次代表二级。

5 土地利用现状分类和编码

土地利用现状分类和编码见表 1。

表 1 土地利用现状分类和编码

一级类		二级类		含义
编码	名称	编码	名称	
01	耕地			指种植农作物的土地，包括熟地，新开发、复垦、整理地，休闲地（含轮歇地、轮作地）；以种植农作物（含蔬菜）为主，间有零星果树、桑树或其他树木的土地；平均每年能保证收获一季的已垦滩地和海涂。耕地中包括南方宽度<1.0 米，北方宽度<2.0 米固定的沟、渠、路和地坎（埂）；临时种植药材、草皮、花卉、苗木等的耕地，以及其他临时改变用途的耕地
		0101	水田	指用于种植水稻、莲藕等水生农作物的耕地，包括实行水生、旱生农作物轮种的耕地
		0102	水浇地	指有水源保证和灌溉设施，在一般年景能正常灌溉，种植旱生农作物的耕地，包括种植蔬菜的非工厂化的大棚用地
		0103	旱地	指无灌溉设施，主要靠天然降水种植旱生农作物的耕地，包括没有灌溉设施，仅靠引洪淤灌的耕地
02	园地			指种植以采集果、叶、根、茎、汁等为主的集约经营的多年生木本和草本作物，覆盖度大于 50% 和每亩株数大于合理株数 70% 的土地，包括用于育苗的土地
		0201	果园	指种植果树的园地
		0202	茶园	指种植茶树的园地
		0203	橡胶园	指种植橡胶树的园地
		0204	其他园地	指种植桑树、可可、咖啡、油棕、胡椒、药材等其他多年生作物的园地

表1(续)

一级类		二级类		含义
编码	名称	编码	名称	
03	林地			指生长乔木、竹类、灌木的土地，及沿海生长红树林的土地，包括迹地，不包括城镇、村庄范围内的绿化林木用地，铁路、公路征地范围内的林木，以及河流、沟渠的护堤林
		0301	乔木林地	指乔木郁闭度≥0.2 的林地，不包括森林沼泽
		0302	竹林地	指生长竹类植物，郁闭度≥0.2 的林地
		0303	红树林地	指沿海省长红树植物的林地
		0304	森林沼泽	以乔木森林植物为优势群落的淡水沼泽
		0305	灌木林地	指灌木覆盖度≥40%的林地，不包括灌丛沼泽
		0306	灌丛沼泽	以灌丛植物为优势群落的淡水沼泽
		0307	其他林地	包括疏林地（树木郁闭度≥0.1，<0.2 的林地）、未成林地、迹地、苗圃等林地
04	草地			指生长草本植物为主的土地
		0401	天然牧草地	指以天然草本植物为主，用于放牧或割草的草地，包括实施禁牧措施的草地，不包括沼泽草地
		0402	沼泽草地	指以天然草本植物为主的沼泽化的低地草甸、高寒草甸
		0403	人工牧草地	指人工种植牧草的草地
		0404	其他草地	指树木郁闭度<0.1，表层为土质，不用于放牧的草地
05	商服用地			指主要用于商业、服务业的土地
		0501	零售商业用地	以零售功能为主的商铺、商场、超市、市场和加油、加气、充换电站等的用地
		0502	批发商业用地	以批发功能为主的市场用地
		0503	餐饮用地	饭店、餐厅、酒吧等用地
		0504	旅馆用地	包括宾馆、旅馆、招待所、服务型公寓、度假村等用地
		0505	商务金融用地	指商务服务用地，以及经营性的办公场所用地，包括写字楼、商业性办公场所、金融活动场所和企业厂区外独立的办公场所；信息网络服务、信息技术服务、电子商务服务、广告传媒等用地
		0506	娱乐用地	指剧院、音乐厅、电影院、歌舞厅、网吧、影视城、仿古城以及绿地率小于 65%的大型游乐等设施用地

表1(续)

一级类		二级类		含义
编码	名称	编码	名称	
05	商服用地	0507	其他商服用地	指零售商业、批发市场、餐饮、旅馆、商务金融、娱乐用地以外的其他商业、服务业用地，包括洗车场、洗染店、照相馆、理发美容店、洗浴场所、赛马场、高尔夫球场、废旧物资回收站、机动车、电子产品和日用产品维修网点、物流营业网点，及居住小区及小区级以下的配套的服务设施等用地
06	工矿仓储用地			指主要用于工业生产、物资存放场所的土地
		0601	工业用地	指工业生产、产品加工制造、机械和设备修理及直接为工业生产等服务的附属设施用地
		0602	采矿用地	指采矿、采石、采砂（沙）场，砖瓦窑等地面生产用地，排土（石）及尾矿堆放地
		0603	盐田	指用于生产盐的土地，包括晒盐场所、盐池及附属设施用地
		0604	仓储用地	指用于物资储备、中转的场所用地，包括物流仓储设施、配送中心、转运中心等
07	住宅用地			指主要用于人们生活居住的房基地及其附属设施的土地
		0701	城镇住宅用地	指城镇用于生活居住的各类房屋用地及其附属设施用地，不含配套的商业服务设施等用地
		0702	农村宅基地	指农村用于生活居住的宅基地
08	公共管理与公共服务用地			指用于机关团体、新闻出版、科教文卫、公共设施等的土地
		0801	机关团体用地	指用于党政机关、社会团体、群众自治组织等的用地
		0802	新闻出版用地	指用于广播电台、电视台、电影厂、报社、杂志社、通讯社、出版社等的用地
		0803	教育用地	指用于各类教育用地，包括高等院校、中等专业院校、中学、小学、幼儿园及其附属设施用地，聋、哑、盲人学校及工读学校用地，以及为学校配建的独立地段的学生生活用地
		0804	科研用地	指独立的科研、勘察、研发、设计、检验检测、技术推广、环境评估与监测、科普等科研事业单位及其附属设施用地

表1(续)

一级类		二级类		含义
编码	名称	编码	名称	
08	公共管理与公共服务用地	0805	医疗卫生用地	指用于医疗、保健、卫生、防疫、康复和急救设施等用地，包括综合医院、专科医院、社区卫生服务中心等用地；卫生防疫站、专科防治所、检验中心和动物检疫站等用地；对环境有特殊要求的传染病、精神病等专科医院用地；急救中心、血库等用地
		0806	社会福利用地	指为社会提供福利和慈善的服务的设施及其附属设施用地，包括福利院、养老院、孤儿院等用地
		0807	文化设施用地	指图书、展览等公共文化活动设施用地，包括公共图书馆、博物馆、档案馆、科技馆、美术馆和展览馆等设施用地；综合文化活动中心、文化馆、青少年宫、儿童活动中心、老年活动中心等设施用地
		0808	体育用地	指体育场馆和体育训练基地等用地，包括室内外体育活动用地，如体育场馆、游泳场馆、各类球场及其附属的业余体校等用地，溜冰场、跳伞场、摩托车场、射击场，以及水上运动的陆域部分等用地，以及为体育运动专设的训练基地用地，不包括学校等机构专用的体育设施用地
		0809	公用设施用地	指用于城乡基础设施的用地，包括供水、排水、污水处理、供电、供热、供气、邮政、电信、消防、环卫、公用设施维修等用地
		0810	公园与绿地	指城镇、村庄范围内的公园、动物园、植物园、街心花园、广场和用于休憩、美化环境及防护的绿化用地
09	特殊用地			指用于军事设施、涉外、宗教、监教、殡葬、风景名胜等的土地
		0901	军事设施用地	指直接用于军事目的的设施用地
		0902	使领馆用地	指用于外国政府及国际组织驻华使领馆、办事处等的用地
		0903	监教场所用地	指用于监狱、看守所、劳改场、戒毒所等的建筑用地
		0904	宗教用地	指专门用于宗教活动的庙宇、寺院、道观、教堂等宗教自用地
		0905	殡葬用地	指陵园、墓地、殡葬场所用地
		0906	风景名胜设施用地	指风景名胜景点（包括名胜古迹、旅游景点、革命遗址、自然保护区、森林公园、地质公园、湿地公园等）的管理机构，以及旅游服务设施的建筑用地。景区内的其他用地按现状归入相应地类

表1(续)

一级类		二级类		含义
编码	名称	编码	名称	
10	交通运输用地			指用于运输通行的地面线路、场站等的土地，包括民用机场、汽车客货运场站、港口、码头、地面运输管道和各种道路以及轨道交通用地
		1001	铁路用地	指用于铁道线路及场站的用地，包括征地范围内的路堤、路堑、道沟、桥梁、林木等用地
		1002	轨道交通用地	指用于轻轨、现代有轨电车、单轨等轨道交通用地，以及场站的用地
		1003	公路用地	指用于国道、省道、县道和乡道的用地，包括设计内的路堤、路堑、道沟、桥梁、汽车停靠站、林木及直接为其服务的附属用地
		1004	城镇村道路用地	指城镇、村庄范围内公用道路及行道树用地，包括快速路、主干路、次干路、支路、专用人行道、和非机动车道，及其交叉口等
		1005	交通服务场站用地	指城镇、村庄范围内交通服务设施用地，包括公交枢纽及其附属设施用地、公路长途客运站、公共交通场站、公共停车场（含设有充电桩的停车场）、停车楼、教练场等用地，不包括交通指挥中心、交通队用地
		1006	农村道路	指农村范围内，南方宽度≥1.0m、≤8m，北方宽度≥2.0m、≤8m，用于村间、田间交通运输，并在国家公路网络体系之外，以服务于农村农业生产为主要用途的道路（含机耕道）
		1007	机场用地	指用于民用机场，军民合用机场的用地
		1008	港口码头用地	指用于人工修建的客运、货运、捕捞及工程、工作船舶停靠的场所及其附属建筑物的用地，不包括常水位以下部分
		1009	管道运输用地	指用于运输煤炭、矿石、石油、天然气等管道及其相应附属设施的地上部分用地
11	水域及水利设施用地			指陆地水域，滩涂、沟渠、沼泽、水工建筑物等用地，不包括滞洪区和已垦滩涂中的耕地、园地、林地、城镇、村庄、道路等用地
		1101	河流水面	指天然形成或人工开挖河流常水位岸线之间的水面，不包括被堤坝拦截后形成的水库水面
		1102	湖泊水面	指天然形成的积水区常水位岸线所围成的水面
		1103	水库水面	指人工拦截汇集而成的总设计库容≥10万立方米的水库正常蓄水位岸线所围成的水面
		1104	坑塘水面	指人工开挖或天然形成的蓄水量<10万立方米的坑塘常水位岸线所围成的水面

表1（续）

一级类		二级类		含义
编码	名称	编码	名称	
11	水域及水利设施用地	1105	沿海滩涂	指沿海大潮高潮位与低潮位之间的潮浸地带，包括海岛的沿海滩涂，不包括已利用的滩涂
		1106	内陆滩涂	指河流、湖泊常水位至洪水位间的滩地，时令湖、河洪水位以下的滩地，水库、坑塘的正常蓄水位与洪水位间的滩地，包括海岛的内陆滩地，不包括已利用的滩地
		1107	沟渠	指人工修建，南方宽度≥1.0m、北方宽度≥2.0m 用于引、排、灌的渠道，包括渠槽、渠堤、护堤林及小型泵站
		1108	沼泽地	指经常积水或渍水，一般生长湿生植物的土地，包括草本沼泽、苔藓沼泽、内陆盐沼等，不包括森林沼泽、灌丛沼泽和沼泽草地
		1109	水工建筑用地	指人工修建的闸、坝、堤路林、水电厂房、扬水站等常水位岸线以上的建（构）筑物用地
		1110	冰川及永久积雪	指表层被冰雪常年覆盖的土地
12	其他土地			指上述地类以外的其他类型的土地
		1201	空闲地	指城镇、村庄、工矿范围内尚未利用的土地，包括尚未确定用途的土地
		1202	设施农用地	指直接用于经营性养殖的畜禽养殖生产设施用地及其相应附属用地；直接用于作物栽培或水产养殖等农产品生产设施用地及其相应附属用地；直接用于设施农业项目辅助生产的设施用地；晾晒场、粮食果品烘干设施、粮食和农资临时存放场所、大型农机具临时存放场所等规模化粮食生产所必需的配套设施用地
		1203	田坎	指梯田及梯状坡地耕地中，主要用于拦蓄水和护坡，指耕地中南方宽度≥1.0m、北方宽度≥2.0m 的地坎
		1204	盐碱地	指表层盐碱聚集，生长天然耐盐植物的土地
		1205	沙地	指表层为沙覆盖、基本无植被的土地，不包括滩涂中的沙地
		1206	裸土地	指表层为土质，基本无植被覆盖的土地
		1207	裸岩石砾地	指表层为岩石或石砾，其覆盖面积≥70%的土地

附录 A

本标准的土地利用现状分类与《中华人民共和国土地管理法》“三大类”对照表

（略）

附录 B

（资料性附录）

本标准中可归入“湿地类”的土地利用现状分类类型见表 B.1。

表 B.1 “湿地”归类表

湿地类	土地利用现状分类	
	类型编码	类型名称
湿地	0101	水田
	0303	红树林地
	0304	森林沼泽
	0306	灌丛沼泽
	0402	沼泽草地
	0603	盐田
	1101	河流水面
	1102	湖泊水面
	1103	水库水面
	1104	坑塘水面
	1105	沿海滩涂
	1106	内陆滩涂
	1107	沟渠
	1108	沼泽地
注：此表仅作为“湿地”归类使用，不以此划分部门管理范围		

附录4　建筑边坡工程技术规范(节选)

中华人民共和国国家标准

建筑边坡工程技术规范

GB　50330-2013

1　总　　则

1.0.1　为在建筑边坡工程的勘察、设计、施工及质量控制中贯彻执行国家技术经济政策，做到技术先进、安全可靠、经济合理、确保质量和保护环境，制定本规范。

1.0.2　本规范适用于岩质边坡高度为30m以下（含30m）、土质边坡高度为15m以下（含15m）的建筑边坡工程以及岩石基坑边坡工程。

超过上述限定高度的边坡工程或地质和环境条件复杂的边坡工程除应符合本规范的规定外，尚应进行专项设计，采取有效、可靠的加强措施。

1.0.3　软土、湿陷性黄土、冻土、膨胀土和其他特殊性岩土以及侵蚀性环境的建筑边坡工程，尚应符合国家现行相应专业标准的规定。

1.0.4　建筑边坡工程应综合考虑工程地质、水文地质、边坡高度、环境条件、各种作用、邻近的建（构）筑物、地下市政设施、施工条件和工期等因素，因地制宜，精心设计，精心施工。

1.0.5　建筑边坡工程除应符合本规范外，尚应符合国家现行有关标准的规定。

2　术语和符号

2.1　术　语

2.1.1　建筑边坡　building slope

在建筑场地及其周边，由于建筑工程和市政工程开挖或填筑施工所形成的人工边坡和对建（构）筑物安全或稳定有不利影响的自然斜坡。本规范中简称边坡。

2.1.2　边坡支护　slope retaining

为保证边坡稳定及其环境的安全，对边坡采取的结构性支挡、加固与防护行为。

2.1.3　边坡环境　slope environment

边坡影响范围内或影响边坡安全的岩土体、水系、建（构）筑物、道路及管网等的统称。

2.1.4　永久性边坡　longterm slope

设计使用年限超过2年的边坡。

2.1.5　临时性边坡　temporary slope

设计使用年限不超过2年的边坡。

2.1.6　锚杆（索）　anchor（anchorage）

将拉力传至稳定岩土层的构件（或系统）。当采用钢绞线或高强钢丝束并施加一定的预拉应力时，称为锚索。

2.1.7　锚杆挡墙　retaining wall with anchors

由锚杆（索）、立柱和面板组成的支护结构。

2.1.8　锚喷支护　anchor-shotcrete retaining

由锚杆和喷射混凝土面板组成的支护结构。

2.1.9　重力式挡墙　gravity retaining wall

依靠自身重力使边坡保持稳定的支护结构。

2.1.10　扶壁式挡墙　counterfort retaining wall

由立板、底板、扶壁和墙后填土组成的支护结构。

2.1.11　桩板式挡墙　pile-sheet retaining

由抗滑桩和桩间挡板等构件组成的支护结构。

2.1.12　坡率法　slope ratio method

通过调整、控制边坡坡率维持边坡整体稳定和采取构造措施保证边坡及坡面稳定的边坡治理方法。

2.1.13　工程滑坡　engineering-triggered landslide

因建筑和市政建设等工程行为而诱发的滑坡。

2.1.14　软弱结构面　weak structural plane

断层破碎带、软弱夹层、含泥或岩屑等结合程度很差、抗剪强度极低的结构面。

2.1.15　外倾结构面　out-dip structural plane

倾向坡外的结构面。

2.1.16　边坡塌滑区　landslip zone of slope

计算边坡最大侧压力时潜在滑动面和控制边坡稳定的外倾结构面以外的区域。

2.1.17　岩体等效内摩擦角　equivalent angle of internal friction

包括边坡岩体黏聚力、重度和边坡高度等因素影响的综合内摩擦角。

2.1.18　动态设计法　method of information design

根据信息法施工和施工勘察反馈的资料，对地质结论、设计参数及设计方案进行再验证，确认原设计条件有较大变化，及时补充、修改原设计的设计方法。

2.1.19　信息法施工　construction of information

根据施工现场的地质情况和监测数据，对地质结论、设计参数进行验证，对施工安全性进行判断并及时修正施工方案的施工方法。

2.1.20　逆作法　topdown construction method

在建筑边坡工程施工中自上而下分阶开挖及支护的施工方法。

2.1.21　土层锚杆　anchored bar in soil

锚固于稳定土层中的锚杆。

2.1.22　岩石锚杆　anchored bar in rock

锚固于稳定岩层内的锚杆。

2.1.23　系统锚杆　system of anchor bars

为保证边坡整体稳定，在坡体上按一定方式设置的锚杆群。

2.1.24　坡顶重要建（构）筑物　important construction on top of slope

位于边坡坡顶上的破坏后果很严重、严重的建（构）筑物。

2.1.25　荷载分散型锚杆　load-dispersive anchorage

在锚杆孔内，由多个独立的单元锚杆所组成的复合锚固体系。每个单元锚杆由独立的自由段和锚固段构成，能使锚杆所承担的荷载分散于各单元锚杆的锚固段上。一般可分为压力分散型锚杆和拉力分散型锚杆。

2.1.26　地基系数　coefficient of subgrade reaction

弹性半空间地基上某点所受的法向压力与相应位移的比值，又称温克尔系数。

5　边坡稳定性评价

5.1　一般规定

5.1.1　下列建筑边坡应进行稳定性评价：

（1）选作建筑场地的自然斜坡；

（2）由于开挖或填筑形成、需要进行稳定性验算的边坡；

（3）施工期出现新的不利因素的边坡；

（4）运行期条件发生变化的边坡。

5.1.2　边坡稳定性评价应在查明工程地质、水文地质条件的基础上，根据边坡岩土工程条件，采用定性分析和定量分析相结合的方法进行。

5.1.3　对土质较软、地面荷载较大、高度较大的边坡，其坡脚地面抗隆起、抗管涌和抗渗流等稳定性评价应按国家现行有关标准执行。

5.2　边坡稳定性分析

5.2.1　边坡稳定性分析之前，应根据岩土工程地质条件对边坡的可能破坏方式及相应破坏方向、破坏范围、影响范围等做出判断。判断边坡的可能破坏方式时应同时考虑到受岩土体强度控制的破坏和受结构面控制的破坏。

5.2.2　边坡抗滑移稳定性计算可采用刚体极限平衡法。对结构复杂的岩质边坡，可结合采用极射赤平投影法和实体比例投影法；当边坡破坏机制复杂时，可采用数值极限分析法。

5.2.3　计算沿结构面滑动的稳定性时，应根据结构面形态采用平面或折线形滑面。计算土质边坡、极软岩边坡、破碎或极破碎岩质边坡的稳定性时，可采用圆弧形滑面。

5.2.4　采用刚体极限平衡法计算边坡抗滑稳定性时，可根据滑面形态按本规范附录 A 选择具体计算方法。

5.2.5　边坡稳定性计算时，对基本烈度为 7 度及 7 度以上地区的永久性边坡应进行地震工况下边坡稳定性校核。

5.2.6　塌滑区内无重要建（构）筑物的边坡采用刚体极限平衡法和静力数值计算法计算稳定性时，滑体、条块或单元的地震作用可简化为一个作用于滑体、条块或单元重心处、指向坡外（滑动方向）的水平静力，其值应按下列公式计算：

$$Q_e = \alpha_w G \tag{5.2.6-1}$$

$$Q_{ei} = \alpha_w G_i \tag{5.2.6-2}$$

式中：Q_e、Q_{ei}——滑体、第 i 计算条块或单元单位宽度地震力（kN/m）；

G、G_i——滑体、第 i 计算条块或单元单位宽度自重［含坡顶建（构）筑物作用］(kN/m)；

α_w——边坡综合水平地震系数，由所在地区地震基本烈度按表 5.2.6 确定。

表 5.2.6　水平地震系数

地震基本烈度	7 度		8 度		9 度
地震峰值加速度	0.10g	0.15g	0.20g	0.30g	0.40g
综合水平地震系数 α_w	0.025	0.038	0.050	0.075	0.100

5.2.7　当边坡可能存在多个滑动面时，对各个可能的滑动面均应进行稳定性计算。

5.3　边坡稳定性评价标准

5.3.1　除校核工况外，边坡稳定性状态分为稳定、基本稳定、欠稳定和不稳定四种状态，可根据边坡稳定性系数按表 5.3.1 确定。

表 5.3.1　边坡稳定性状态划分

边坡稳定性系数 F_s	$F_s<1.00$	$1.00\leqslant F_s<1.05$	$1.05\leqslant F_s<F_{st}$	$F_s\geqslant F_{st}$
边坡稳定性状态	不稳定	欠稳定	基本稳定	稳定

注：F_{st}——边坡稳定安全系数。

5.3.2　边坡稳定安全系数 F_{st} 应按表 5.3.2 确定，当边坡稳定性系数小于边坡稳定安全系数时应对边坡进行处理。

表 5.3.2　边坡稳定安全系数 F_{st}

边坡类型		边坡工程安全等级和稳定案例系数		
		一级	二级	三级
永久边坡	一般工况	1.35	1.30	1.25
	地震工况	1.15	1.10	1.05
临时边坡		1.25	1.20	1.15

注：①地震工况时，安全系数仅适用于塌滑区内无重要建（构）筑物的边坡；

②对地质条件很复杂或破坏后果极严重的边坡工程，其稳定安全系数应适当提高。

16 边坡工程排水

16.1 一般规定

16.1.1 边坡工程排水应包括排除坡面水、地下水和减少坡面水下渗等措施。坡面排水、地下排水与减少坡面雨水下渗措施宜统一考虑，并形成相辅相成的排水、防渗体系。

16.1.2 坡面排水应根据汇水面积、降雨强度、历时和径流方向等进行整体规划和布置。边坡影响区内、外的坡面和地表排水系统宜分开布置，自成体系。

16.1.3 地下排水措施宜根据边坡水文地质和工程地质条件选择，当其在地下水位以上时应采取措施防止渗漏。

16.1.4 边坡工程的临时性排水设施，应满足坡面水尤其是季节性暴雨、地下水和施工用水等的排放要求，有条件时应结合边坡工程的永久性排水措施进行。

16.1.5 边坡排水应满足使用功能要求、排水结构安全可靠、便于施工、检查和养护维修。

16.2 坡面排水

16.2.1 建筑边坡坡面排水设施应包括截水沟、排水沟、跌水与急流槽等，应结合地形和天然水系进行布设，并做好进出水口的位置选择。应采取措施防止截排水沟出现堵塞、溢流、渗漏、淤积、冲刷和冻结等现象。

16.2.2 各类坡面排水设施设置的位置、数量和断面尺寸应根据地形条件、降雨强度、历时、分区汇水面积、坡面径流量和坡体内渗出的水量等因素计算分析确定。各类坡面排水沟顶应高出沟内设计水面200mm以上。

16.2.3 截、排水沟设计应符合下列规定：

（1）坡顶截水沟宜结合地形进行布设，且距挖方边坡坡口或潜在塌滑区后缘不应小于5m；填方边坡上侧的截水沟距填方坡脚的距离不宜小于2m；在多雨地区可设一道或多道截水沟。

（2）需将截水沟、边坡附近低洼处汇集的水引向边坡范围以外时，应设置排水沟。

（3）截、排水沟的底宽和顶宽不宜小于500mm，可采用梯形断面或矩形断面，其沟底纵坡不宜小于0.3%。

（4）截、排水沟需进行防渗处理；砌筑砂浆强度等级不应低于M7.5，块石、片石强度等级不应低于MU30，现浇混凝土或预制混凝土强度等级不应低于 C20。

（5）当截、排水沟出水口处的坡面坡度大于 10%、水头高差大于 1.0m 时，可设置跌水和急流槽将水流引出坡体或引入排水系统。

16.3 地下排水

16.3.1 在设计地下排水设施前应查明场地水文地质条件，获取设计、施工所需的水文地质参数。

16.3.2 边坡地下排水设施包括渗流沟、仰斜式排水孔等。地下排水设施的类型、位置及尺寸应根据工程地质和水文地质条件确定，并与坡面排水设施相协调。

16.3.3 渗流沟设计应符合下列规定：

（1）对于地下水埋藏浅或无固定含水层的土质边坡宜采用渗流沟排除坡体内的地下水。

（2）边坡渗流沟应垂直嵌入边坡坡体，其基底宜设置在含水层以下较坚实的土层上；寒冷地区的渗流沟出口，应采取防冻措施；其平面形状宜采用条带形布置；对范围较大的潮湿坡体，可采用增设支沟，按分岔形布置或拱形布置。

（3）渗流沟侧壁及顶部应设置反滤层，底部应设置封闭层；渗流沟迎水侧可采用砂砾石、无砂混凝土、渗水土工织物作反滤层。

16.3.4 仰斜式排水孔和泄水孔设计应符合下列规定：

（1）用于引排边坡内地下水的仰斜式排水孔的仰角不宜小于 6°，长度应伸至地下水富集部位或潜在滑动面，并宜根据边坡渗水情况成群分布。

（2）仰斜式排水孔和泄水孔排出的水宜引入排水沟予以排除，其最下一排的出水口应高于地面或排水沟设计水位顶面，且不应小于 200mm。

（3）仰斜式泄水孔其边长或直径不宜小于 100mm、外倾坡度不宜小于 5%、间距宜为 2~3m，并宜按梅花形布置；在地下水较多或有大股水流处，应加密设置。

（4）在泄水孔进水侧应设置反滤层或反滤包；反滤层厚度不应小于 500mm，反滤包尺寸不应小于 500mm×500mm×500mm，反滤层和反滤包的顶部和底部应设厚度不小于 300mm 的黏土隔水层。

16.4 施　　工

16.4.1 边坡排水设施施工前，宜先完成临时排水设施；施工期间，应对临时排水设施进行经常维护，保证排水畅通。

16.4.2 截水沟和排水沟施工应符合下列规定：

（1）截水沟和排水沟采用浆砌块石、片石时，砂浆应饱满，沟底表面粗糙。

（2）截水沟和排水沟的水沟线形要平顺，转弯处宜为弧线形。

16.4.3　渗流沟施工应符合下列规定：

（1）边坡上的渗流沟宜从下向上分段间隔开挖，开挖作业面应根据土质选用合理的支撑形式，并应随挖随支撑、及时回填，不可暴露太久。

（2）渗流沟渗水材料顶面不应低于坡面原地下水位；在冰冻地区，渗流沟埋置深度不应小于当地最小冻结深度。

（3）在渗流沟的迎水面反滤层应采用颗粒大小均匀的碎、砾石分层填筑；土工布反滤层采用缝合法施工时，土工布的搭接宽度应大于100mm；铺设时应紧贴保护层，不宜拉得过紧。

（4）渗流沟底部的封闭层宜采用浆砌片石或干砌片石水泥砂浆勾缝，寒冷地区应设保温层，并加大出水口附近纵坡；保温层可采用炉渣、砂砾、碎石或草皮等。

16.4.4　排水孔施工应符合下列规定：

（1）仰斜式排水孔成孔直径宜为75~150mm，仰角不应小于6°；孔深应延伸至富水区。

（2）仰斜式排水管直径宜为50~100mm，渗水孔宜采用梅花形排列，渗水段裹1~2层无纺土工布，防止渗水孔堵塞。

（3）边坡防护工程上的泄水孔可采取预埋PVC管等方式施工，管径不宜小于50mm，外倾坡度不宜小于0.5%。

17　工程滑坡防治

17.1　一般规定

17.1.1　工程滑坡类型可按表17.1.1进行划分。

表17.1.1　工程滑坡类型

滑坡类型		诱发因素	滑体特征	滑动特征
工程滑坡	人工弃土滑坡切坡顺层滑坡切坡岩层滑坡切坡土层滑坡	开挖坡脚、坡顶加载、施工用水等因素	由外倾且软弱的岩土坡面上填土构成；由层面外倾且较软弱的岩土体构成；由外倾软弱结构面控制稳定的岩体构成	弃土沿下卧层岩土层面或弃土体内滑动；沿外倾的下卧潜在滑面或土体内滑动；沿岩体外倾、临空软弱结构面滑动

表17.1.1(续)

滑坡类型		诱发因素	滑体特征	滑动特征
自然滑坡或工程滑坡	堆积体滑坡 岩体顺层滑坡 土体顺层滑坡	暴雨、洪水或地震等自然因素，或人为因素	由滑坡和削塌碎、块石堆积体构成，已有老滑面；由顺层岩体构成，已有老滑面；由顺层土体构成，已有老滑面	沿外倾下卧岩土层老滑面或体内滑动；沿外倾软弱岩层、老滑面或体内滑动；沿外倾土层滑面或体内滑动

滑坡发育阶段见表 17.1.5。

表 17.1.5　滑坡发育阶段

演变阶段	弱变形阶段	强变形阶段	滑动阶段	停滑阶段
滑动带及滑动面	主滑段滑动带在蠕动变形，但滑体尚未沿滑动带位移	主滑段滑动带已大部分形成，部分探井及钻孔可发现滑动带有镜面、擦痕及搓揉现象。滑体局部沿滑动带位移	整个滑坡已全面形成，滑带土特征明显且新鲜，绝大多数探井及钻孔发现滑动带有镜面、擦痕及搓揉现象，滑带含水量常较高	滑体不再沿滑动带位移，滑带土含水量降低，进入固结阶段
滑坡前缘	前缘无明显变化、未发现新泉点	前缘有隆起，有放射状裂隙或大体垂直等高线的压致张拉裂缝，有时有局部坍塌现象或出现湿地或有泉水溢出	前缘出现明显的剪出口并经常剪出，剪出口附近湿地明显，有一个或多个泉点，有时形成了滑坡舌，滑坡舌常明显伸出，鼓胀及放射状裂隙加剧并常伴有坍塌	前缘滑坡舌伸出，覆盖于原地表上或到达前方阻挡体壅高，前缘湿地明显，鼓丘不再发展
滑坡后缘	后缘地表或建（构）筑物出现一条或数条与地形等高线大体平行的拉张裂缝，裂缝断续分布	后缘地表或建（构）筑物拉张裂缝多而宽且贯通，外侧下错	后缘张裂缝常出现多个阶坎或地堑式沉陷带，滑坡壁常较明显	后缘裂缝不再增多，不再扩大，滑坡壁明显
滑坡两侧	两侧无明显裂缝，边界不明显	两侧出现雁行羽状剪切裂缝	羽状裂缝与滑坡后缘张裂缝，滑坡周界明显	羽状裂缝不再扩大，不再增多甚至闭合

演变阶段	弱变形阶段	强变形阶段	滑动阶段	停滑阶段
滑坡体	无明显异常，偶见滑坡体上树木倾斜	有裂缝及少量沉陷等异常现象，可见滑坡体上树木倾斜	有差异运动形成的纵向裂缝，中、后部水塘、水沟或水田渗漏，滑坡体上不少树木倾斜，滑坡整体位移	滑体变形不再发展，原始地形总体坡度变小，裂缝不再增多甚至闭合
稳定状态	基本稳定	欠稳定	不稳定	欠稳定~稳定
稳定系数	$1.05<F_s<F_{st}$	$1.00<F_s<1.05$	$F_s<1.00$	$1.00<F_s\sim F_s<F_{st}$

注：F_{st}——滑坡稳定性安全系数。

17.1.6 滑坡治理尚应符合本规范第3章的有关规定。

17.2 工程滑坡防治

17.2.1 工程滑坡治理应考虑滑坡类型成因、滑坡形态、工程地质和水文地质条件、滑坡稳定性、工程重要性、坡上建（构）筑物和施工影响等因素，分析滑坡的有利和不利因素、发展趋势及危害性，并应采取下列工程措施进行综合治理：

（1）排水。根据工程地质、水文地质、暴雨、洪水和防治方案等条件，采取有效的地表排水和地下排水措施；可采用在滑坡后缘外设置环形截水沟、滑坡体上设分级排水沟、裂隙封填以及坡面封闭等措施，排放地表水，防止暴雨和洪水对滑体和滑面的侵蚀软化；需要时可采用设置地下横、纵向排水盲沟、廊道和仰斜式孔等措施，疏排滑体及滑带水。

（2）支挡。滑坡整治时应根据滑坡稳定性、滑坡推力和岩土性状等因素，按本规范表3.1.4选用支挡结构类型。

（3）减载。刷方减载应在滑坡的主滑段实施。

（4）反压。反压填方应设置在滑坡前缘抗滑段区域，可采用土石回填或加筋土反压以提高滑坡的稳定性；同时应加强反压区地下水引排。

（5）对滑带注浆条件和注浆效果较好的滑坡，可采用注浆法改善滑坡带的力学特性；注浆法宜与其他抗滑措施联合使用；严禁因注浆堵塞地下水排泄通道。

（6）植被绿化，并应符合本规范第15章的相关规定。

17.2.2 滑坡治理设计及计算应符合下列规定：

（1）滑坡计算应考虑滑坡自重、滑坡体上建（构）筑物等的附加荷载、地下水及洪水的静水压力和动水压力以及地震作用等的影响，取荷载效应的最不利组合值作为滑坡的设计控制值。

（2）滑坡稳定系数应与滑坡所处的滑动特征、发育阶段相适应，并应符合本规范第17.1.5条的规定。

（3）滑坡稳定性分析计算剖面不宜少于3条，其中应有一条是主轴（主滑方向）剖面，剖面间距不宜大于30m。

（4）当滑体具有多层滑面时，应分别计算各滑动面的滑坡推力，取滑坡推力作用效应（对支护结构产生的弯矩或剪力）最大值作为设计值。

（5）滑坡滑面（带）的强度指标应考虑岩土性质、滑坡的变形特征及含水条件等因素，根据试验值、反算值和地区经验值等综合分析确定。

（6）作用在抗滑支挡结构上的滑坡推力分布，可根据滑体性质和高度等因素确定为三角形、矩形或梯形。

（7）滑坡支挡设置应保证滑体不从支挡结构顶部越过、桩间挤出和产生新的深层滑动。

17.2.3　工程滑坡稳定性分析及剩余下滑力计算应按本规范第5章有关规定执行。工程滑坡稳定安全系数应按本规范表5.3.2确定。

17.3　施　　工

17.3.1　工程滑坡治理应采用信息法施工。

17.3.2　工程滑坡治理各单项工程的施工程序应有利于施工期滑坡的稳定和治理。

17.3.3　滑坡区地段的工程切坡应自上而下、分段跳槽方式施工，严禁通长大断面开挖。开挖弃渣不得随意堆放在滑坡的推力段，以免诱发坡体滑动或引起新的滑坡。

17.3.4　工程滑坡治理开挖不宜在雨期实施，应控制施工用水，做好施工排水措施。

17.3.5　工程滑坡治理不宜采用普通爆破法施工。

17.3.6　工程滑坡的抗滑桩应从滑坡两端向主轴方向分段间隔施工，开挖中应核实滑动面位置和性状，当与原勘察设计不符时应及时向相关部门反馈信息。

附录 A　不同滑面形态的边坡稳定性计算方法

A.0.1　圆弧形滑面的边坡稳定性系数可按下列公式计算（图 A.0.1）：

$$F_s = \frac{\sum_{i=1}^{n} \frac{1}{m_{\theta_i}}[c_i l_i \cos\theta_i + (G_i + G_{bi} - U_i \cos\theta_i)\tan\varphi_i]}{\sum_{i=1}^{n}[(G_i + G_{bi})\sin\theta_i + Q_i \cos\theta_i]} \quad (A.0.1-1)$$

$$m_{\theta_i} = \cos\theta_i + \frac{\tan\varphi_i \sin\theta_i}{F_s} \quad (A.0.1-2)$$

$$U_i = \frac{1}{2}\gamma_W (h_w + h_{w,\ i-1}) l_i \quad (A.0.1-3)$$

式中：F_s——边坡稳定性系数；

c_i——第 i 计算条块滑面黏聚力（kPa）；

φ_i——第 i 计算条块滑面内摩擦角（°）；

l_i——第 i 计算条块滑面长度（m）；

θ_i——第 i 计算条块滑面倾角（°），滑面倾向与滑动方向相同时取正值，滑面倾向与滑动方向相反时取负值；

U_i——第 i 计算条块滑面单位宽度总水压力（kN/m）；

G_i——第 i 计算条块单位宽度自重（kN/m）；

G_{bi}——第 i 计算条块单位宽度竖向附加荷载（kN/m）；方向指向下方时取正值，指向上方时取负值；

Q_i——第 i 计算条块单位宽度水平荷载（kN/m）；方向指向坡外时取正值，指向坡内时取负值；

h_{wi}，$h_{w,i-1}$——第 i 及第 $i-1$ 计算条块滑面前端水头高度（m）；

γ_w——水重度，取 $10kN/m^3$；

i——计算条块号，从后方起编；

n——条块数量。

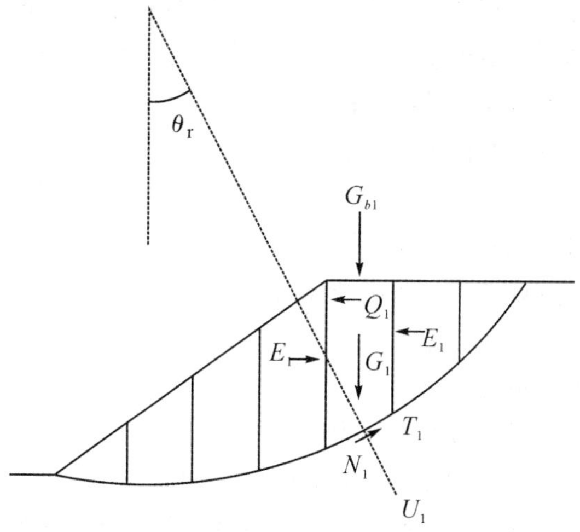

图 A.0.1　圆弧形滑面边坡计算示意

A.0.2　平面滑动面的边坡稳定性系数可按下列公式计算（图 A.0.2）：

$$F_s = \frac{R}{T} \quad \text{(A.0.2-1)}$$

$$R = [(G + G_b)\cos\theta - Q\sin\theta - V\sin\theta - U]\tan\varphi + cL \quad \text{(A.0.2-2)}$$

$$T = (G + G_\theta)\sin\theta + Q\cos\theta + V\cos\theta \quad \text{(A.0.2-3)}$$

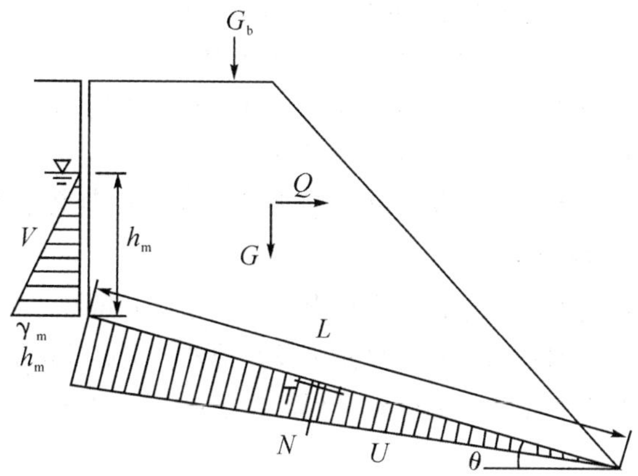

图 A.0.2　平面滑动面边坡计算

$$V = \frac{1}{2}\gamma_w h_w^2 \quad \text{(A.0.2-4)}$$

$$U = \frac{1}{2}\gamma_w h_w L \quad \text{(A.0.2-5)}$$

式中：T——滑体单位宽度重力及其他外力引起的下滑力（kN/m）；

R——滑体单位宽度重力及其他外力引起的抗滑力（kN/m）；

c——滑面的黏聚力（kPa）；

φ——滑面的内摩擦角（°）；

L——滑面长度（m）；

G——滑体单位宽度自重（kN/m）；

G_b——滑体单位宽度竖向附加荷载（kN/m）；方向指向下方时取正值，指向上方时取负值；

θ——滑面倾角（°）；

U——滑面单位宽度总水压力（kN/m）；

V——后缘陡倾裂隙面上的单位宽度总水压力（kN/m）；

Q——滑体单位宽度水平荷载（kN/m）；方向指向坡外时取正值，指向坡内时取负值；

h_w——后缘陡倾裂隙充水高度（m），根据裂隙情况及汇水条件确定。

A. 0. 3　折线形滑动面的边坡可采用传递系数法隐式解，边坡稳定性系数可按下列公式计算（图 A. 0. 3）：

$$P_n = 0 \tag{A. 0. 3-1}$$

$$P_i = P_{i-1\psi i-1} + T_i - R_i/F_s \tag{A. 0. 3-2}$$

$$\psi_{i-1} = \cos(\theta_{i-1} - \theta_i) - \sin(\theta_{i-1} - \theta_i)\tan\varphi_i/F_s \tag{A. 0. 3-3}$$

$$T_i = (G_i + G_{bi})\sin\theta_i + Q_i\cos\theta_i \tag{A. 0. 3-4}$$

$$R_i = c_i l_i + [(G_i + G_{bi})\cos\theta_i - Q_i\sin Q_i - U_i]\tan\varphi_i \tag{A. 0. 3-5}$$

式中：P_n——第 n 条块单位宽度剩余下滑力（kN/m）。

P_i——第 i 计算条块与第 $i+1$ 计算条块单位宽度剩余下滑力（kN/m）；当 $P_i<0$（$i<n$）时取 $P_i=0$。

T_i——第 i 计算条块单位宽度重力及其他外力引起的下滑力（kN/m）。

R_i——第 i 计算条块单位宽度重力及其他外力引起的抗滑力（kN/m）。

ψ_{i-1}——第 $i-1$ 计算条块对第 i 计算条块的传递系数；其他符号同前。

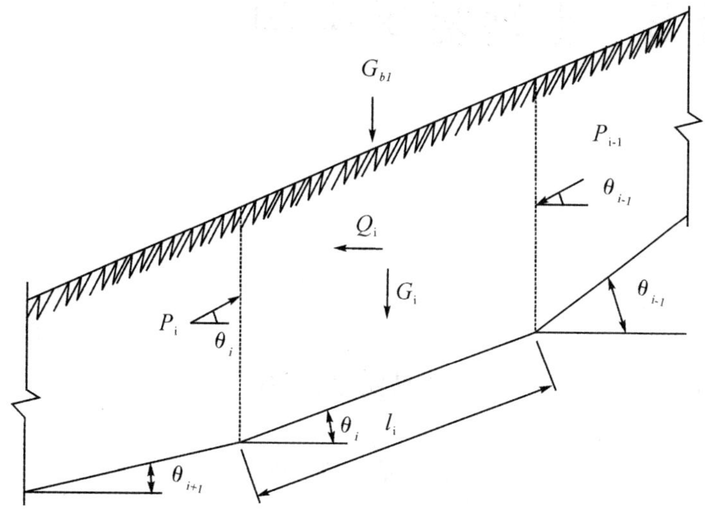

图 A.0.3　折线形滑面边坡传递系数法计算

注：在用折线形滑面计算滑坡推力时，应将公式（A.0.3-2）和公式（A.0.3-3）中的稳定系数 F_i 替换为安全系数 F_{st}，以此计算的 P_n，即滑坡的推力。

附录 5　土地复垦条例

土地复垦条例

第一章　总　则

第一条　为了落实十分珍惜、合理利用土地和切实保护耕地的基本国策，规范土地复垦活动，加强土地复垦管理，提高土地利用的社会效益、经济效益和生态效益，根据《中华人民共和国土地管理法》，制定本条例。

第二条　本条例所称土地复垦，是指对生产建设活动和自然灾害损毁的土地，采取整治措施，使其达到可供利用状态的活动。

第三条　生产建设活动损毁的土地，按照“谁损毁，谁复垦”的原则，由生产建设单位或者个人（以下称土地复垦义务人）负责复垦。但是，由于历史原因无法确定土地复垦义务人的生产建设活动损毁的土地（以下称历史遗留损毁土地），由县级以上人民政府负责组织复垦。

自然灾害损毁的土地，由县级以上人民政府负责组织复垦。

第四条　生产建设活动应当节约集约利用土地，不占或者少占耕地；对依法占用的土地应当采取有效措施，减少土地损毁面积，降低土地损毁程度。

土地复垦应当坚持科学规划、因地制宜、综合治理、经济可行、合理利用的原则。复垦的土地应当优先用于农业。

第五条　国务院国土资源主管部门负责全国土地复垦的监督管理工作。县级以上地方人民政府国土资源主管部门负责本行政区域土地复垦的监督管理工作。

县级以上人民政府其他有关部门依照本条例的规定和各自的职责做好土地复垦有关工作。

第六条　编制土地复垦方案、实施土地复垦工程、进行土地复垦验收等活动，应当遵守土地复垦国家标准；没有国家标准的，应当遵守土地复垦行业标准。

制定土地复垦国家标准和行业标准，应当根据土地损毁的类型、程度、自然地理条件和复垦的可行性等因素，分类确定不同类型损毁土地的复垦方式、目标和要求等。

第七条　县级以上地方人民政府国土资源主管部门应当建立土地复垦监测制度，及时掌握本行政区域土地资源损毁和土地复垦效果等情况。

国务院国土资源主管部门和省、自治区、直辖市人民政府国土资源主管部门应当建立健全土地复垦信息管理系统，收集、汇总和发布土地复垦数据信息。

第八条　县级以上人民政府国土资源主管部门应当依据职责加强对土地复垦情况的监督检查。被检查的单位或者个人应当如实反映情况，提供必要的资料。

任何单位和个人不得扰乱、阻挠土地复垦工作，破坏土地复垦工程、设施和设备。

第九条　国家鼓励和支持土地复垦科学研究和技术创新，推广先进的土地复垦技术。

对在土地复垦工作中做出突出贡献的单位和个人，由县级以上人民政府给予表彰。

第二章　生产建设活动损毁土地的复垦

第十条　下列损毁土地由土地复垦义务人负责复垦：

（一）露天采矿、烧制砖瓦、挖沙取土等地表挖掘所损毁的土地；

（二）地下采矿等造成地表塌陷的土地；

（三）堆放采矿剥离物、废石、矿渣、粉煤灰等固体废弃物压占的土地；

（四）能源、交通、水利等基础设施建设和其他生产建设活动临时占用所损毁的土地。

第十一条　土地复垦义务人应当按照土地复垦标准和国务院国土资源主管部门的规定编制土地复垦方案。

第十二条　土地复垦方案应当包括下列内容：

（一）项目概况和项目区土地利用状况；

（二）损毁土地的分析预测和土地复垦的可行性评价；

（三）土地复垦的目标任务；

（四）土地复垦应当达到的质量要求和采取的措施；

（五）土地复垦工程和投资估（概）算；

（六）土地复垦费用的安排；

（七）土地复垦工作计划与进度安排；

（八）国务院国土资源主管部门规定的其他内容。

第十三条　土地复垦义务人应当在办理建设用地申请或者采矿权申请手续时，随有关报批材料报送土地复垦方案。

土地复垦义务人未编制土地复垦方案或者土地复垦方案不符合要求的，有批准权的人民政府不得批准建设用地，有批准权的国土资源主管部门不得颁发采矿许可证。

本条例施行前已经办理建设用地手续或者领取采矿许可证，本条例施行后继续从事生产建设活动造成土地损毁的，土地复垦义务人应当按照国务院国土资源主管部门的规定补充编制土地复垦方案。

第十四条　土地复垦义务人应当按照土地复垦方案开展土地复垦工作。矿山企业还应当对土地损毁情况进行动态监测和评价。

生产建设周期长、需要分阶段实施复垦的，土地复垦义务人应当对土地复垦工作与生产建设活动统一规划、统筹实施，根据生产建设进度确定各阶段土地复垦的目标任务、工程规划设计、费用安排、工程实施进度和完成期限等。

第十五条　土地复垦义务人应当将土地复垦费用列入生产成本或者建设项目总投资。

第十六条　土地复垦义务人应当建立土地复垦质量控制制度，遵守土地复垦标准和环境保护标准，保护土壤质量与生态环境，避免污染土壤和地下水。

土地复垦义务人应当首先对拟损毁的耕地、林地、牧草地进行表土剥离，剥离的表土用于被损毁土地的复垦。

禁止将重金属污染物或者其他有毒有害物质用作回填或者充填材料。受重金属污染物或者其他有毒有害物质污染的土地复垦后，达不到国家有关标准的，不得用于种植食用农作物。

第十七条　土地复垦义务人应当于每年 12 月 31 日前向县级以上地方人民政府国土资源主管部门报告当年的土地损毁情况、土地复垦费用使用情况以及土地复垦工程实施情况。

县级以上地方人民政府国土资源主管部门应当加强对土地复垦义务人使用土地复垦费用和实施土地复垦工程的监督。

第十八条　土地复垦义务人不复垦，或者复垦验收中经整改仍不合格的，应当缴纳土地复垦费，由有关国土资源主管部门代为组织复垦。

确定土地复垦费的数额，应当综合考虑损毁前的土地类型、实际损毁面积、损毁程度、复垦标准、复垦用途和完成复垦任务所需的工程量等因素。土地复垦费的具体征收使用管理办法，由国务院财政、价格主管部门商国务院有关部门制定。

土地复垦义务人缴纳的土地复垦费专项用于土地复垦。任何单位和个人不得截留、挤占、挪用。

第十九条　土地复垦义务人对在生产建设活动中损毁的由其他单位或者个人使用的国有土地或者农民集体所有的土地，除负责复垦外，还应当向遭受损失的单位或者个人支付损失补偿费。

损失补偿费由土地复垦义务人与遭受损失的单位或者个人按照造成的实际损失协商确定；协商不成的，可以向土地所在地人民政府国土资源主管部门申请调解或者依法向人民法院提起民事诉讼。

第二十条　土地复垦义务人不依法履行土地复垦义务的，在申请新的建设用地时，有批准权的人民政府不得批准；在申请新的采矿许可证或者申请采矿许可证延续、变更、注销时，有批准权的国土资源主管部门不得批准。

第三章　历史遗留损毁土地和自然灾害损毁土地的复垦

第二十一条　县级以上人民政府国土资源主管部门应当对历史遗留损毁土地和自然灾害损毁土地进行调查评价。

第二十二条　县级以上人民政府国土资源主管部门应当在调查评价的基础上，根据土地利用总体规划编制土地复垦专项规划，确定复垦的重点区域以及复垦的目标任务和要求，报本级人民政府批准后组织实施。

第二十三条　对历史遗留损毁土地和自然灾害损毁土地，县级以上人民政府应当投入资金进行复垦，或者按照“谁投资，谁受益”的原则，吸引社会投资进行复垦。土地权利人明确的，可以采取扶持、优惠措施，鼓励土地权利人自行复垦。

第二十四条　国家对历史遗留损毁土地和自然灾害损毁土地的复垦按项目实施管理。

县级以上人民政府国土资源主管部门应当根据土地复垦专项规划和年度土地复垦资金安排情况确定年度复垦项目。

第二十五条　政府投资进行复垦的，负责组织实施土地复垦项目的国土资源主管部门应当组织编制土地复垦项目设计书，明确复垦项目的位置、面积、目标任务、工程规划设计、实施进度及完成期限等。

土地权利人自行复垦或者社会投资进行复垦的，土地权利人或者投资单位、个人应当组织编制土地复垦项目设计书，并报负责组织实施土地复垦项目的国土资源主管部门审查同意后实施。

第二十六条　政府投资进行复垦的，有关国土资源主管部门应当依照招标投标法律法规的规定，通过公开招标的方式确定土地复垦项目的施工单位。

土地权利人自行复垦或者社会投资进行复垦的，土地复垦项目的施工单位由土地权利人或者投资单位、个人依法自行确定。

第二十七条　土地复垦项目的施工单位应当按照土地复垦项目设计书进行复垦。

负责组织实施土地复垦项目的国土资源主管部门应当健全项目管理制度，加强项目实施中的指导、管理和监督。

第四章　土地复垦验收

第二十八条　土地复垦义务人按照土地复垦方案的要求完成土地复垦任务后，应当按照国务院国土资源主管部门的规定向所在地县级以上地方人民政府国土资源主管部门申请验收，接到申请的国土资源主管部门应当会同同级农业、林业、环境保护等有关部门进行验收。

进行土地复垦验收，应当邀请有关专家进行现场踏勘，查验复垦后的土地是否符合土地复垦标准以及土地复垦方案的要求，核实复垦后的土地类型、面积和质量等情况，并将初步验收结果公告，听取相关权利人的意见。相关权利人对土地复垦完成情况提出异议的，国土资源主管部门应当会同有关部门进一步核查，并将核查情况向相关权利人反馈；情况属实的，应当向土地复垦义务人提出整改意见。

第二十九条　负责组织验收的国土资源主管部门应当会同有关部门在接到土地复垦验收申请之日起 60 个工作日内完成验收，经验收合格的，向土地复垦义务人出具验收合格确认书；经验收不合格的，向土地复垦义务人出具书面整改意见，列明需要整改的事项，由土地复垦义务人整改完成后重新申请验收。

第三十条　政府投资的土地复垦项目竣工后，负责组织实施土地复垦项目的国土资源主管部门应当依照本条例第二十八条第二款的规定进行初步验收。初步验收完成后，负责组织实施土地复垦项目的国土资源主管部门应当按照国务院国土资源主管部门的规定向上级人民政府国土资源主管部门申请最终验收。上级人民政府国土资源主管部门应当会同有关部门及时组织验收。

土地权利人自行复垦或者社会投资进行复垦的土地复垦项目竣工后，由负责组织实施土地复垦项目的国土资源主管部门会同有关部门进行验收。

第三十一条　复垦为农用地的，负责组织验收的国土资源主管部门应当会同有关部门在验收合格后的 5 年内对土地复垦效果进行跟踪评价，并提出改善土地质量的建议和措施。

第五章　土地复垦激励措施

第三十二条　土地复垦义务人在规定的期限内将生产建设活动损毁的耕地、林地、牧草地等农用地复垦恢复原状的，依照国家有关税收法律法规的规定退还已经缴纳的耕地占用税。

第三十三条　社会投资复垦的历史遗留损毁土地或者自然灾害损毁土地，属于无使用权人的国有土地的，经县级以上人民政府依法批准，可以确定给投资单位或者个人长期从事种植业、林业、畜牧业或者渔业生产。

社会投资复垦的历史遗留损毁土地或者自然灾害损毁土地，属于农民集体所有土地或者有使用权人的国有土地的，有关国土资源主管部门应当组织投资单位或者个人与土地权利人签订土地复垦协议，明确复垦的目标任务以及复垦后的土地使用和收益分配。

第三十四条　历史遗留损毁和自然灾害损毁的国有土地的使用权人，以及历史遗留损毁和自然灾害损毁的农民集体所有土地的所有权人、使用权人，自行将损毁土地复垦为耕地的，由县级以上地方人民政府给予补贴。

第三十五条　县级以上地方人民政府将历史遗留损毁和自然灾害损毁的建设用地复垦为耕地的，按照国家有关规定可以作为本省、自治区、直辖市内进行非农建设占用耕地时的补充耕地指标。

第六章　法律责任

第三十六条　负有土地复垦监督管理职责的部门及其工作人员有下列行为之一的，对直接负责的主管人员和其他直接责任人员，依法给予处分；直接负责的主管人员和其他直接责任人员构成犯罪的，依法追究刑事责任：

（一）违反本条例规定批准建设用地或者批准采矿许可证及采矿许可证的延续、变更、注销的；

（二）截留、挤占、挪用土地复垦费的；

（三）在土地复垦验收中弄虚作假的；

（四）不依法履行监督管理职责或者对发现的违反本条例的行为不依法查处的；

（五）在审查土地复垦方案、实施土地复垦项目、组织土地复垦验收以及实施监督检查过程中，索取、收受他人财物或者谋取其他利益的；

（六）其他徇私舞弊、滥用职权、玩忽职守行为。

第三十七条　本条例施行前已经办理建设用地手续或者领取采矿许可证，本条例施行后继续从事生产建设活动造成土地损毁的土地复垦义务人未按照规定补充编制土地复垦方案的，由县级以上地方人民政府国土资源主管部门责令限期改正；逾期不改正的，处10万元以上20万元以下的罚款。

第三十八条　土地复垦义务人未按照规定将土地复垦费用列入生产成本或者建设项目总投资的，由县级以上地方人民政府国土资源主管部门责令限期改正；逾期不改正的，处10万元以上50万元以下的罚款。

第三十九条　土地复垦义务人未按照规定对拟损毁的耕地、林地、牧草地进行表土剥离，由县级以上地方人民政府国土资源主管部门责令限期改正；逾期不改正的，按照应当进行表土剥离的土地面积处每公顷1万元的罚款。

第四十条　土地复垦义务人将重金属污染物或者其他有毒有害物质用作回填或者充填材料的，由县级以上地方人民政府环境保护主管部门责令停止违法行为，限期采取治理措施，消除污染，处10万元以上50万元以下的罚款；逾期不采取治理措施的，环境保护主管部门可以指定有治理能力的单位代为治理，所需费用由违法者承担。

第四十一条　土地复垦义务人未按照规定报告土地损毁情况、土地复垦费用使用情况或者土地复垦工程实施情况的，由县级以上地方人民政府国土资源主管部门责令限期改正；逾期不改正的，处2万元以上5万元以下的罚款。

第四十二条　土地复垦义务人依照本条例规定应当缴纳土地复垦费而不缴纳的，由县级以上地方人民政府国土资源主管部门责令限期缴纳；逾期不缴纳的，处应缴纳土地复垦费1倍以上2倍以下的罚款，土地复垦义务人为矿山企业的，由颁发采矿许可证的机关吊销采矿许可证。

第四十三条　土地复垦义务人拒绝、阻碍国土资源主管部门监督检查，或者在接受监督检查时弄虚作假的，由国土资源主管部门责令改正，处2万元以上5万元以下的罚款；有关责任人员构成违反治安管理行为的，由公安机关依法予以治安管理处罚；有关责任人员构成犯罪的，依法追究刑事责任。

破坏土地复垦工程、设施和设备，构成违反治安管理行为的，由公安机关依法予以治安管理处罚；构成犯罪的，依法追究刑事责任。

第七章　附　则

第四十四条　本条例自公布之日起施行。1988年11月8日国务院发布的《土地复垦规定》同时废止。

后记

本书是以我的博士毕业论文《重庆滑坡损毁农田分区辨识与复垦模式研究》为基础，结合在重庆市南川区规划和自然资源局挂职副局长期间参与完成的滑坡应急治理工作进行二次创作的研究成果。

在书稿即将付梓之际，复盘我在滑坡治理与修复方面的研究历程，除了自己付出的大量精力与心血，更对一路走来所获得的良师益友们的无私帮助表示由衷的谢意！感谢我的博士生导师张定宇教授，其以严谨的治学和一身的正气引领我在科研的探索中孜孜以求，在人生的道路上不断进取。特别感谢校内导师、现塔里木大学副校长赵峰华教授，重庆地质矿产研究院二级教授李大华院长，以及国家自然科学基金委员会机关党委副书记方玉东博士，中国工程院院士、中国矿业大学（北京）彭苏萍教授，中国矿业大学（北京）副校长崔希民教授，国际欧亚科学院院士、山西农业大学徐明岗教授，中国农业大学资源与环境学院郝晋珉教授，中国科学院生态环境研究中心陈卫平研究员、焦文涛研究员，中国矿业大学环境与测绘学院胡振琪教授，西安科技大学地质与环境学院毕银丽教授和矿大（北京）地测学院的所有老师。感谢重庆市南川区规划和自然资源局李玉梅局长、王江海副局长、张旭科长，重庆地质矿产研究院原资环所李妍均所长及徐洪、鲁嘉濠、唐紫晗、陈正华、邹蜜等同志，以及重庆一零七市政建设工程有限公司对本书的大力支持。学术之路虽然艰辛，但是有了你们的帮助，我更感于那份沉甸甸的责任在肩，因此必将继续奋而前行。

本书的顺利出版，还要感谢中共重庆市委党校（重庆行政学院）相关领导和部门的大力支持，同时感谢西南财经大学出版社的编辑老师们对本书提出的宝贵修改意见。此外，在书稿撰写过程中，我参阅了诸多相关理论文章和工程技术文本，在此一并表示感谢！由于本人学术能力有限，书中难免存有不足，期待专家学者和相关业务工作同志给予批评指正！

王爱国

2022年6月于重庆歇台子